U0641112

每个孩子都需要不断的鼓励，

就像植物需要水一样。

如果没有鼓励，

孩子不可能茁壮成长，

也无法获得归属感。

孩子 挑战

[美]鲁道夫·德雷克斯 薇姬·索尔兹—著 玉冰—译

CHILDREN
THE
CHALLENGE

民主与建设出版社
·北京·

图书在版编目（CIP）数据

孩子：挑战 / （美）鲁道夫·德雷克斯，（美）薇姬·
索尔兹著；玉冰译 . -- 北京：民主与建设出版社，
2023.1

ISBN 978-7-5139-4053-5

Ⅰ . ①孩… Ⅱ . ①鲁… ②薇… ③玉… Ⅲ . ①儿童心
理学 – 通俗读物 Ⅳ . ① B844.1-49

中国版本图书馆 CIP 数据核字 (2022) 第 231764 号

孩子　挑战
HAIZI　TIAOZHAN

著　　者	［美］鲁道夫·德雷克斯　薇姬·索尔兹
译　　者	玉　冰
责任编辑	郎培培
封面设计	紫图图书 ZITO®
出版发行	民主与建设出版社有限责任公司
电　　话	（010）59417747　59419778
社　　址	北京市海淀区西三环中路 10 号望海楼 E 座 7 层
邮　　编	100142
印　　刷	艺堂印刷（天津）有限公司
版　　次	2023 年 1 月第 1 版
印　　次	2023 年 1 月第 1 次印刷
开　　本	787 毫米 ×1092 毫米　1/32
印　　张	13.75
字　　数	270 千字
书　　号	ISBN 978-7-5139-4053-5
定　　价	79.90 元

注：如有印、装质量问题，请与出版社联系。

前 言
PREFACE

如今，孩子身上出现的问题，已经越来越频繁、越来越严重了，很多家长都不知道该如何应对。他们已经意识到不能再像过去那般对待孩子，但不知道如果不那么做又该怎么办……他们甚至不知道养育孩子的新方式已经出现，而且经过了检验。家长们了解到的各种各样的育儿建议常常相互矛盾，不但不能让他们看清前路的方向，反而让他们心中更加迷惑。那么，读者为什么应该相信我们的方法呢？

过去四十年间，我一直在研究孩子和父母的互动方式，这些方式是经过我们的家庭咨询中心实验、研究、验证过的，结果表明我们提供的这套解决家庭冲突的方式颇有成效。许多家长都因此找到了适合他们的对待孩子的有效方法，并赢得了孩子的合作。然而，家长们并不理解为何他们应该那样做，也不明白为何他们会取得成功。我们给出的建议，都是基于阿尔弗雷德·阿德勒 [1]（Alfred Adler）及其同事针对人性和人生的独特哲学观念而提出的。心理学界似乎越来越接受并认同我们的观

1　阿德勒，人本主义心理学先驱、个体心理学的创始人，与弗洛伊德、荣格齐名。——译注

点。我们既不建议家长纵容孩子，也不建议他们惩罚孩子。父母必须学习如何让自己的管教方式与孩子的成长之路相契合，知道自己该怎样教育孩子、引导孩子，做到既不让孩子肆意妄为，又不会令他们感到压抑或窒息。

我在以前出版的论文和书籍中，已经总结出一些与孩子打交道的基本原则。后来我又收到一些孩子和家长所贡献的新意见，他们提供了连我们这些专业人士都不曾想到的有效方法及实例。实际上在我们致力于解决孩子与成年人相处常见问题的同时，我们也在相互学习。

我相信，我们在共同努力之下，定能完成我们所设定的任务——帮助。然而，即使是最好的办法，也不可能从此消除所有的困难和错误；问题仍会出现，而且是不断地出现。所以，我们最大的愿望就是，父母在遇到问题时，能够有信心地应对，尽管有时候他们并不喜欢那么做。

我们非常感谢，也非常同情那些与我们合作过的家长们。他们都尽心尽职地履行着为人父母的责任，尽管常常会遇到令他们措手不及的挑战。正如孩子需要教导和培训一样，家长们也一样需要。相信各位在经过学习与训练后，当面对孩子的各种挑衅行为时，能做出不同以往的回应，并以崭新的心态，开辟出一条新的家庭和睦之路。

鲁道夫·德雷克斯

1

我们
当下的
困境

父母们希望能培养出
快乐的、懂事的、自信的孩子。
但是孩子们常常与父母们对抗，
而父母们束手无策。

👦 父母为何常常陷入育儿困境？

普莱斯夫人为她的邻居奥尔巴尼夫人倒了杯咖啡，打算坐下来跟她聊聊天。这时，七岁的马克冲进厨房，后面跟着他五岁的弟弟汤姆。马克熟练地爬上橱柜台面，打开了最顶上的一扇橱门，汤姆也动作娴熟地紧跟马克爬到了橱柜台面上。

妈妈喊道："从台面上下来。我是说真的！下来！"

"我们想要拿一些棉花糖！"马克对她大声喊道。

"你现在不可以吃棉花糖，马上就到午饭时间了，不行。赶紧下来！"

马克抓起一袋棉花糖从橱柜台面上跳下来，汤姆也跟着跳下来。紧接着，汤姆从哥哥手里抢过棉花糖袋子，两个男孩一起冲出了厨房。普莱斯太太朝他们喊道："你们给我回来！我说过了，现在不可以吃棉花糖！"但她的话音被砰一声关上的纱门阻断了。

普莱斯夫人叹了口气，对她的客人说道："唉，你瞧瞧这俩孩子！我简直不知道该拿他们怎么办。他们从来都是这样，跟野孩子似的，片刻也安静不下来。"

我们常常不知道该怎么对待自己的孩子。但凡有家庭聚会的地方，都少不了孩子们做出的令人讨厌的行为。原本一家人高高兴兴地去游乐园玩，但很少真正能玩得很开心。兴奋又疲惫的孩子们没完没了地叫喊着"要玩这个，要玩那个"。心烦气躁的父母断然拒绝："不能再玩了！"可是随后又因孩子喊叫哭闹而妥协。不胜其烦的爸爸们掏出钱包，花的钱往往超出了他们的预期。在这样的公共场合，打孩子屁股也不足为奇。最后，妈妈们只能不耐烦地拉着不断反抗的孩子们回家。回到家，他们都觉得今天这趟出门太没意思了。

餐厅里也一样，孩子们的行为举止经常令人头疼不已。他们可能会闹脾气，大声叫嚷以吸引父母的关注，或者因为坐不住而来回乱跑，让餐厅里的其他客人无法安心用餐。有的孩子只有耐心哄劝，才肯吃饭。

在超市里，孩子们常常围着单向旋转闸门和防护栏杆上蹿下跳。许多孩子在货架间的走道里跑来跑去，要买这个要买那个，父母若不答应就又哭又闹。

在所有这些公共场合中，我们看到的往往是大发脾气、索要无度、尖叫吵闹的孩子，以及疲惫不堪、心烦意乱、绝望无奈的父母。

在家里，孩子不听话、不懂事也同样令人伤透脑筋。许多孩子不肯帮忙做家务，他们吵吵闹闹，噪声不断，对父母既不体贴也不礼貌，有时候甚至对其他成年人也表现得极其不尊重。孩子们常常与父母们对抗，而父母们束手无策。

面对孩子的抗拒不从，我们往往无可奈何。为了能让他们遵从某种要求，我们尝试用各种方法安抚他们，恳求、哀告、哄骗、贿赂，乃至打骂、惩罚。一位孩子奶奶绝望地说："现在的孩子真不听话！"孩子不守规矩、不听教导的行为如此普遍，以至于大家都习以为常，以为"孩子就是这样的"。

在学校里也一样，许多孩子不愿意承担学习的责任。老师只好要求父母敦促孩子做好家庭作业，但是没有告诉父母不用对抗或对战，引导孩子写作业的方式。新闻报道中关于不良少年的头条消息日益增加，而这些不良少年的年龄也越来越小。法官们要求家长禁止孩子们晚上外出游玩，却没法告诉家长该如何做到。美国针对少年犯罪的研究已经有了堆积如山的论文，可极少有谁能提出可行的解决方案。

对此，许多父母越来越感到烦恼和无助。他们希望能培养出快乐的、懂事的、自信的孩子。然而，他们的孩子经常感到不开心、不满足，对什么都不感兴趣，不但不听话，而且不把家长放在眼里。根据美国儿科医生和精神病专科医生的报告，有严重心理疾病儿童的数量正以惊人的速度增加。

为了改善这种局面，家长们纷纷报名参加各种育儿培训班、互助学习小组以及学校为家长举办的讲座，阅读大量讲解育儿理念的书籍、宣传册和报刊文章。但很少有人意识到亲子教育的真正意义。现在的家长似乎已经丧失了养育孩子的能力；而老一辈的家长却仿佛不用人教，就知道该怎么养育孩子。为什么会发生这样的转变呢？在过去，有一套由整个社会作为支撑的传统育儿体系，家家户户都遵循着同样的养育模式。然而，到了现在，如何做父母，成了越来越多家庭的必修课。这是为什么呢？

我们经常听到的说法是，造成当下育儿困境的是成年人缺乏安全感、情绪不稳定、不够成熟，不能成为孩子的好榜样；或是社会道德的沦丧。我们确实见证了社会道德观念的变化，人们对危害社会的事情越发关注，人们的道德标准与过去相比也更高了。至于安全感，每个时代都有令人缺乏安全感的社会压力，比如说第一次世界大战、经济大萧条、第二次世界大战，或者原子弹和氢弹。

我们还听到了很多"不够成熟"的说法，这既指年轻的父母，又指他们的孩子。"成熟"这个词，是一个意义模糊的术语，大多数情况下指的是一个人"不幼稚"的状态。说一个人"不够成熟"，则隐含着批评一个人还带有孩子气。在应该"举止有礼"和"行为得体"的社会期待下，我们似乎更愿意看到一个人懂得世故，善于隐藏真实感受。实际上，"成熟"意味着一个人心智得到完整的成长，潜力得到充分发展。这样的美好状态，只有极少数人能够达到。完整的成长和发展，需要用一生来完成。因此，为何要用"成熟"来苛求一个尚在少年时代以及青年时代的人呢？

为何传统的育儿方式是无效的？

成年人从来都没能给孩子们树立起好的榜样。在以前，成年人不允许孩子做大人做的事情，他们会说"照我说的去做"而不是"照我做的去做"。哪怕是在宗教领域，虔诚的牧师也好，虔诚的父母也好，他们跟自己的孩子之间也存在着问题，与那些信仰无神论的邻居们一样。在教堂的主日学校里，孩子们经常不听老师的话，每个主日学[1]的负责人都一定遇到过常规学校里的常见行为问题，有时会更加严重。这些都说明，我们的教育一定有更深层次的问题，而在这个问题背后却是这样一个事实：我们根本不知道该如何应对我们的孩子。传统的育儿模式已不再有效，可我们还没有学会可以取而代之的新方法。

每种人类文化和文明都会发展出自己特有的育儿模式。对人类社会的原始形态进行比较研究，使我们得以更好地理解社会传统的重要性。每个族群都有自己的传统，都以他们不同的方式养育孩子。因此，每个族群都形成了他们独特的风格、特色和行为模式，每种文化都会以他们自己的逻辑来应对养育中出现的问题和状况，而他们当中的每个男人、女人和孩子都清楚地知道他人对自己的期望是什么。每个人的行为都建立在他们族群长久发展出来的文化传统上。

虽然西方文化比原始部落的情形更复杂，但是仍然保留着传统的育儿模式。比如，每个家庭遵循的都是"孩子只能听从，不能表达自己"，对孩子的行为要求都很统一。然而，随着当今人们民主意识的不断增长，以及这种意识对人际关系日益深刻的影响，传统育儿理念发生了天翻地覆的改变。从早期的帝制

1　主日学是教堂在礼拜日开设的儿童班，家长做礼拜时，孩子就要到儿童班去学习。——译注

农奴时代，到后来的大宪章签署、法国大革命、美国独立、美国南北内战，直到今天的新时代，人们越来越清晰地认识到每个人都是生而平等的，而且，不仅是在法律面前的平等，更是现实生活中人与人之间的平等。这种日益增长的平等意识和民主观念，不仅是一种政治理想，更成了一种生活方式。随处都在发生着迅速的变化，只不过很少有人会意识到这种变化的本质。民主观念已经极大地改变了我们的社会氛围，传统育儿模式因此已然过时。我们已经摆脱了专制社会的桎梏，建立起人人平等的社会意识，谁也不能随意控制或命令别人。而且，平等也意味着每个人都可以自己做决定。在专制社会中，统治者凌驾于服从者之上，让他们俯首听命。那时候，一位父亲，无论在外部社会处于什么地位，他都是家庭中的主宰者，"掌控"包括他妻子在内的所有家庭成员。可是到了今天，这种状态已然改变。女性宣告了与男性的平等关系，而随着丈夫失去对妻子的统治权，父母也就失去了他们对孩子的统治权。这是广泛的社会剧变的开端，整个社会结构中的诸多领域均受到了影响。人们大多感受到了变化，但很少能理解其内涵。管理层和普通工人之间的关系变得越来越平等和密切，这样重大的社会结构的变化显而易见，不过，女性平等和孩子平等引起的微妙变化，却不那么容易被注意到。

　　成年人通常对孩子与自己社会平等的观念不以为然。他们理所当然地拒绝这种可能性，甚至恼羞成怒："开什么玩笑！我可比我的孩子知道的多得多！他怎么可能跟我是一样的！"成年人与孩子在知识上、经验上、能力上，当然不一样。何止是成年人与孩子不一样，成年人与成年人也不一样啊！但是，这些不同却不等于不平等，因为平等并不意味着相同，平等意味着不论人与人之间存在怎样的个体差异、能力差异，都有权利享有同样的尊严和尊重。我们在孩子面前自认为高人一等的观念，源自我们的传统文化，认为人的社会等级由出身、财富、性别、肤色、年龄乃至聪明程度而决定。实际上，一个人的能力或者特质，并不足以确保他一定比别人更高贵，也不足以确保他拥有支配别人的特权。

另一个可能令成年人觉得要主导孩子的原因是，我们在潜意识中对自己感到不满意，觉得自己没有达到预期的样子，于是就与一个弱小的孩子比较，这是一个令人愉快的比较过程，让我们觉得自己实在是了不起！但这只是一种虚幻的错觉。事实上，孩子们往往比我们更有能力，很多情况下甚至比我们更聪明。平等这种观念，正在我们的文化中不断发展，尽管我们还未充分认识到这一点，还没准备好去认真领悟其深蕴。

孩子对社会环境的变化特别敏感。他们很快就感受到了自己也享有人人平等的权利。他们感觉到自己与成年人是平等的，因此不会再容忍专制性的"长辈发号施令，小孩俯首听命"的关系。同时，家长们也同样模糊地意识到孩子与自己的关系已经是平等的，于是降低了要求孩子"一切照我说的去做"的苛刻程度。不过，他们还没学会基于民主原则的教育新模式，尚不懂得引导孩子进入民主社会的正确方法。正因如此，我们陷入了当下的困境。

🙂 不惩罚也不娇纵的新型教养方式

　　我们的社会环境已经发生巨变。人与人之间已经不再有社会等级之分，不再允许有谁凌驾于别人之上，取而代之的是人人平等的民主关系。我们的教育工作者们已经看到了这样的变化，而且也希望整个社会更加民主。只不过，在现实生活中该如何具体体现民主精神，人们大多还很困惑。其结果便是我们常常误以为民主就是自由散漫，就是不要规矩和管束。许多人都以为，民主就是人人可以随心所欲，恣意妄为。我们的孩子已经放纵到无视一切规则的程度，以为自己有权为所欲为。可是，这只能叫作"放纵"，而不是真正的"自由精神"。如果家庭中的每个人都恣意妄为，这个家一定会乱作一团。当每个人只想按自己的意愿行事时，其结局一定是与别人不断地发生冲突。这样的冲突会加剧人际关系的矛盾，进而变成更严重的冲突。人们若处在冲突不断的社会环境中，一定会感到很大压力，导致紧张、易怒、易躁等情绪，于是，社会群体中的各种消极因素就会增多加剧。"自由"固然是民主的一部分，但很少有人能意识到，若要享受自己的自由，首先得尊重他人的自由。只有当身边的人都能享受自由时，一个人才能享受自己的自由。为了确保周围每个人都能享有自由，我们就必须守秩序、讲规则。而要做到守秩序、讲规则，相应地就要遵守一定的限制，履行一定的义务。

自由也意味着责任。比如，我拥有开车的自由。但如果我在路上逆行，这份自由很快就会终止。要自由地开车，便意味着我必须遵守交通安全法规的限制。只有遵守这样的秩序与规则，我们才能享有自己的自由。这样的秩序与规则并不是某个独裁者为了自己的利益而强加于人的，而是我们所有人为了群体利益而共同遵守的。

如今一个普遍现象是，父母给予孩子无限的自由，纵容孩子恣意妄为的结果，就是让孩子成为家里的"皇帝"，而父母成为家里的"奴隶"。这些孩子固然享受到所有的自由，可他们的父母却承担起所有的责任。这怎么能叫民主呢？所有因孩子过度的自由而造成的不良后果，都由他们的父母承担。父母不但要为孩子"擦屁股"、受惩罚，还要承受孩子对他们的无礼，容忍孩子没完没了的要求，最终丧失了父母对孩子的影响力。孩子并不清楚造成这种局面的原因是什么，他们只是感觉到没有规则和秩序，也没有引导和要求。于是，孩子更想知道自己能肆意妄为到何种程度，而不知道自己如不学会维护社会的群体利益、遵守相应的规则和限制，最终只能变成一个长不大的、不明事理的巨婴，根本无法适应社会。相反，如果有清晰的规则与限制，每个人都知道在社会环境中什么可以做、什么不可以做，这反而能给人安全感。孩子若是得不到明确的规则与限制，他就会感到茫然无措，于是，孩子不断地以破坏性的行为"寻找自己的位置"。我们看到太多孩子，他们叛逆却不快乐。

自由意味着要有规则，没有规则，就不会有任何自由。

因此，为了帮助我们的孩子，我们必须做出改变，从过去要求孩子服从一切指令的专断做法，转向既要有自由又必须有担当的新模式。既然我们做不到逼迫孩子顺从，那么我们就必须用激励和鼓励的方法，促使孩子们主动遵循应有的规则。我们需要用全新的教育理念来取代已经过时的传统方式。

在接下来的章节中，我们要向读者讲解引导和教育孩子的理念和方法，这些方法都源自我们多年的总结和研究，并且都已经在我们的人际关系实践中心（即儿童指导中心）经过了检验。我们首先要讲解的，就是在家庭生活中平等相处的基本原则。想要让这些基本原则在家庭生活中根深蒂固，需要各位坚持不懈的努力，也需要一段时间[1]。如果您缺少这样的耐心与坚持，我们就无法改变目前普遍存在的、令孩子们迷惘、令家长们无措的痛苦现状。

---

1 我们注意到一个有趣的现象，即一旦民主意识在某个仍在遵循旧有专制传统的地区得到发展，那么，那里的孩子很快就会从传统文化要求下的以服从为主的行为模式转向叛逆模式。在世界上的任何地方，孩子的叛逆都很相似，给家长和老师造成的压力与痛苦也基本相同。

2

理解
我们的
孩子

如果我们想要促使孩子
改变他的行动方向,
我们就必须先明白他
行为背后的动机。

要想改变孩子，先理解他背后的行为动机

六岁的鲍比坐在桌子前，正在用蜡笔涂色；而妈妈则在一边规划这周的膳食安排。鲍比的脚开始踢地板。"别踢了，鲍比！"妈妈生气地说，她感到有些心烦。鲍比耸了耸肩，停了下来，但是没过多久又踢了起来。"鲍比，我说了，别弄出噪声来！"妈妈再次训斥道。鲍比又停了下来。可是，只过了一小会儿，他的脚又踢起来了。妈妈气得扔下了笔，伸手打了鲍比一下，呵斥道："我说你别再踢了！你为什么老是做让我心烦的事情呢？你为什么就不能老老实实地坐着？"

鲍比自己也不知道为什么总要用脚踢地板，他回答不了妈妈的问题。但是，他这么做是有原因的。而且，我们确实有办法能妥善处理好这类情形，避免让鲍比和妈妈双双陷入令彼此都不舒服的冲突中。

为了让各位读者了解该如何促使孩子以合作的、有价值的行为方式与家人相处，我们需要先给大家讲解一些心理学常识。

我们都知道，人们的每一种行为都有一定的目的，人们是为了实现那个目的而付出具体行动。有时候，我们知道某个行为的目的是什么，可有时候我们并不知道。我们每个人都一定有过这样的疑惑："我为什么会做出这样的行为呢？"这种疑

惑其实也是有道理的，我们之所以那么做，可能隐藏在我们的潜意识深处。孩子也是如此。如果我们想要促使孩子改变他的行动方向，我们就必须先明白他行为背后的动机。如果我们无法理解他行为背后的原因，我们就很难改变其行动方向。我们只能通过改变他的行为动机，来促使孩子改变其行为方向。有些情况下，我们可以通过分析孩子的行为带来的结果来理解他的行为目的。在上述例子中，结果是妈妈很心烦。以此推论，鲍比想要的就是惹妈妈心烦，只不过他自己并没有意识到这一点。有一个隐藏在鲍比潜意识中的动机，导致了他要这样做。妈妈朝着鲍比喊叫，打了他，这反而让他赢得了胜利——他得到了妈妈全部的关注！所以，他为什么要停止发出噪声呢？这效果多好啊！忙碌的妈妈不就因此过来陪伴他了吗？这就是鲍比行为背后所隐藏的目的。鲍比自己并不知道他有这样的念头，但是，他每天都会为了达到这个目的而做出诸多淘气的行为。每当妈妈对此做出惯有的回应时，她实际上都满足了鲍比的需求，还因此强化了儿子潜意识里的目的。反之，如果孩子知道他的淘气根本就是"无用功"，无论他怎么踢地板都不会惹恼妈妈，再怎么淘气都不会有任何意义，那么他很快就会放弃。另一方面，假如鲍比在安安静静、专心致志地玩耍时，得到了妈妈温暖的微笑、愉快的拥抱、赞美的话语，他自然就不太可能选择以淘气的方式来吸引妈妈的关注了。相反，假如每次鲍比招惹妈妈时，妈妈都能"满足"他，表示她很烦，甚至以制止他、打他的方式来表现她"败给了他"，那么这只能愈发激励鲍比来招惹她。也就是说，鲍比是在用他的脚表达他的心声："你看看我！对我说点儿什么！不要只顾着做你自己的事情！"如果妈妈能明白这一点，她就会了解孩子的动机是什么：他想要通过吸引妈妈的注意力来获得归属感。认知到这点后，妈妈就可以更恰当地处理孩子的淘气行为了。责备鲍比是一种错误的方式，他只会越发想方设法地惹恼妈妈。在后面的章节中，我们会讲解妈妈可以用哪些办法来应对鲍比的这类索求，改善他的行为。

🧒 孩子最根本的心理要求，是找到归属感

孩子也是社会群体中的一员，因此对归属感的需求，是孩子一切行为的首要动机。他是否有安全感，取决于他在群体中感受到的归属感。这是他最根本的心理需求。他所做的一切，都是为了找到自己在群体中的定位。为了确保自己是家庭中的一员，从婴儿时期开始，孩子就在不断地探索能够实现这个目的的各种途径。孩子通过观察和成功经验，总结出自己的结论。虽然孩子还不能用语言表达，但心中已经明确："啊，这就是我的归属感。这就是我存在的价值和意义。"于是，孩子会选择用这种方式来满足心理需求；而实现这一目标，就成为他一切行为的基础，也就是他的行为动机。追求归属感是他的基本目的，而他为实现目的而选择的方式，就构成了他的行动方向。因此，可以说孩子的行为是以他的目的为导向的。可是，孩子自己却

完全意识不到他行为背后的动机。所以，当妈妈质问鲍比"为什么要用脚踢地板"时，他说他不知道，这恰是孩子非常诚实的回答。他之所以这么做，是因为他觉得这是让他找到自我价值感的一种有效方式。这当然不是他有意识地做出的理性判断，而是他潜意识里的行为动机。孩子是通过"试错"的方式来认识这个世界的。如果某种行为能让他感受到归属感，他就会一再重复那种行为，并且放弃其他让他感到被冷落的行为。当父母明白了这一点，就能学会正确引导孩子的方法。然而，仅仅明白这一点还不够，父母还需要了解孩子会以哪些方式来获得归属感，否则还会遇到很多陷阱。

在讨论孩子为了获得极为重要的归属感会产生哪些错误的行为目的之前，我们还需要对孩子有更多的了解：他观察这个世界的角度、他的生活环境，以及他在家庭中的地位等。

孩子的不当行为，可能是在寻求归属感和价值感

孩子都是出色的观察家，但在诠释他们观察到的各种现象时，容易产生很多错误。于是，孩子们常常得出错误的结论，并以错误的方式来寻找自己的归属感和价值感。

三岁的贝丝是一个快乐的、招人喜爱的孩子，她成长得很快，让父母感到很欣慰。她不到一岁就学会走路，自一岁半起就不再使用尿布，两岁时就能用完整的句子把话讲得一清二楚。

她既懂事，又可爱，还非常擅长博取大人们的喜爱。可是，突然之间，她变成了一个但凡想要什么就只会哼哼唧唧掉眼泪的孩子，而且还常常尿裤子。在这种看似"倒退行为"出现前的两个月，贝丝的小弟弟出生了。弟弟刚出生的前三个星期，贝丝对这个小婴儿非常感兴趣。她专心地看着妈妈给弟弟洗澡、换衣服、喂奶。每当贝丝提出要帮妈妈忙时，妈妈都温和且坚决地拒绝了。于是，贝丝渐渐失去了对小弟弟的兴趣，不再频频去育婴室了。之后不久，贝丝就开始出现令人困扰的行为。

贝丝已经注意到她的小弟弟得到了家人的全部关注。于是她意识到，这个让她期待已久的小宝宝把她的妈妈抢走了。妈妈现在把很多注意力都放在小宝宝身上，所以不怎么照顾她了。贝丝的观察完全正确，妈妈的确花了很多时间来照顾什么都不会做的小婴儿。但是，贝丝却做了一个错误的解读：自己在家庭中的位置被弟弟霸占了，若要重新受到家人的重视，她也应该像小弟弟那样，尿裤子以及什么都不会做。也就是说，她以为自己变回小婴儿，就可以重新赢回她在家中的位置。可她却没有想到，与小婴儿相比，自己其实早已拥有更多的优势[1]。

1　我们在后面的章节中还会探讨遇到贝丝这类的问题时该怎么办。

孩子发脾气，是获得家庭地位的手段

　　五岁的杰瑞经常跟他的妈妈发生冲突。不论妈妈要他做什么事情，杰瑞都一定要跟她争执一番，并且不配合。他经常乱发脾气，总是弄坏玩具、碗碟或是家具。若不强迫他、惩罚他，他就总也不肯好好完成妈妈交代给他的家务事。妈妈对此感到十分不解，因为她觉得自己已经给孩子树立了很好的榜样，她总是把该做的事情做好了之后再享受生活。杰瑞很早就发现，爸爸对妈妈说的每一句话都言听计从。为了家庭和睦，爸爸总是对妈妈百般忍让。对爸爸来说，争吵是他最不愿意看到的事情。有几次妈妈坚持要严厉管教杰瑞，爸爸为了避免妈妈和杰瑞发生冲突，而尝试着为杰瑞求情。

　　杰瑞把这一切都看在眼里，羡慕妈妈掌控一切的权力。在他看来，一个人唯有得到这样的权力，才能获得较高的家庭地位。他希望自己也能获得重要的家庭地位，于是他模仿妈妈，把生气和发脾气作为获得权力的手段。妈妈实际上已经对他无计可施。他感觉到了这一点，可妈妈却对此毫无察觉。妈妈以为惩罚孩子时占了上风，却没有意识到孩子接下来会用大发脾气来报复她，新一轮的权力之争在等着她。事实上，恰恰是杰瑞在这样的较量中占了上风。既然杰瑞这么做能在权力之争中占上风，这对他来说不是好事吗？有什么错呢？可是，我们会认为杰瑞是个快乐的孩子吗？杰瑞能学会在一个群体中有所取

舍地与人相处吗？杰瑞是不是只要发脾气就能处理好生活中遇
到的所有问题呢？他将来能成长为一个杰出优秀的人才？他
以后如何跟女孩子相处，以及怎么跟自己的妻子相处？他如何
理解男性在这个世界中的位置？

孩子不断学习，协调自己的内在环境与外在环境

孩子总会关注他周围发生的一切事情。他会从这些观察中
得出自己的结论，确定自己的言谈举止。在幼儿时期，他会不
断调整自己得出的结论、做出的决定，并且不断学习如何调整
自己，应对自己的内在环境以及外在环境。孩子的天性是他的
内在世界，一岁前，孩子用大部分时间来尝试和学习如何运用
自己的身体。他们要学习如何让手臂和腿脚听指挥，以挪动位
置并抓住他们想要的东西；他们会学习如何让自己的身体部位
按照自己的意愿做出动作；他们会学习如何观察周围，并尝试
诠释所看到的一切；他们会去看、去听、去摸、去闻、去品尝。
随着时间的推移，孩子学会利用自己的智慧来完成各种任务。
在整个学习和掌握技能的过程中，孩子会学会协调自己的内在
环境，发现自己的长处和短处。如果遇到困难或障碍，孩子要
么放弃，要么想办法弥补。有时候，孩子甚至会为了弥补自己
的某种缺陷而发展出某种特长（也可能是"矫枉过正"）。

每个孩子都有自己的成长方向，给孩子自主决定的权利

伊迪丝出生时就没有右胳膊，而她的双胞胎妹妹伊莱恩则完全正常。伊迪丝没有被身体的严重缺陷而限制，她用一只胳膊和一只手，完成了妹妹用两只手才能完成的所有事情。在学习爬行的阶段，她用脚后跟在后面蹬、屁股跟着往前蹭的方式挪动，跟上了妹妹的速度。她还学会了自己穿衣服、扣纽扣、系鞋带、梳头发乃至洗澡——所有这些事情她只用一只左手就足以完成。后来她变得很擅长做家务，甚至学会了缝纫。现在她已经结婚，成了一位非常称职的家庭主妇，而且很少需要别人的帮助。

艾伦五岁时患上了小儿麻痹症，这让他的右腿肌肉萎缩，虚弱无力。他的妈妈鼓励并帮助他加强锻炼，医生也强烈建议他学习游泳，而且艾伦自己也从中获得了极大的乐趣。到了十六岁的时候，他已经完全战胜了身体的缺陷，并成为高中游泳队里的主力队员。

四岁的米兹是四个孩子当中最小的，她出生时患有严重的视力障碍，不过没有完全失明。可是，当她已经长到四岁时，生活仍然不能自理，还需要别人替她穿衣服，喂饭，就连走路也要别人牵着她的手。家里的每个人都会帮她做这做那，想方设法地逗她开心。面对自己的缺陷，米兹的选择是放弃努力，让别人替她做所有的事情。

读到这里，可能有人会提出批评意见，认为我们讲得过于简单化了，完全没有提及其他人对这些残疾儿童的影响。其实，我们这样做是有原因的。通过这些故事，我想阐明每个身体残疾的孩子都可以自己做出决定；而且，每个孩子的决定对周围人所产生的影响，比我们想象的要大得多。伊迪丝早早就决定要跟上妹妹成长的步伐，这赢得了妈妈的钦佩，也让妈妈愿意鼓励她那么做。艾伦愿意通过自己的努力战胜困难，这当然给了他的妈妈动力，尽力帮助他练习游泳。米兹则选择完全放弃，任自己什么都不做，从而换来身边所有人的怜爱和殷勤的帮助。假如这几个孩子最初做出了不同的决定，那么他们的故事一定会有不同的结局。

在孩子学习协调自己内在环境的同时，他还会与外在环境相交融。婴儿的第一个微笑，就是他第一次与外界的接触与交往。婴儿以微笑回应周围人对他的鼓励，而且他发现，他用微笑回应对方的微笑是一件快乐的事情。于是，他与外在环境建立人际关系的第一个行动就此完成。孩子能感觉到自己一个微笑所创造的愉快气氛，这种与外在环境相交融的能力，随着他们协调内在环境能力的增长而不断提高。可是，如果在这样的场合遇到障碍，孩子也会做出他的决定，要么选择放弃，要么想办法调整。

外在环境中有三种因素会影响孩子个性的发展。首先是家庭氛围。与父母的相处经历，对孩子来说便是他对这个社会的认知。父母建立起一个家庭的环境氛围，孩子则通过这个氛围来体会小社会中的经济、种族等影响。孩子会从中汲取家庭的价值观、习俗和传统，并努力顺应由父母设定的行为模式或者标准。孩子是否有物质优越感，取决于家庭中的经济情况；孩子对待不同种族的态度与他父母对此的态度一致。如果宽容是某个家庭中的行为典范，那么孩子们就可能接纳宽容，认为那是他们应该抱持的价值观。如果父母看不起跟他们不同的人，孩子们则有可能会放大这一点，自视高人一等，看轻其他种族，或是社会地位不如他们的人。他们也很容易察觉到父母之间对待彼此的态度。

父母之间的相处模式，会影响家庭成员之间的相处模式。如果父母之间和睦相处、友好合作，那么孩子与父母之间、孩子与孩子之间的相处很有可能也是这种模式，而相互合作也会成为这家人的行为标准。如果父母彼此怀有敌意，或者相互争夺家庭的主导地位，那么孩子之间往往也会形成同样的相处模式。如果父亲在家中一言九鼎，而母亲温顺依从，那么"男权至上"可能会成为这个家庭的主要行事原则，这在男孩子身上尤其明显。只不过，在男女高度平等的今天，女孩子同样可能选择走"强权"路线。父母之间的相处模式为孩子们提供了一个范本，孩子往往以此为据，确定自己在家庭中的角色。如果妈妈是家中的主导人物，孩子则可能模仿她的做法，希望自己能在家中获得类似的重要地位。父母之间若是竞争激烈，那么竞争便可能成为这个家庭的行为规范。父母给家庭设立怎样的环境和氛围，那么家中所有的孩子都会受其影响而表现出一定的共同特质。但是，即使在同一个家庭的孩子，往往也不会一模一样，相反他们各不相同。这又是为什么呢？

👦 家庭位置，影响孩子性格的发展

外在环境的第二个因素是孩子在家庭中的位置。家庭中每个成员之间的相互关系，就像北斗七星中每颗星星都有一定的相对位置一样。每个家庭都有自己独特的"位置图"。在相互的交往与影响中，每个人都发展出不同的特质。一个人在家庭中的位置，就是他所担当的角色，这在某种程度上会影响整个家庭的相处模式，也会影响每个兄弟姐妹的不同性格特质。

当家庭中有了第一个婴儿，就产生了复杂的家庭关系。妈妈的角色不同于妻子的角色；爸爸的角色也不同于丈夫的角色。小宝宝的出现为夫妻关系开创了一个全新的维度。这个新生儿是这对夫妻此时唯一的孩子，从他的视角看家庭关系，和从父母的视角看家庭关系略有不同。婴儿处于"接受方"，接受来自父母的关注；而父母则处于"给予方"，把他们的关注倾注给家中此时唯一的孩子。由于母亲身份的特殊性，妈妈给予孩子的关注往往是最多的。于是，在这三者之间便形成了一种明确的"接受"与"给予"的互动模式。有时候可能是一位家长跟孩子站在同一边，共同对抗另一位家长。这样的"同盟"通常是由小婴儿发起，并通过他的行为影响父母。

第二个孩子出生时，原有的三人组合的结构发生了变化。

"小皇帝"突然失去了"皇冠"，他的"宝座"被新加入的成员"篡夺"了，而且爸爸妈妈似乎以某种方式允许了这样的"篡位"行为。他原有的位置没了，现在必须根据新的情况找到自己新的位置。家庭位置结构发生的变化，使得原来成员之间的相互关系都受到了影响。由于新生儿的加入，两个孩子中的老大必须重新确立自己在家庭中的位置；与此同时，新加入的老二也会注意到自己占据了家中"小宝宝"的位置。但是，这个位置的意义，已经不同于当初的第一个小宝宝了，因为此时他已经有了一个哥哥或者姐姐。

当第三个孩子来临时，每个人在家庭中的位置和意义会再次发生变化。妈妈和爸爸现在成了三个孩子的父母。老大的"宝座"曾经遭遇过"废黜"，现在轮到老二的"宝座"也被"废黜"了。第二个孩子会发现他变成了"夹心饼干"，上面有老大，下面有老幺。随着每一个新生儿的诞生，家庭位置都会呈现出新的结构，家庭成员之间的相互关系和互动模式也会随之改变。这就是同一个家庭的孩子个性不尽相同的原因，尽管他们仍然有一家人的共同特性。我认为，两个不同家庭中的老大，比同一家庭中的老大与老二之间有更多的相似之处。

随着家庭位置的不断变化，每个孩子都以各自的方式寻找自己的位置。就像人们通常会认为邻居家的草坪长得更好一样，孩子往往也会认为别人的位置比自己的更好。对老大来说，老二便是一个威胁。正如我们前面所述，孩子在遇到困境时会调整他的内在环境，老大或者选择放弃，或者想办法弥补，也就是通过格外努力来保持他的优越地位，至少是在某些方面的优越地位。老二看待老大的视角也是如此，他很讨厌老大占据优越地位，因此要么决定想办法超越老大，要么决定放弃。孩子们对自己排行重要性的认识，完全取决于他们对家庭位置的看法以及对所在位置意义的诠释。因此，并非所有家庭中的老大都会努力保持领先地位。根据不同家庭对"位置"理解的不同，每个家庭的位置结构也就各不相同。孩子在年幼时做出的各种抉择，往往会影响他的一生。由于大多数家庭成员之间都会竞相攀比，因此老大跟老二之间的竞争往往会格外激烈，从而促使两个孩子各自朝相反的方向发展。如果父母经常通过一个孩子来刺激另一个孩子，从而激励两个孩子都更加努力，那么两个孩子间的这种反向发展倾向就会更加明显。两个孩子不但不会更加努力超越对方的优势，反而会更加明确地让出已经被对方占据优势的领域，俯首认输。也就是说，如果老大已经在某方面找到优势，老一便会认为那个领域已经被老大"攻占"，他会寻找完全相反的方向来发展。

我们来举例说明"家庭位置"对孩子性格发展的重要影响。

😊 孩子的行为方向，取决于家庭位置

A 先生和太太都接受过大学教育，他们都是积极、聪颖、充满活力且颇有学术成就的杰出人物。当老大帕蒂出生时，他们格外开心，自然而然地对这个孩子"寄予厚望"。孩子成长中

的每一步都令他们欢欣鼓舞。当十个半月大的帕蒂迈出她人生中的第一步时，太太感到无比骄傲。帕蒂在一岁多的时候，就已完成如厕训练。夫妻二人都为他们有这么一个聪明的宝宝而倍感欣喜。帕蒂也感受到了父母为她而骄傲，于是更加努力地表现自己。就在她刚满十四个月的时候，斯基珀出生了。似乎从一出生开始，弟弟就没有姐姐当初那么壮实。后来，他的体重总是有些偏低，出牙也比帕蒂要晚得多。爸爸一直希望能有一个健壮的、充满"男子汉气概"的儿子，可斯基珀的状况却令他担心和苦恼。与此同时，帕蒂也在观察家中的情况。随着斯基珀渐渐长大，她注意到自己能做的事情越来越多，可是，斯基珀的存在毕竟是一种威胁和阻碍。她该怎样做才能牢牢占据已有的位置呢？当然，帕蒂不会做推理和思考，她只是隐约感觉到家中氛围的变化，并且在潜意识中做出决定。她觉察到爸爸对这个身体弱小的儿子感到失望，于是更加努力地积极表现自己。每当斯基珀有一点儿进步时，帕蒂就会感到恐慌，她觉得自己也要做出些新的成就来，这样才能保证自己永远跑在斯基珀的前面，否则她的地位就会被动摇。随着时间的推移，帕蒂越发努力，一心要满足父母对她的所有期望，以确保自己永远比斯基珀赢得父母更多的关注。渐渐地，帕蒂形成了一种错误的观念，认为自己必须永远当第一，做最出色的那个人。她还发现了阻止斯基珀赶上自己的办法，那就是贬低他的能力，挫败他的勇气。

　　与此同时，斯基珀也逐渐地意识到自己的内在环境与外在环境。他开始意识到自己似乎总是达不到父母对他的期望。他也觉察到了姐姐的聪明伶俐，而且恼怒她总是那么有能力。他也做了不少努力，可心里总觉得自己会失败。于是，从很早开始他就对自己没有多少信心，容易放弃。渐渐地，他也形成了一个错误的观念，认为自己也许不会有什么出息。每当妈妈或爸爸对他说："帕蒂像你这么大的时候就能做得到！你为什么不能做到呢？"他就会感到一阵绝望和对帕蒂的怨恨。他并没有因为父母的批评而更加努力，相反，他接受了父母的批评，认定这些都证明他的确就是一个没有多大出息的人。

随着一家人之间的相互关系发展到这一步，我们不难看出，斯基珀已经不可能对帕蒂构成任何威胁了，因为帕蒂已经通过"更加努力地取得更高成就"的方式，解决掉这个威胁。斯基珀降临到这个家庭时，他要面对的外在环境与帕蒂有所不同。虽然还是面对高成就、高标准的父母，但是，斯基珀前面已经有了一个能满足父母高要求的姐姐。身体天生不够强健的斯基珀衡量了自己的处境，感到自己似乎面临着无法跨越的障碍，于是变得气馁消极，认定自己不太可能通过取得更多成就来抢夺姐姐的地位。那么他的位置在哪里呢？父母确实很在乎他的能力不足，也算是一直围着他转——惩罚他、逼迫他、警告他。父母对他的笨手笨脚没了耐心，而他的对策就是哭了又哭，而这一哭又让父母为他感到难过，于是，他赢得了更多的关注。既然如此，那么这就是他给自己找到的位置。

帕蒂长到三岁零三个月大的时候，凯茜出生了。帕蒂当即意识到她又多了一个竞争对手，而且还是个女孩子。如今她的人生阅历已大大增加，自然很清楚地知道这个婴儿有多么无能无助。于是她热心地帮助妈妈照顾这个什么都不会的小家伙，表现得特别能干。但是，随着凯茜渐渐长大，学到越来越多的本事，帕蒂又变得警觉起来。此时，"家中位置"再次发生了变化。帕蒂需要保证自己永远领先于两个后来者。无论是弟弟妹妹中的哪一个人取得任何新的成就，都足以威胁到唯有她才是最能干的人这一地位。每当弟弟妹妹取得的成就获得父母的认可时，帕蒂都会心生怨恨。可是，只要她表露出"嫉妒"，就会遭到父母的训斥。为了不让嫉妒成为她的缺点，她开始学习伪装自己。

凯茜的到来，在斯基珀眼中，则是家里又多了一个聪明女孩，这让他对自己本就黯淡无光的前景更加灰心。虽然他是唯一的男孩子，但这并没给他带来什么优势，毕竟很多方面他不像是个真正的男子汉。现在他成了一个"夹心饼干"，更糟糕的是，被夹在中间的他还是一个很"尴尬"的存在，既不是一个聪明的女孩，又不是一个强壮的男孩。每当遭遇挫折和失败时，他都免不了要大哭。家中每个人都嫌弃他是个"小哭包"。于是他更加畏缩不前，对人和事情都很冷漠。他和帕蒂在一起玩的时候要比跟凯茜多些，只不过他从来都是听令于姐姐，任凭帕蒂指使。

凯茜可爱又迷人，在整个婴儿时期她一直是家人关注的焦点，足足有四个人整天围着她转。随着她对周围环境的感知能力越来越强，她觉察到父母对"成就"的要求颇高，意识到帕蒂在这方面已经遥遥领先，也看出来斯基珀似乎从来没法"达标"。最重要的是，她看到帕蒂和斯基珀都常常受到责骂。帕蒂因为老是乱发脾气而挨骂（这是她对父母过于关注弟弟妹妹的报复行为），而斯基珀则因为不肯用心、遇事只会哭泣而挨骂。等到凯茜长到两岁时，她发觉自己可以做家中那个快乐而且知足的"乖孩子"。于是，她也找到了自己的位置。

帕蒂六岁半开始上学，她因为是个好学生，也是妈妈的好帮手而信心十足，这时亚琳出生了。虽然亚琳对帕蒂来说是一个威胁，不过帕蒂这次并不太在意，毕竟她现在的地位已经非常稳固了。只不过她还是认为，最安全的做法是尽力让这个小宝宝永远只当小宝宝。随着时光的流逝，每当妈妈让帕蒂"帮助"亚琳时，帕蒂很乐意帮助什么都不会做的亚琳；但是，当妈妈让帕蒂教亚琳学习如何系鞋带时，帕蒂就没那么积极了。她一边假装很认真地教亚琳系鞋带，一边想方设法让亚琳明白她是一个多么蠢笨的小孩子。斯基珀则或多或少地忽略了亚琳的存在，这不过是另一个女孩——又多了一个而已。妈妈经常说斯基珀似乎一直处于"迷糊"的状态。凯茜总是自己玩，表现得极具创造力，很少惹麻烦和挨骂。她既不在哪一方面表现得特别出色，又不招人讨厌。亚琳则一直是家中的"小宝宝"，享受着全家人更多的关注。

于是，当亚琳三岁的时候，家庭位置的结构就变成了这样：成就高标准也高、仍充满活力的父母；帕蒂九岁半，一个又聪明又能干的孩子，学习特别好，而且认定她必须一直当第一才能保持"特别能干"的定位；斯基珀八岁半，身体弱，手脚笨，做事容易气馁，他认为唯有占据让别人怜惜心疼的"小哭包"位置才有价值；凯茜六岁，夹在中间，既不是长姐也不是长兄，她给自己的定位是快乐知足的"乖孩子"，循规蹈矩，但并不在意自己有多少成就；三岁的亚琳，可爱但笨笨的"小宝宝"。每个人都有着自己独特的位置和角色，都明白自己的人生道路该怎么走。

毋庸置疑，并非所有生了四个孩子的家庭都会朝向这样的模式发展。上述所举的例子仅仅是这个家庭中的情形而已。换一个不同的家庭，很可能老大不那么突出而老二却超越了他。比如，老大可能是一个很普通的女孩，而老二却很可爱，于是吸引了很多关注，从而让妹妹的光芒超过了姐姐。家庭位置的发展方向，取决于每个孩子怎样诠释自己面临的内在环境、外在环境和可能的机会，以及他们进而做出的决定。我们上述所举的例子完全可能会变成另一幅画卷。假如帕蒂觉得父母的期望值对她来说过高，或者她觉得弟弟对她的威胁过大，那么她有可能决定不那么争强好胜，甚至干脆放弃；斯基珀有可能觉得他有了踏入"学习好"这片领域的希望，于是决定通过在学校获得出色的成绩来弥补他的体弱；凯茜也可能有不同的决定，她也许选择当一个身体健壮的"假小子"，甚至是家里的"捣蛋鬼"；而最小的亚琳则可能因此担当起家中"乖孩子"的角色。

在一个家庭中，每个人的行为都取决于他认定的自己在家庭中的位置。每个孩子的行为也会不知不觉地影响其他孩子，同时，在其他孩子看来，对方在家庭中的位置是摆在他面前的一个"问题"，而如何应对这个"问题"，需要他根据对自己"定位"的理解、对对方行为的诠释来做出选择。假如他的诠释是错误的（实际上，这样的错误判断太多了），他的错误观念也就会因此形成。假如家长能意识到孩子的这些错误想法（不幸的是，大多数家长对孩子行为背后的意义不甚了解），我们就有可能更好地引导孩子做出更准确的判断。至于家长该如何引导孩子，我们将在本书的后几个章节加以讲解。

孩子们争夺家庭位置，是为了获得父母更多的爱

暑假里，十岁的乔治和八岁的大卫共同负责修剪家中的草坪。他们需要用耙子把前一天晚上割下的碎草叶收拾干净，否则妈妈就不允许他们去游泳。大卫负责收拾前院，乔治负责收拾后院。在中午时分，大卫过来宣布道："妈妈，我是个好孩子，我的工作完成了。但乔治还在街上玩，还没开始做他该做的事情。""是的，亲爱的，你从来都是个好孩子。"妈妈回答，"请你去把乔治找回来，告诉他我要找他。"大卫找到了乔治，对他说："妈妈叫你过去，你要倒霉啦。我已经收拾好我负责的前院，可你还没开始噢。"乔治听了后，转身就给了大卫一拳。兄弟俩打了起来。等他们回到家后，大卫哭着冲向妈妈，状告

乔治欺负他的经过，控诉道："他无缘无故地打我！"妈妈转向她的大儿子，说道："唉，乔治，你怎么是个坏孩子呢？你为什么不肯好好完成你的任务？你为什么要对弟弟那么刻薄？你们应该相亲相爱，而不是成天打架。"

　　兄弟俩之间这种令人头疼的关系，从大卫出生后不久就开始了。从那时起，才两岁的乔治就变成了一个完全不听话的孩子。他既无礼又不讲理，总是惹是生非制造麻烦，妈妈不得不成天"盯"着他。而弟弟大卫是一个格外讨人喜欢的小宝宝，很早就懂得热情地回应妈妈的喜爱。妈妈不断地称赞大卫是一个乖巧的好孩子，并隐约地感到乔治在嫉妒弟弟，但她并不明白原因，她觉得自己把很多时间都花在乔治身上。然而，正如乔治所见，大卫"篡夺"了他原本在妈妈心中的位置。由于妈妈十分喜欢这个"乖巧"的小宝宝，乔治便选择了彻底放弃"乖巧"这个领域（而不是想办法以其他长处来打动妈妈，弥补他的不够乖巧），转而当一个"不乖"的孩子来吸引妈妈的关注。而且，虽然大卫很"乖巧"，但他总有本事惹得乔治跟他打架，这样他就可以让乔治显得更加"不乖"，从而牢牢保住他的"乖巧"定位。乔治偏偏愿意跟大卫打架，以报复弟弟抢走了原本属于他的位置。兄弟俩都想让爸爸妈妈围着自己转，只不过达到目的的手段完全不同。他们的行为都以各自对"家庭地位"的诠释为出发点，并且利用与对方的互动而保持关系的微妙平衡。显而易见，兄弟俩都没能意识到自己的解读是错误的，也没能意识到各自在"争夺战"中所扮演的角色。

　　家里若是添了第三个孩子，原本占据"小宝宝"位置的老二就会被新来的小宝宝"篡位"，成为中间的孩子。这个孩子会面临极其艰难的处境：老大和老三常常联盟，对抗他们共同的"敌人"，而老二则处于老大和老幺的双向打压中，他会突然发现自己既不占年长的优势，也失去了做老幺的特权。因此，老二往往会认为自己受人轻视、遭人欺压。他觉得生活和周围人都很不公平，而且很可能喜欢挑衅别人，以此来证明生活就是不公平的。如果老二找不到改变自己看法的途径，他甚至可能一生都觉得生活对他不公平，觉得他的人生是没有机会的。不过，假如夹在中间的老二碰巧比老大和老三都更成功，他则可能格外看重公平与公正。假如在这个家庭中，母亲是一个要求很高的人，而中间的孩子是女孩，那么这个女孩很可能会模仿妈妈，也信奉完美主义。她还可能借助女性气质来彰显她在家中乃至在社会生活中的与众不同。但是，如果这个家庭看重的是男子汉气概，中间的女孩也可能跟哥哥弟弟相比较，变成一个"假小子"，甚至比哥哥和弟弟更具有"男子汉气概"。又或者，假如一家全是女儿，父母因为没有儿子而感到失望，那么家中的某个女儿就可能会表现得像个男孩，以博取父母的欢心。若是夹在两个女孩中间的是个男孩，则会出现几种不同的情况：如果他认为自己是"真正"的男孩子，那么即使被夹在中间，他也一样会占据突出的优势。不过，如果家中由妈妈掌控一切，夹在中间的儿子感受到妈妈对爸爸的蔑视，就会认为自己处境堪忧。他可能会选择退缩，认为男人并不重要；他也可能选择与妈妈结盟，共同对抗爸爸，变成一个更具男子汉气概的男人；他还可能反过来与爸爸结盟，共同抵挡和削弱妈妈的力量。他会朝什么方向发展，取决于他如何解读他的地位和处境，以及他在潜意识中做出的决定。

在一个有四个孩子的家庭中，老二和老四常常会结成同盟。如果两个孩子表现出相近的兴趣、行为和个性特征，我们便可判定这两个孩子是一对盟友。同理，孩子们之间若是竞争关系，那么他们的兴趣和个性往往是不同的。孩子们在什么情况下会结成同盟或者相互竞争，并没有普遍性的规律；但是，这对于一个家庭位置的构成具有非常重要的意义。家中所有孩子身上表现出的相似之处，可以说明一个家庭的整体氛围；而每个孩子的不同个性，则反映了他们各自在"家庭位置"中占据的不同位置。

如果是几个孩子中唯一的男孩，不论他排行老几，他都有可能认为他的性别是自己的优势，但也有可能认为那是他的劣势，这完全取决于这个家庭如何看待男性角色，以及他自己能否胜任家人对男性的期望，而几个孩子中唯一的女孩也是如此。若是几个健康活泼的孩子中有一个体弱多病的女孩，那么，每个家人都会疼爱她，她也许会觉得病弱恰是自己的优势所在；可是，如果这家人看重的是健康活泼，看不起体弱多病的人，她则可能会面临病弱的困境。在这种情况下，也许她会选择破罐子破摔，活在自怨自艾中，找不到自己的家庭位置，认为上天待她不公；也许她会想办法战胜病弱，追赶乃至超越那些健康的孩子。如果这家人除她以外都健康活泼，那么无论她如何选择，都会活得十分艰难。比如，如果这个孩子患有先天性心脏病，那么无论她再怎么努力，都无法跻身于健康的行列；可是如果她放弃努力，又会被家人取笑。也许她会走一条完全不同的道路来确定自己的位置，比如，在一个爱好运动的家庭中，她努力成为唯一的学者。

假如这个家庭中的孩子是在第一个孩子夭折后出生的，那么这个孩子要面临的则是双重困境。他实际上是家中的老二，因为前面还有一个亡灵；可他现在又偏偏占据了老大的位置。此外，妈妈因为经历过失去孩子的痛苦，很可能会对他过分保护。在这种情况下，这个孩子既有可能选择让自己沉溺在这令人窒息的过度保护中，又有可能选择反抗以争取独立。

最小的孩子总是独居"宝座"之位，小宝宝往往很快就能发现，因为他的人生是从什么都不会开始的，所以总有很多家人围着他转。于是，小宝宝很容易通过这种方式守住这份特权，让家人永远为他忙个不停，而父母则需要对此保持警觉。做一个"无助的小宝宝"固然可以享受"饭来张口，衣来伸手"的快乐，但也很容易为未来的成长埋下隐患。

独生子女的处境往往格外困难。他是成年人世界中唯一的孩子，仿佛是巨人国中的小矮人。他没有兄弟姐妹，也没有与同龄人建立关系的机会。他的行为目的可能变成如何讨好或者支配成年人。他也有可能会变得早熟，学着用成年人的眼光看待一切，努力踮起脚尖达到成年人的高度；又或许，他会放弃努力，任自己永远低人一等，永远当个"小孩"。他与其他孩子的关系不和谐也不稳定，他理解不了其他孩子，而其他孩子则觉得他是个"胆小鬼"。如果他不曾在小时候有过和其他孩子相处的经验，以后就很难在孩子群体中找到归属感。

👦 "坏孩子"的行为，可能是为了赢得父母的关注

一个家庭中"最理想的子女数量"，这并没有定论。因为不论家庭中有多少个孩子，都会出现他们需要面对的独特问题。有多少家庭成员，以及每个人如何诠释自己的定位，都会使得每个人的处境各不相同。不论家中有多少成员，家庭成员之间都会相互影响。能够影响孩子朝什么方向发展的决定性因素，绝不是单独的某一项。每个孩子不但会影响其他几个孩子，而且还会影响他们的父母。每个人都在不断地决定自己以及其他家庭成员的发展方向，前面讲述的乔治和大卫兄弟俩的故事就是一个很好的例子。对乔治来说，新宝宝大卫是一个"篡位者"，抢走了原本属于他的宝座，也抢走了妈妈对他的爱和关注。在他看来，继续做"好孩子"已经没有用了，相反，如果他干些"坏"事，至少能让妈妈注意到他。他宁愿让妈妈骂他，也不愿让妈妈忽视他。尽管这听起来很荒谬，可是，乔治现在就是一心要做个"坏孩子"，因为只有这样，他才能在家中占有一席之地，才能满足他内心的需求。"我的位置是当'坏孩子'，

他们拿我没办法，这就是我在这个家庭的价值。"当然，这些话并不是乔治说出来的，而是他潜意识中的想法。乔治为了能夺回妈妈的关注，才做出不良的行为。他并不快乐，因为他遇到了自认为无法跨越的障碍（弟弟大卫），变得灰心丧气，转而从反方向寻求解决问题的方法，他找不到其他办法来克服阻碍。与什么都不会做的小婴儿相比，乔治实际上有更多的优势，但是他没有发现。妈妈每次因为他惹麻烦而做出反应，其实都是在鼓励他继续惹麻烦。再加上爸爸对他的责骂："你怎么就不能像你弟弟那样呢？"乔治便更加认为弟弟已经占据了"好孩子"的位置，更加确信他只有做"坏孩子"才能赢得父母的关注。随着逐渐长大，大卫他越来越知道要更好地表现，以给哥哥增加压力，并刺激哥哥越发不听从父母让他好好爱护弟弟的要求，也越发将弟弟视作自己的"敌人"。大卫通过一边故意激怒哥哥"惹麻烦"，一边努力保持自己"好孩子"的形象，牢牢守住了自己的位置。父母责骂"坏孩子"并称赞"好孩子"的做法，又加剧了这两个孩子之间的敌对关系。于是，这家人之间的关系就这样相互影响着。

通过上述例子，我们不难看出，孩子对外在环境的反应各不相同。我们并没有一个黄金准则可以帮助家长预测未来会发生什么，但是，了解有关家庭位置的知识，有助于各位家长明白之前的许多困惑。敏锐的观察能够给人意想不到的领悟。一旦我们明白了孩子为什么那样做，就能更灵活地应对。

孩子通过不断尝试，寻找自我定位

现在有很多关于如何"塑造孩子性格"的文章和理论，仿佛孩子是一块陶泥，我们的任务则是把他塑造成符合社会标准的人。这是一个非常错误的观念。正如我们前面讲述的例子，实际情况与此恰恰相反。孩子从很早就开始塑造自己、塑造父母，也塑造他们的内外在环境，比我们能意识到的还要早。每个孩子都是一个不断变化和不断成长的生命个体。当他与周围环境中的他人建立相互关系时，他和成年人具有同等的力量和能力。建立起来的每种关系都是独一无二的，这完全取决于关系双方的互动和贡献。每种关系的发展，都必须通过关系双方各自的行动和互动才能维持下去。这个"关系"中的双方，可以是成年人与成年人、孩子与孩子，或者成年人与孩子。双方中的任何一方都可以改变他在关系中的投入，从而使关系发生改变。发展这些人际关系时，孩子会通过自己的创造力和聪明才智，找到自己的定位。他会先做出尝试，看看某种方式能否起作用，让他达到自己的目的。如果那种方式行之有效，他就会沿用这种方式，作为寻找自我定位的方式之一。有时，孩子可能会发现，同样的做法未必对每个人都起作用。在这种情况下，他会有两种选择：他可以选择放弃尝试，不再配合对方的行动；他还可以尝试新的办法，发展出完全不同的新关系。

习惯取悦他人的孩子，
常常在人际关系中迷失自我

　　九岁的基思是独生子。他在家里是个讨人喜欢且懂事的孩子，会帮妈妈做家务，也会想方设法讨父母的欢心。他安静、有礼貌、听话，会把房间收拾得井井有条，还总是把玩具收拾得整整齐齐。然而，在学校里他却遇到了麻烦。他的老师说他"很孤僻"。虽然他从不扰乱课堂秩序，但他坐在那里不是在做功课，而是在做白日梦，老师需要不断地提醒他专心听讲。基思没有任何朋友，他既不跟同学一起打球，也不参加任何班级活动。

　　在家里，基思是唯一的孩子，他给自己找到的定位是取悦周围的成年人。然而在学校里，他的周围都是孩子，有的孩子会因为基思"孤僻"而故意捉弄他。基思曾试着以学习来获得特殊地位，但并没有达到预期的效果。老师没有认为基思是个与众不同的孩子，也没有特意帮助他在同学中获得特殊的位置。基思不知道用什么方法和同学们竞争，不知道该怎么努力，也无法像在家中那般以礼貌举止来赢得大家的好感。他只好仓皇地躲进白日梦中，不再尝试与别人建立新的关系。

　　孩子可以与父母分别建立起完全不同的人际关系。

孩子通过哭闹来满足自己的要求

　　五岁的玛戈和七岁的吉米经常调皮捣蛋，整天让妈妈处于手忙脚乱中。这个孩子没出现的不良行为，另一个一定会出现。每当他们想要什么东西时，他们都先是抽抽搭搭地哭，然后哇哇地哭，最后大声哭喊，最后总能达到他们的目的。可是，跟爸爸在一起时，他俩却表现得中规中矩。只要爸爸看他们一眼，他们就乖乖去做该做的事情了。因此，每当下班回家的爸爸听到妈妈讲述她"天方夜谭"般的遭遇时，总觉得难以置信。爸爸经常得意地说："他们总是听我的话。"

　　实际上，孩子们知道妈妈总会满足他们的要求，而且对他们的不良行为除了唠叨也没有其他办法。但爸爸不一样，他言出必行，总是和善而坚定地表明自己的意图。两个孩子知道爸爸是有底线的，可妈妈是没有底线的。

　　在一个家庭中，每个人的不同个性往往会给家中带来各种压力与矛盾，但是，只要一家人能为和睦相处而齐心协力，情况就一定会得到改善。虽然没有完美的家庭关系，但是我们可以为实现更好的目标而不断努力。假如父母能理解夹在中间孩子的无所适从，他们就能通过有意义的行为主动帮助孩子找到正确位置；假如父母能理解老大会因为老二的迅速成长而感到灰心丧气，他们就能通过多给老大鼓励，帮助他重拾信心；假如父母明白家中的小宝宝可能具有指挥全家为他服务的高超本领，他们就会想办法让孩子意识到他可以学会做很多事，而不是通过指挥全家替他做事的方式来彰显他的家庭地位。

一个孩子如何诠释他的家庭位置，以及根据自己的诠释做出什么回应，是无法预期的。作为家长，应该时时留心观察孩子的情况，并不断思考："我的孩子怎么看待他面临的情况？他会怎么做呢？"很多时候，成年人往往容易把自己在类似情况下得出的结论强加到孩子身上，而不是站在孩子的角度去理解他的想法。然而，孩子的行为就是取决于他自己的想法。

外在环境影响孩子的第三个因素，是我们教导孩子的方式，也就是育儿方式。我们会在后面继续探讨什么是更有效、更恰当的育儿方式，在我们的探讨过程中，各位读者会更加清晰地看到我们所提出的各种因素的重要性。不过，现在我们要先退一步，站在旁观者的角度，客观地看待孩子。孩子是如何处理他的内在环境的？他针对自己面临的困境做了哪些补救措施？有没有到了"矫枉过正"的地步？孩子从自己的观察中得出了什么结论？他在家庭中的位置是什么？这个位置对他来说又意味着什么？对于如何正确解答这些问题，在我们进一步探讨具体育儿方式的过程中，您将会得到更多的指导。

3

鼓励
我们的
孩子

每个孩子都需要不断的鼓励，
就像植物需要水一样。
如果没有鼓励，孩子不可能茁壮成长，
也无法获得归属感。

👦 父母的过度担心，会打击孩子的积极性

鼓励孩子是养育过程中最重要的部分。孩子出现不当行为的根本原因之一，恰恰是缺乏鼓励。一个行为不当的孩子，往往是个受到挫败的孩子。每个孩子都需要不断的鼓励，就像植物需要水一样。如果没有鼓励，孩子不可能茁壮成长，也无法获得归属感。然而，我们目前的育儿方式总是让孩子感到挫败。对年幼的孩子来说，成年人是高大的、高效的、几乎无所不能的。在能力强大的成年人面前，唯有孩子与生俱来的勇气才能支持他没有选择彻底放弃。孩子的勇气是多么难能可贵！假如是我们置身于类似的处境中，生活在无所不能的巨人中，我们能像孩子一样勇往直前吗？孩子以极大的热忱和勇敢面对他们眼前的各种困境，即使深知自己渺小、羸弱，也要努力成长，不断掌握新的本领。孩子非常想成为家庭中不可或缺的一部分。然而，在努力获得家人认可、寻找家庭地位的过程中，孩子却不断地遭到挫败。正是我们目前的教养方式，让孩子们感到沮丧、气馁。

　　四岁的佩妮跪坐在厨房的大桌子上，看着妈妈收拾刚买回来的东西。妈妈从冰箱里拿出专门装鸡蛋的容器，放在桌上，又从购物袋里拿出一盒刚买的鸡蛋。佩妮伸手拿这盒鸡蛋，想

把鸡蛋放进装鸡蛋的容器里。妈妈立即喊："别动，佩妮！"她说道，"你会打烂鸡蛋的！我来放就好啦，亲爱的，你要等长大了才行。"

妈妈这几句无意的话打击了佩妮的积极性，让她感到挫败。妈妈让佩妮清楚地认识到她太弱小了！这会对佩妮的自我认知造成什么影响呢？我们知道，哪怕只有两岁的孩子，也能很小心地放好鸡蛋。我们曾看到一个孩子非常小心地把鸡蛋一个个地放进容器的凹洞里。当他完成这项工作时，他眼中闪耀着多么自豪的光彩！他妈妈又是多么为他的成就感到高兴！

🧒 别让父母不经意的言行，给孩子带来挫败感

三岁的保罗正要自己穿棉衣，准备跟妈妈一起去商店。此时妈妈却说道："过来，保罗，我来帮你穿上衣服，你太慢了。"

面对妈妈魔术师般的手脚麻利，保罗深感自己效率低下，他感到极强的挫败感。于是，他放弃尝试，以后任由妈妈帮他穿好衣服。

我们常常在无意中通过语气、行为等微妙的方式，让孩子们觉得自己无能、笨拙，而且低我们一等。可孩子们即使面对这样的状况，也在努力找到自己的位置。

我们没有让孩子通过不同的方式来找到自己的强项，却一

再以我们的偏见来对待孩子，根本不信任孩子的能力。此外，我们还规定了孩子适龄行为的标准，以证明我们的看法是正确的。假如一个两岁的孩子想帮忙收拾桌子，我们会立即从他手中抢过盘子，说："放下，亲爱的。你会打碎的。"为了不打碎盘子，我们却打碎了孩子发展自我能力的信心。（你真的认为，塑料餐盘是为了满足孩子的好奇心而发明的吗？）我们的行为，阻碍了孩子想要发掘自己能力所做出的努力。在孩子的眼中，我们是那么的高大、聪明、高效、能干。当小宝宝自己穿上了鞋，我们说："错啦！你把鞋穿反啦！"当小宝宝第一次尝试自己吃饭，结果把饭弄到了脸上、餐椅里、围兜和衣服上，我们说："瞧你弄得到处都是！"然后从他手里夺过勺子，喂他吃饭。我们是在向他展示他是多么无能，而我们是多么能干。而当孩子此时紧闭嘴巴向我们表示反抗时，我们还要对他发脾气！我们逐步击碎了孩子的干劲，阻挠了他想要通过发展能力来找到自己位置的努力。

在不知不觉中，我们一再让孩子感到挫败。从一开始，我们因为孩子弱小而高他一等，这种姿态本身就给孩子营造出一种令人感到挫败的氛围。我们不相信孩子"现在"就有能力控制好自己的行为，我们认为等到孩子"长大些"，他才具备做事情的能力，我们给孩子传达的信息是他现在还小、尚未发育健全、能力不足。

当孩子犯了错误或者未能达成某个目标时，我们要尽量避免使用任何会让孩子觉得他是个"失败者"的言辞或举动，我们需要将事情和人分开。您不妨这么说："真可惜，事情没成功也是可以的。""很抱歉，这个办法好像不行。"我们需要时刻牢记，每次"失败"，只不过是孩子的技巧还不够娴熟，与孩子的个人价值无关。一个人在做错、失败之后，如果还没有丧失自尊心，他就会有继续努力的勇气。这种"勇于接受不完美"的心态，不论对孩子而言还是对成年人而言，都是不可或缺的。若缺乏这种勇气，就会陷入灰心丧气中。

鼓励孩子，一半是避免以羞辱的言行以及过度保护的行为来使他感到挫败。我们所做的任何导致孩子怀疑自身能力的行为，都容易令孩子挫败。另一半是用正确的方式鼓励孩子。只要我们的行为能让孩子鼓起勇气和找到自信，那就是对孩子的鼓励。如何做到这一点没有统一的"标准答案"，需要家长认真地思考。家长要细心观察教导孩子的方法，并时时自我反省："我这么做，会对孩子的自我认知造成什么影响呢？"

我们可以通过孩子的行为，判断孩子是否有自信心。如果孩子对自己的能力和价值信心不足，他就会展现出"无能"，不再以有意义的行动、积极地参与以及主动地贡献来寻求归属感。相反，他的行为会转向没有正面价值的、挑衅的行为。由于孩子深信自己是一个无能的人，没有能力做出贡献，于是他决定哪怕做坏事也要得到关注，就算挨打也比被人漠视要好。更何况，被称为"坏孩子"也能让他显得与众不同。这样的孩子，会认定自己无法通过"与人合作"的方式找到自己的位置，获得成就感。

因此，鼓励孩子是一个持续的过程，我们要想方设法地让孩子体验到自尊感和成就感。孩子从出生开始，就需要我们不断给予帮助，让他通过不断获得的成就感找到自己的定位。

鼓励孩子学会照顾自己，找到自我价值

每当七个月大的芭芭拉被独自留在婴儿围栏里时，她就会大发脾气。妈妈惊讶地发现，这么小的孩子竟然有如此大的脾气，她会使劲蹬腿，尖声号哭到脸色发紫。芭芭拉是五个孩子中最小的一个，从出生起几乎没离开过家人的怀抱。哪怕妈妈吃饭，都会抱着她。她在婴儿围栏里玩的时候，妈妈也要守在一旁。如果妈妈不得不离开婴儿房，她总会叫另外一个大孩子过来陪着芭芭拉，逗她开心。在芭芭拉午睡或是晚上睡觉时，家人也会一直抱着她，直到她几乎完全睡着了才把她放回床上。当她睡觉时，妈妈也十分留心，稍微有动静就会立即赶过来。每当醒来，芭芭拉就会开心地跟妈妈打招呼，妈妈觉得她是一个快乐的小宝宝。

可是，虽然芭芭拉只有七个月，但她的行为已经表露出挫败感。只有其他人来逗她开心时，她才能找到自己的价值；如果没有人关注她，她就找不到自己的定位。她以为，如果她不是全家人关注的中心，就不会参与到家人的互动中。

有人可能会问："那么小的婴儿，该怎么参与家庭生活

呢？"任何一个人对生活的首要诉求，是让自己活下去。孩子从出生开始，就需要学会照顾自己。芭芭拉需要学会自娱自乐，而不是家人持续不断的关注。妈妈很爱芭芭拉，希望她能成长为一个快乐的孩子。可是，她的做法是对芭芭拉的过度保护。芭芭拉很快认识到，只要她哭闹，就会得到自己想要的。妈妈竭尽全力不让她哭，不让她不开心。然而，就在这个妈妈全心全意把芭芭拉培养成一个快乐宝宝的过程中，她不知不觉地让芭芭拉失去了照顾自己的勇气。从现在开始，妈妈可以试着不必因芭芭拉大发脾气而妥协，不妨让她哭一会儿，给她身边摆些玩具，让她可以想哭就哭，想玩就玩，这就是鼓励芭芭拉的一种方式。妈妈每天都应该安排一定的时间，让芭芭拉学习照顾自己。实施这项训练的最佳时间，不妨定在上午，那时候妈妈要忙于家务，而家中的大孩子也都去上学了。只不过，要对哭闹的宝宝置若罔闻，并不是件容易的事。但只要想到这么做能最有效地促进宝宝的成长，是对宝宝真正的爱，妈妈就会更有勇气坚持下去。做一个"好妈妈"，并非意味着必须满足孩子所有的要求。如果一个孩子只有在得到别人的关注时才感到快乐，那他就不是一个真正快乐的宝宝。真正的快乐不是来自别人的关注，而是来自他内心的安然与满足。家中最小的宝宝比家里其他大孩子更需要明白这一点，因为他的哥哥姐姐们已经会做很多事情了。

👦 每个孩子都有与生俱来的勇气，去迎接新的挑战

　　三岁的贝蒂想帮妈妈布置好晚餐的桌子。她拿起牛奶瓶，想要把牛奶倒入玻璃杯里。妈妈一把抢过牛奶瓶，温和地说："不行啊，宝贝。你还没长大呢，我来倒牛奶吧，你可以把餐巾铺好。"贝蒂突然觉得非常沮丧，转过身离开了餐厅。

　　孩子怀着与生俱来的巨大勇气，渴望自己也能做别人都会做的事情。与让孩子丧失信心相比，弄洒些牛奶实在是微不足道。当贝蒂下次还有勇气接受新的挑战时，妈妈不妨表示对贝蒂的信任，鼓励她去尝试。如果牛奶洒了，遭遇失败的贝蒂也需要妈妈的鼓励。妈妈应该称赞贝蒂敢于尝试的勇气，顺手擦干净洒出来的牛奶，然后轻声地对她说："再试一次，贝蒂。你能做得到。"

👦 父母的过度保护，会剥夺孩子在生活中的乐趣

　　五岁的斯坦在离家两条街之外的儿童乐园里玩沙子，他看起来很安静、闷闷不乐的，慢慢地把沙子从一只手倒到另一只手里。他的妈妈坐在旁边的长凳上。没多久，斯坦问道："我现在可以荡秋千了吗？""如果你喜欢就去。"妈妈回答道，"把手给我，免得你摔倒。"斯坦站起来，握住妈妈的手。当他们走近秋千架时，妈妈对他叮嘱道："我们必须小心点，躲远点，免得被撞到。"

CHAPTER 3　鼓励我们的孩子　051

然后，斯坦坐到了秋千上。妈妈问："要我推你吗？"斯坦问道："我可以自己来吗？"妈妈回答："你可能会掉下来。坐好，我来推你，手抓紧了。"斯坦静静地坐着，紧紧地抓着秋千绳，让妈妈推他。不久，斯坦就觉得没意思了，从座位上下来。"小心点，亲爱的。"妈妈再次握住了他的手说道："别让其他人的秋千撞到你。"他们经过单杠时，斯坦站住了，他看着其他几个孩子在单杠上玩耍、摇晃、扭转、屈膝倒挂。"我也能那样玩吗，妈妈？"妈妈回答："不行，斯坦，那太危险了。到滑梯这边来玩吧。爬上去要很小心哦，不然你会摔一跤的。我就在滑梯下面接住你。"斯坦小心谨慎地沿着台阶慢慢爬上滑梯，然后坐下，紧紧抓住滑梯的两侧，慢慢地沿着滑梯向下滑。他的嘴角挂着一丝微笑。妈妈喊道："等一等，让其他孩子先滑吧，免得他撞到你。好了，现在你可以再上去了。"又滑了几次后，斯坦说他想回家了，他累了。妈妈牵着他的手，两人一起回了家。在刚才的玩耍过程中，斯坦从没有大喊大叫、嬉笑打闹。他玩得并不尽兴。

斯坦因为妈妈的过度保护而失去了勇气。妈妈担心斯坦可能会受伤，所以处处保护孩子，这令他缩手缩脚，不敢随意乱动。他不能加入到其他同龄孩子的玩耍中，也不能擅自行动，想要玩什么总是要先询问妈妈才行。当妈妈允许他玩时，他也不会全心投入，既没有兴致又没有乐趣。他无精打采、闷闷不乐，正是他内心受挫的表现。生活中免不了磕磕碰碰，孩子们需要学会如何从容地面对痛苦。受伤的膝盖过几天就会痊愈，但挫败了的勇气，可能终其一生不能痊愈。

斯坦的妈妈需要知道，她为保护儿子不受伤害所做的努力，实际上在向孩子反复证明他是多么无能，还会不断加深他对危险的恐惧。一个五岁的男孩，已经有足够的能力自己在儿童乐园里玩耍，尽管他此时的确还需要有人保护。妈妈不妨坐在一旁，允许孩子在各种设备上恣意玩耍，既可以勇敢地在单杠上伸展自己的身体，又可以自信地躲开秋千架的撞击。另外，为什么不让他自己感受从滑梯上飞速滑下的快感呢？

孩子们需要成长的空间，去检验自己应对危险状况的能力。当然，我们并不是对孩子漠不关心，只是站在一边，在孩子需要我们时能立即提供帮助就好。

😊 父母的高期待，让孩子找不到自我价值

八岁的苏珊和十岁的伊迪丝拿着成绩单回家。苏珊悄悄地躲进自己的房间，伊迪丝则跑到妈妈的面前说："妈妈看，我得的全是 A。"妈妈看了成绩单，对伊迪丝的好成绩赞赏不已。然后她问道："苏珊去哪了？我想看看她的成绩单。"伊迪丝耸了耸肩，说道："她的成绩可没我这么好。"还评判地说："她很笨。"妈妈拦住了正要出去玩的苏珊，把她叫了回来："你的成绩单呢，苏珊？"苏珊吞吞吐吐地回答："在我的房间里。"妈妈又问："你考了什么成绩？"苏珊不再回答，站在那里，盯着地板。妈妈又说："想必你的成绩糟透了吧？把成绩单拿出来，

给我看看！"苏珊得了三个 D 和两个 C[1]。妈妈火冒三丈地说：
"我为你感到丢脸，苏珊！你不要找任何借口！伊迪丝总是拿好
成绩回来，为什么你就不能像你姐姐一样？你就是懒惰，不用
心！你丢尽了我们家的脸！不许出去玩，回你的房间去！"

苏珊成绩不好恰是因为她内心受挫了。她是家中的老二，
觉得自己无法满足妈妈设定的高标准，没办法追上"聪明"的
姐姐已经取得的成绩，而妈妈的行为更是把苏珊一再推向受挫
的深渊。妈妈在没有看到成绩单之前，就表示她料到苏珊的成
绩一定很糟糕。既然妈妈都对她没有信心，苏珊更加认定自己
是个失败者，因此更加破罐子破摔。妈妈还说，她为苏珊感到
丢脸，这让苏珊觉得自己毫无价值。妈妈又称赞了伊迪丝的好
成绩，这让苏珊再次认定自己就是个废物。妈妈还说苏珊应该
像伊迪丝一样，但那是她无法达到的高度。苏珊深信自己绝不
可能追得上伊迪丝取得的成绩。比她大两岁的伊迪丝总是领先，
让她绝望得已经放弃努力了。妈妈继续批评苏珊懒惰，让她再
次觉得自己毫无价值。而当妈妈痛斥苏珊丢了全家人的脸时，
这对苏珊的打击已经沉重得无以复加了。苏珊还知道，伊迪丝
认为她很笨。伊迪丝想保持她"聪明"的定位，自然要想方设
法地挫败她。就在苏珊经受这一系列的沉重打击后，妈妈还要

---

1 D 是不及格，C 是及格，B 是良，A 是优。——译注

惩罚她，剥夺她出去玩的权利。

　　大多数父母认为，鼓励会刺激两个女儿相互竞争，然而这并不是对孩子们的鼓励，而是对孩子们的打击。这种打击让已经感到挫败的孩子越发绝望；也会让"获胜"的孩子将此解读为她必须要守住自己的领先地位，为此她不得不一再提高对自己的要求，设立她几乎无法实现的目标。而且，除非她能一直领先，否则她会觉得自己是一个失败者。

　　为了鼓励苏珊，妈妈要避免再把伊迪丝作为榜样。所有的"比较"都是有害的，苏珊应该活出自己的光彩，而不是成为伊迪丝的复制品。妈妈若想要帮助苏珊，她就必须对苏珊有信心，而且要明确地表达出来。其实，苏珊目前的表现，很符合家人对她的"期待"。只有她恢复自信心，她的能力才会得以提高。妈妈要努力克制想要批评苏珊的念头，尽可能地关注并赞许苏珊取得的任何成绩，无论她的成绩是多么的微不足道。

　　让我们重新回顾上述故事情节，看看该如何鼓励一个内心气馁的孩子。

👦 给予孩子正面评价，引导孩子享受学习的乐趣

　　苏珊和伊迪丝拿着成绩单回家。苏珊悄悄地躲进自己的房间，伊迪丝则跑到妈妈的面前说："妈妈看，我得的全是A。"妈妈看了看成绩单，签上名，说道："不错，我很高兴你享受到了学习的乐趣。"（在这句话中，妈妈评论的重点，不是成绩，而

是学习本身。她改变了以前的赞美，而是肯定了孩子用心学习。）

妈妈意识到苏珊在逃避汇报成绩这件事，所以一直在等待机会，直到她终于有机会和苏珊单独相处了，她问道："亲爱的，你需要我在你的成绩单上签字吗？"苏珊不情愿地拿出成绩单，递给了她。妈妈看了看，签上字，然后说道："我很高兴看到你喜欢阅读课（得了 C 的课程之一）。这门课很有趣，是吧？"妈妈给了苏珊一个拥抱，然后提议道："你要不要来帮我布置餐桌？"母女俩一起忙碌时，苏珊显得很不安。最终她说道，"伊迪丝所有功课都是 A，可我的功课一大半都是 D。"妈妈说："你的成绩是不是跟伊迪丝一样好，这不重要；重要的是有一天你也能享受到学习的乐趣，你会发现你比自己想象的更有能力。"

我们不难想象，妈妈突然改变了态度，这令苏珊多么惊讶。刚开始时，苏珊一定不相信妈妈说的是真心话，毕竟妈妈一直认定，只有伊迪丝才能取得好成绩；苏珊也早已认定，无论她多么努力，都不可能在"学习好"这件事上超越姐姐。尽管如此，苏珊还是努力在阅读课上进步，并取得了 C 的成绩，这表明了她的进步。当妈妈认可苏珊的这份努力时，她给了苏珊一个重新审视自己定位的机会，同时也弱化了让姐妹俩都感到紧张的竞争关系。妈妈这样做还会激励苏珊今后进一步努力，也让苏珊明白，即使她取得 C 的成绩，其中也有一定的正面价值。她由此可能会换一个角度看待自己："如果取得 C 的成绩就已经有了这般成果（而不是绝望），看来我还可以做得更好。"哪怕是微小的希望，都足以鼓励苏珊去付出更多的努力。

👦 不恰当的鼓励，加深孩子的挫败感

十岁的乔治在家里和学校都是个浮躁的男孩。他做事总是虎头蛇尾，成绩也勉强达到中等水平。乔治是家里三个男孩中的老大，他的大弟弟八岁、小弟弟三岁。乔治喜欢和小弟弟一起玩，却经常跟大弟弟吉姆打架。吉姆在学校里成绩出色，而且很有耐性，一旦开始做某件事，就一定会完成，尽管他的兴趣并没有乔治那么广泛。

有一天，乔治马上就要组装完一个书架。妈妈因为担心他又会半途而废，想趁机鼓励他一番，于是对乔治称赞道："这个书架真好看！乔治，你做得很棒呀。"但是，乔治突然大哭起来，更令妈妈吃惊的是，他把书架扔在地上，尖声叫着说："一点也不好看！我做得丑极了！"他从工具房里冲出来，跑回了自己的房间。

很明显，乔治的妈妈是想鼓励他、称赞他。然而，乔治的反应却告诉妈妈，她的称赞不但没有对乔治起到鼓励的作用，反而适得其反，加重了乔治的挫败感。为什么会这样呢？妈妈称赞乔治的成就就是在鼓励他啊，难道不是吗？

这个例子证明，什么是正确的鼓励，并没有一个标准的答案。对孩子的鼓励是否有效，只能取决于孩子的反应。乔治的心气过高，他给自己设定了无法实现的过高目标。妈妈的称赞

之所以令他愤怒，是因为他不相信自己能把事情做得足够完美，因此觉得妈妈的称赞是对他的嘲讽。乔治想要完成的，是完美无瑕的作品，但是由于他的技巧还不够娴熟，他的努力与理想自然会有差距。想要提高技艺需要长时间的磨炼，可乔治偏偏想要一步登天，不能接受自己的作品有任何瑕疵。当妈妈称赞他时，他的作品与他期望的完美相去甚远，因此他听到称赞后的感受是这样的："就连妈妈都不能了解我，那就没有人知道我感到多么挫败。"所以，乔治才会怒气冲天。

乔治非常需要鼓励。他认为自己所做的一切，都是彻底的失败。他尝试做不同的事情，是为了让人觉得他总是很忙；但他一件事情也不完成，是为了逃避自己是个"不完美的失败者"的现实。他的弟弟总是能做好每件事情，这更加剧了他对自己的贬低。乔治的心气太高，恰是被弟弟吉姆超越而形成的结果，因为在他看来，除非他能够重新超越吉姆，否则他就没有任何地位。乔治给自己设定的必须领先于弟弟的目标，本身就是错误的。而当他明白要领先于弟弟困难重重时，他的目标更加遥不可及，于是他认定自己只能是个失败者。无论他得到多少称赞，都无济于事。如果妈妈告诉他不必在乎完美，那也没有用，反而只会令他更加坚信"没有人了解我"。他觉得自己必须做到完美，并且他能否做出完美的事情就决定了他的价值。即便他真的成功做成某事，他也认为那只是偶然而已。任何让他觉得把目标设得更高、觉得自己果然是一个失败者的举动，都会加深他的挫败感。乔治需要把他的关注点从"做到完美的成就感"

转移到"做出贡献的满足感"上。然而，乔治总是觉得，除非他能做出完美的贡献，否则他仍是一个失败者。

乔治需要家人的帮助，让他从根本上改变自我认知，改变他在家中的自我定位。他的完美主义思想很可能与父母有关，因为这种观念不可能凭空而来。可能他的爸爸或者妈妈，或者父母双方都是要求极高的人。虽然他们可能会告诉乔治"不必追求完美"，但他们的行为又与这个说法相反。在这个家庭中，父母需要与所有孩子一起，开诚布公地讨论：孩子必须做到什么程度才算是"足够好"。妈妈与其称赞乔治的作品，不如跟他说："我很高兴看到你对组装书架很感兴趣。"

👦 多提出鼓励性的建议，孩子做事更有积极性

五岁的艾瑟尔开心地尝试自己铺床。她把被子左拉拉、右拽拽，好不容易弄成了她满意的样子。妈妈走进房间，看到她铺得并不平整的床，说道："还是我来铺床吧，亲爱的。这些被子对你来说太重了。"

妈妈不仅用言辞暗示艾瑟尔太小，低自己一等，而且还动手以她远超艾瑟尔的娴熟技巧铺好床，令一旁的小姑娘黯然失色。艾瑟尔花了很大力气铺好床所带来的喜悦，被妈妈完美主义的做法冲得烟消云散。这让艾瑟尔觉得她什么都不必做了："做这些努力有什么用呢？反正妈妈比我做得好多了。"

假如妈妈因为艾瑟尔主动铺床而开心地称赞说："你能铺好被子，真不错嘛！"或者是："哟，我女儿长大了！能自己铺床了！"艾瑟尔的心里一定不仅充满成就感，而且很愿意继续努力下去。不管孩子铺好的被子上有多少褶皱，妈妈都应该克制住向女儿展示自己能做得更好的欲望，并等到孩子不在时再铺平整。妈妈不要刻意指点艾瑟尔没铺平的褶皱，等孩子自己整理过几次床铺后，妈妈可以委婉地提出鼓励性的建议，比如说："如果你把被子先卷起来，然后一个角一个角拉平，你觉得会怎么样？"或者说："如果你从这里拉一下被子，怎么样？"等到换床单的时候，妈妈可以提议母女俩一起整理床铺，然后以寓教于乐的方式指导孩子——要避免批评孩子，多提出鼓励性的建议："来，现在让我们一起抬起床垫一角，把床单掖在它下面。好，现在我们一起拽，把床单的这一头拽到床头板这边来。嗨，床头板先生，你好啊。"等等。这样一来，学习不但成了一个愉快的游戏，而且不会让艾瑟尔产生"我不会"的感受，反而只觉得跟妈妈一起做事很开心。

想要让孩子消除挫败感，先不要用言语指责孩子

妈妈带着四岁的沃利一同去拜访邻居。邻居家有个女儿叫帕蒂，十八个月大，正在客厅的地板上玩玩具。沃利的妈妈对他说道："去和帕蒂一起玩吧，沃利。记得要做一个好孩子，不许捉弄她。"沃利耸耸肩，脱掉夹克，冲进客厅，两位妈妈则坐

下来喝咖啡。没过多久，帕蒂就发出一声尖叫。两位妈妈赶紧跑进客厅。沃利一脸得意地站着，紧紧地抱着帕蒂的洋娃娃。帕蒂哇哇大哭，额头上出现了一个小小的红印。帕蒂的妈妈跑到女儿身边，抱起她、亲吻她。沃利的妈妈一把揪过儿子，斥道："你怎么这么顽皮！你对她做了什么？你把她的洋娃娃从她手里抢走了，然后还打了她，是不是？你怎么这么没规矩呢？我现在非打你不可！"妈妈狠狠打了儿子屁股两下，打得他哭了起来。等帕蒂妈妈终于哄好了帕蒂，她又说道："老实说，我真不知道该拿他怎么办。他总是欺负比他年纪小的孩子。"沃利伤心地看着妈妈想要逗笑帕蒂，但帕蒂转过头，把脸埋进了妈妈的颈窝里。帕蒂的妈妈说道："咱们接着喝咖啡吧。她已经没事了，我抱着她就好。"沃利的妈妈把脸转向儿子，又骂道："你真是太顽皮了！总是欺负比你小的孩子，你不觉得丢脸吗！你现在给我好好坐在椅子上，乖乖的，不然我还要打你！"

　　这个故事反映出很多信息，不过限于本章的主题，我们只讨论关于孩子"挫败感"的问题。首先，故事开场时妈妈所说的话，暗示了妈妈已经料到沃利会惹是生非，这无疑强化了他"我不是好孩子"的自我认知。每当我们告诫孩子说"你要做个好孩子"时，那就等于是在暗示孩子我们料到他会惹麻烦，我们不相信他会表现好。然后，妈妈说让他不许捉弄小妹妹，则说明妈妈已经料到了他的坏行为。此外，妈妈没有把沃利的行为和沃利本人区分开，直接认定沃利是一个顽皮的、没规矩的孩子。妈妈言辞中的不信任和负面预料，再次强化了沃利对自我的负面认知。沃利的不友善行为，是因为他不相信自己有能力以良好的行为来得到妈妈的关注，他不知道自己除了惹麻烦以外还能做什么。一个孩子之所以喜欢欺负别人，是因为他在遭遇挫败后，以为只有当他展现自己的力量时，他才比别人更强。他只是一个内心受挫的孩子，而不是一个顽劣的、没规矩的人。我们必须把孩子本人与他做出的行为区分开。我们必须明白，孩子的不当行为是由遭受挫败而导致的。还有，妈妈似乎更关心能否哄好那个小妹妹，这对沃利的挫败感无疑是雪上加霜。

若想帮助孩子摆脱这样的困境，我们首先要避免做出任何令孩子感到挫败的言行，让孩子感到"挫败"绝不等同于"教导"他。妈妈与其先要求沃利该怎么做，不如直接用行动表明信任他，相信他能和帕蒂好好一起玩："我们到邻居家去，如果你愿意的话，可以跟帕蒂一起玩。"妈妈只需表达出一种愉快的期待就足够了。到了邻居家之后，妈妈可以再次让孩子自己决定，他是愿意找帕蒂玩，还是想坐在妈妈身边。当两个孩子吵闹时，妈妈可以安静地走过去，拉着沃利的手说："儿子，真遗憾，你今天情绪不太好。既然你不想玩了，我们就回家吧。"妈妈这样做，虽然会牺牲掉她与友人交谈的乐趣，但是能"教导"孩子，要想再去别人家玩，就必须举止得体。如果沃利下次还做不到，那么妈妈可以把他留给家人照看，自己去邻居家拜访，这样可以让沃利反省自己的行为。

如果妈妈能够避免当面指出沃利的不良行为，那么她对沃利自信心的打击就减少了一半。如果妈妈能真心接纳沃利，即使他的行为不友善也能保持态度亲和，就是对孩子的鼓励。妈妈允许孩子犯错误，把"为自己行为负责"的责任权还给沃利，让他去承担自己的行为后果。当妈妈告诉孩子，只要他举止得体就能跟她一起去邻居家拜访时，便表达出了对孩子的信任，相信他能重新审视自己的行为，调整好自己的情绪，能好好和其他小朋友一起玩。

在接下来的第 4 章中，我们将讨论处理孩子争执的方法。

😊 父母轻松的心态，让孩子发展出应对困境的勇气

上述故事中的两位妈妈都对帕蒂的不幸遭遇过度关注，这也会加重帕蒂的受挫感。帕蒂头上的小红印，不值得妈妈大惊失色地跑过去，赶紧抱起她哄她。妈妈这样的举动带给帕蒂的认知是，她不能忍受哪怕小小的伤痛，而且只要一发生伤害，就时刻需要别人的安慰。帕蒂会更加依赖妈妈，同时照顾好自己的信心也受到了打击。她有可能形成一种错误的观念，以为自己是个容易被伤害的小宝宝，必须依靠别人来保护。我们成年人的生活中免不了受伤和痛苦，毕竟苦难和伤痛本就是生活的一部分。如果孩子从小就没有机会学习如何忍受伤痛和挫折，那么他们将来的生活一定会倍加艰辛。我们不可能一辈子保护孩子远离真实的生活，因此让孩子尽早为真实生活做好准备很有必要。过度担心孩子，是家长最具破坏性的态度之一，这种态度极

其明显地向孩子传递出：我们不相信孩子有能力克服困难。

　　如果帕蒂的妈妈能保持轻松的心态，将有助于帕蒂学会忍受痛苦。当然，这并不意味着我们对孩子的痛苦漠不关心，不去安慰他。重点在于，我们用不同的心态安慰孩子，会形成不同的结果："看到你额头上的红印，我知道你很疼，不过很快就会好起来的，你忍忍就好啦。"以帕蒂的情况来说，妈妈完全不必冲过去把孩子抱起来，她应该一眼就能看出那个小红印没什么大碍。她可以这么安抚帕蒂："亲爱的，没事，那就是一个小小的红印。"然后就此打住。妈妈也不需要用其他玩具来转移帕蒂的注意力，因为让妈妈为自己忙个不停会让她产生更多被伤害的情绪。当妈妈说完这些安慰的话，可以静静地帮帕蒂收拾玩具，然后悄然离开，以便让帕蒂有机会自己应对困境。受伤的人是帕蒂，她不仅需要忍受疼痛，而且要排遣跟小玩伴打架带来的郁闷，以及认为自己弱小的内心感受。如果妈妈给她独自调节内心的机会，她很快就能恢复，而且会发展出应对困境的勇气和能力。

🧒 肯定孩子做得好的地方，与孩子分享成就感

　　瑞秋正在学习绣花，她快乐而专注地沉浸其中。她时不时地举起手上的客用毛巾，自豪而满意地欣赏自己的作品。她对下一步绣制所需要的针法有些不确定，于是拿着那条毛巾去请教妈妈。妈妈说："瑞秋，你用的是太阳花针法。可老实说，亲爱的，

你看看花瓣尖上的这些针脚，你应该能绣得更好！这些针脚都太大了，看起来乱糟糟的。你为什么不把这些地方都拆了重绣一遍呢？针脚小些才好看。"瑞秋喜悦的表情渐渐黯淡下来，她叹了口气，抿了抿嘴说："我现在不想再绣了，我想到外面去。"

妈妈对瑞秋为之自豪、满意的作品的评价，令瑞秋灰心丧气。"你应该能绣得更好"，这句话不是鼓励，而是说明瑞秋做得不够好，还达不到妈妈的标准。在瑞秋看来可爱的太阳花，在妈妈眼中却是"乱糟糟"的，这是对瑞秋的第二次打击。妈妈还建议她把绣好的花朵拆了重绣，这令瑞秋难以忍受。于是，她决定彻底放弃，转而去做别的事情。如果瑞秋的妈妈此时能发现孩子表情的变化，就能明白自己的话对孩子造成了什么影响。

更有助于孩子成长的做法是，妈妈要对瑞秋的绣花表示认可，并趁机再教她一遍太阳花针法的要点。妈妈可以说："亲爱的，这个太漂亮了，你这里的针脚绣得真棒！"妈妈边说边指向瑞秋绣得有几处不错的针脚，然后继续说："等你完了，我们可以把它挂在洗手间。"妈妈这样做，不仅跟瑞秋一起分享了她的成就感，而且让瑞秋知道了她的劳动成果是有价值的。当妈妈指出瑞秋绣得不错的针脚时，便是在鼓励她继续朝这个方向努力，完善她的技巧。我们要关注的是孩子的长处，而不是短处。绣得好的地方是瑞秋长处的展现，我们应该将瑞秋的关注引向那里。

有时，允许孩子去尝试新的体验，的确需要父母拿出很大的勇气。

想要培养孩子的独立性，先要充分相信孩子

七岁的彼得刚从父母那里拿到零花钱。他想在附近购物中心的模型店里买一套飞机模型。妈妈说："我现在没空带你去那家店，彼得，我们明天去吧。"彼得提议道："妈妈，我可以自己骑自行车去。"妈妈回答："你从来没有自己骑车去过市中心，彼得，那里有很多车。"彼得说："我能照顾好自己，妈妈。好多同学都是自己骑车去那里的。"妈妈想了一会儿，她想到自己经常在那家模型店门口看到长长的一排自行车，虽然市中心交通状况糟糕，但彼得每天都自己骑自行车上学，的确已经做得挺好。她最终说："好吧，亲爱的，你去买你的模型吧。"彼得高兴地冲出了家门。妈妈在家里按捺着心中的忐忑不安。她想，他还这么小，不过，他早晚也要学习这些。将近一小时后，彼得举着他的包装盒冲进了家门："看，妈妈！我买回来了！"妈妈笑着说："我真替你高兴，彼得，你现在可以自己买东西了，是不是感觉很棒啊？"

尽管彼得的妈妈非常忐忑不安，但她意识到孩子需要学会照顾自己。她克制住内心的恐惧，对孩子自己骑车外出表现出信任。彼得果然没有辜负妈妈的信任，而妈妈也认可他取得的成就。最后，妈妈还答应给他更多机会让他独自去买东西，这

样会让他更加独立。

😊 先鼓励孩子自主思考，再恰当地引导

六岁的本尼总是扣错外套的扣子，结果衣服上下总对不齐。妈妈没有立即纠正他，而是有意让这个情况持续了一段时间。终于有一天，她对本尼说："本尼，我有个主意，你可以试试看。如果你从最下面的扣子开始往上扣，会怎么样呢？这样你可以看得更清楚。"本尼很高兴尝试这个新"玩法"，于是按照妈妈的提议做。当他看到做完的结果是两边的衣襟对得整整齐齐，不禁笑了起来。妈妈也从这次的成功中得到启发，把这个方法再次应用在孩子的另一个问题上。本尼需要自己把睡衣、睡裤挂在衣架上，可是他常常随手抓起睡裤就往挂钩上挂，结果总是掉下来。妈妈于是提议道："你要不要试试抓住裤腰的松紧带，先抖几下再往挂钩上挂？"本尼若有所思地拿起掉在地上的睡裤，抓住上面的松紧带，抖了几下，然后把它挂在挂钩上。它居然没有掉落！本尼张开嘴，得意地笑道："嘿，果然能行啊！"

本尼的妈妈用这种方法鼓励他，而且她的做法不会让本尼觉得他原本的做法是错误的。她引导本尼尝试新"玩法"的冒险精神，让本尼取得了成功，即使妈妈没有向本尼说明，本尼也看到了自己的成功。并且，本尼也从妈妈的微笑和眼中的光芒里知道，妈妈和他一样，为他的成功感到喜悦。

上面的案例，不但让我们看到了鼓励的重要性，而且指出了一些我们在不知不觉中可能掉入的陷阱。鼓励确实非常重要，本书中我们还会反复提及。当然，我们不能指望只鼓励孩子一次，就能产生长久的影响，我们必须持续反复地鼓励孩子，才能帮助灰心丧气的孩子改变错误的自我认知，并产生持久的变化。

表扬作为鼓励孩子的一种方式，必须谨慎使用。正如我们在前面乔治的故事中看到的那样，表扬可能也会出问题。如果孩子将表扬视为一种奖赏，那么不表扬就会让孩子感到不被认可。如果孩子不是在每件事情上都能得到表扬，那么他就会感到挫败。这样的孩子，做事是为了能得到奖赏，他不会因为自己做出的贡献和努力而心生满足。因此，表扬会强化这类孩子的错误观念，如果不能得到表扬，自己就没有存在的价值，进而就会产生挫败感。我们最好使用简单的话语鼓励孩子，比如"我很高兴你会做这件事""你做得真不错""我很欣赏你所做的一切""你看，你能做到"。

父母对孩子最好的爱体现在不断鼓励孩子独立上。从孩子出生开始，父母就要不断地鼓励他，并且要在整个童年时期都坚持用心这样做。父母要让孩子时时刻刻感觉到，我们相信他们有能力、对他们有信心，这种态度能帮助孩子应对各种问题和状况。孩子需要足够的勇气，让我们来帮助他们发展这种勇气，并保持终生。

在本章的结尾，我们也想给父母们一些鼓励。在您阅读本书期间，您会发现一些很有帮助的技巧；与此同时，您也会发现，自己犯了书中大多数家长都常犯的错误。如果我们发现不了自己的错误，就无法进步。本书指出了当下育儿方法中的常见错误，绝不是要批评或指责父母们，因为他们只是不知道该怎么做，他们也是受害者。我们想尽力提供帮助，提供解决问题的方法，而不是让陷入困惑的父母们更加垂头丧气。

父母们也需要有勇气，这对父母们来说至关重要。在您学习的过程中，如果感到沮丧，或发现自己的想法是"我的天哪，我完全做错了！"，这时，请务必意识到自己已经陷入了挫败感，请赶紧转移您的注意力：不需要检讨自己犯了错误，而要思考怎样才能做得更好。如果您尝试了一种有效的新方法，请为自己喝彩；如果发现回到"旧习惯"，也请不要责备自己。您需要的是不断给自己前进的勇气，而要做到这一点，您首先要有勇气"接纳自己的不完美"。当您失败了，想想上次的成功经验，然后再尝试一次。对错误的做法难以释怀，只会削弱您的勇气。请记住，"我们要强化的是做得好的地方，而不是不足之处"。不妨坦然地承认，您和所有人一样都会犯错误；但也要告诉自己，犯了错并不会影响个人价值，这将有助于您继续保持努力的勇气。最关键的一点是，请您记住，我们追求的不是"完美"，而是"改进"，哪怕微小的改进，只要您看到自己的进步，您就会更有信心朝着下一步改进努力。实践本书中提出的养育原则，不是一蹴而就的事。每一个小小的改进，都是向前迈出的一步。每向前迈出一步，都应成为鼓励自己继续向前的动力。

4

孩子的
错误目标

从父母的角度而言，

一旦我们明白了孩子的错误目标，

就能够理解他的行为。

🧒 第一种错误目标：寻求过度关注

　　妈妈正在写信，三岁的乔伊丝坐在旁边的地板上玩玩具。突然，她跳起来，跑到妈妈身边，要妈妈抱抱她。妈妈说："你要不要把你的娃娃放在小拖车里，带着她去溜达几圈？"乔伊丝大声说："我要你陪我玩！"妈妈轻声地说："过一会儿，乔伊丝。我现在必须赶紧写完这封信。"孩子恋恋不舍地离开妈妈，回到她的游戏中。几分钟后，她问道："妈妈，你现在可以跟我玩了吗？""还不行，亲爱的。"妈妈漫不经心地回答。乔伊丝安静了几分钟后说："妈妈，我要去洗手间。"妈妈回应："好啊，乔伊丝，你去吧。"乔伊丝又说："但是我不会脱背带裤。"妈妈回答："你会的，宝贝。"她抬起头说："你现在已经是个大姑娘了。"乔伊丝装模作样地试了几次。妈妈说："好吧，宝贝。过来，这次我帮你。"乔伊丝去了洗手间，妈妈继续写信。不久，小姑娘又回来了，要妈妈帮她把背带裤的拉链拉上。妈妈再次伸手帮忙，然后又埋头写信。一切都安静下来，可没过几分钟，乔伊丝再次问道："你现在可以跟我玩了吗？"妈妈回答："再等几分钟，亲爱的。"不一会儿，乔伊丝又来到妈妈面前，抱住她的膝盖说："妈妈，我爱你。""我也爱你。"妈妈回答道，还给了女儿一个拥抱。乔伊丝回去继续玩玩具。妈妈写完了信，开始陪乔伊丝一起玩。

在这个故事里，我们似乎看到了一位耐心而慈爱的妈妈，以及她与孩子之间良好的亲子关系。为什么要讲这个故事呢？让我们再仔细看看故事中妈妈和女儿的行为。乔伊丝做了些什么？她通过甜美可爱的方式，不断地寻求妈妈的关注。她的行为表达出："除非你关注我，否则我毫无价值。只有你陪伴我，我才能找到自己的位置。"

每个孩子都非常渴望获得归属感。如果孩子能一直保持勇气，他就能健康成长，很少去"制造麻烦"。他会做他应该做的事情，并通过自己的参与和贡献来获得归属感。但是，一旦陷入挫败感中，他就很难感受到归属感。孩子的关注点将不再是对群体的参与和贡献，而是想通过他人的回应来找到归属感和自我认知。他所有的精力都会集中在这个目标上，不管他的行为是乖巧的还是令人厌烦的，总之他必须找到自己的位置。这样的孩子一般通过四种"错误目标"来寻找归属感，如果我们想要将孩子的错误目标重新引导到有建设性的积极行为上，就必须先了解这四种"错误目标"。

为了获得归属感，有挫败感的孩子可能选择的第一种错误目标，就是渴望他人的过度关注。孩子错误地认为，只有成为关注的焦点时，他才有存在的价值，所以他会想方设法地索取他人的关注，并且施展出各种获得关注的高超技巧。孩子会用各种方法让别人围着他转，他的方法或聪明伶俐，或惹人疼爱……虽然孩子的行为是令人愉快的，但他的目的是寻求别人的关注，而不是参与贡献。

　　在上述故事中，乔伊丝似乎想要参与，想让妈妈陪她一起玩。但我们该怎么确定乔伊丝的行为是否恰当呢？很简单，参与意味着符合当时情境的合作行为。如果是一个内心充满勇气和自信的孩子，她就会意识到妈妈此时需要完成另一项任务，没时间陪她玩。可是，乔伊丝显然不是这样想的，在乔伊丝看来，唯有妈妈关注她，才能让她找到自己的价值。

　　如果通过"可爱"的方法不能吸引他人的关注，孩子就会转向"令人厌烦"的方法。当父母来"唠叨训斥"时，孩子就知道他的"计谋"成功了！因此孩子就会产生错误的自我认知。每当我们"顺从"他的"过度寻求关注"时，我们就等于在强化他错误的自我认知，增强他错误的观念，让孩子以为只有用这种错误的方式才能帮助他获得渴望的归属感。

　　孩子当然需要我们的关注，他们也需要我们的帮助、引导、同情和喜爱。但是，请父母们仔细观察，如果我们不断被孩子支配行动，那就可以确定这就是孩子的错误观念：他们用不断支配我们的错误方式来寻求自我定位。

　　想一眼区分出"适当关注"和"过度关注"，并不太容易。其中的秘诀在于父母是否有能力注意到当下的情形。不论参与还是合作，每个人都会根据当时情形的需要来掌握分寸，而不会以自己的需要为核心。父母可以作为局外的旁观者，观察孩子的行为。如果孩子的举动和回应并不顾及当时情形的需要，正如上述故事中乔伊丝所做的那样，那就说明孩子可能在寻求过度关注。我们也可以通过观察自己的回应，来确定孩子潜意识中的意图。由于我们与孩子的互动是在潜意识层面进行的，所以我们常常"不知不觉地"按照孩子的意图做出回应。一旦我们意识到这一点，并越来越善于觉察到这种感觉，那我们就能把它上升到有意识的层面，并找到办法引导和帮助孩子改变行为。

🙂 第二种错误目标：争夺权力

五岁的佩吉正在看电视，妈妈已经再三提醒她过了上床的时间了。每次妈妈来提醒她时，佩吉都请求妈妈晚一点睡觉，让她看完这一集。妈妈做出了让步，因为那的确是个好节目。然而，节目结束后，当妈妈再次提醒佩吉上床睡觉时，佩吉却不理会妈妈。她换了个频道，继续看起来。妈妈走过去说："佩吉，你的上床时间已经过了。别看了，赶紧的，好孩子，上床去睡觉。"佩吉回答："不要！"妈妈按捺不住火气，俯下身说："我说了，上床去睡觉！现在、立刻、马上！"佩吉说："可是，妈妈，我想看……"妈妈打断她："你想让我打你屁股吗？"然后她直接关掉了电视。佩吉立刻尖叫起来："你是个坏妈妈！"佩吉冲向电视机，想要再次打开它。妈妈抓住佩吉的手，在她屁股上打了一巴掌，强行把她抱进卧室，生气地说："我已经忍无可忍了，你这个小孩。现在你就上床去睡觉！快点儿！脱掉衣服！"佩吉尖叫着反抗，脸朝下扑倒在床上。妈妈离开佩吉的房间时气得直打哆嗦。二十分钟后，妈妈回来看看佩吉的情况，结果发现她仍然穿着衣服，正在看书。妈妈彻底被激怒了，又打了佩吉，并强行脱掉她的衣服，把她塞进被子里。

　　首先，佩吉明知道她该睡觉了。但是，她故意借助拖延、请求晚点睡等方式，挑战妈妈的权威。所以，当妈妈做出让步允许佩吉晚点睡觉时，她就已经被女儿牵着走了。佩吉的行为像是在说："只有让你照我的意图去做，我才能感受到自己是重要的。"她哄得妈妈答应她晚点去睡觉，便达到了目的。她成功地展示了自己能战胜妈妈。

　　因此，孩子的第二种错误目标，就是争夺权力，这种情况通常出现在父母强行制止孩子寻求关注的行为后。这时，孩子已经决心要用他的力量战胜父母，他想从拒绝父母的命令中获得极大的满足感。这种情况中的孩子会觉得，如果他顺从父母，就等于屈服于比他强大的权力，因此他就会失去个人价值。对有些孩子来说，被更强大的力量打败，是最可怕的事情，因此他会不惜一切代价展示自己的权力。

　　节目结束后，当佩吉的妈妈坚持让她上床睡觉时，妈妈和佩吉便陷入了一场权力之争。接下来的故事表明她们都一再向对方证明自己才拥有话语权。每次妈妈动怒，或是打了佩吉，都等于妈妈向佩吉宣告了失败。佩吉为战胜妈妈所付出的代价，也就是被妈妈惩罚的羞辱和疼痛，在她看来是值得的，因为她能让妈妈气急败坏！她让妈妈输了！——这不就是父母们被彻底打败并为之大发雷霆时的感受吗？父母们的发怒行为，好像在说："我现在除了比你身体高大、力气大，我没什么优势能战胜你。"孩子能感觉到父母的情绪，并懂得利用它。你还记不记得，当你小时候让父母勃然大怒、气急败坏时，尽管你表面上大哭大叫，可实际上心里却在暗暗得意？

　　试图压制争夺权力的孩子是非常错误的举动，总会徒劳无功。权力之争持续下去，只会让孩子磨炼出越来越高超的玩弄权力的技巧，同时也让他们越发坚信，除非掌握权力，否则自己毫无价值。以这样的方式成长，孩子很可能会觉得唯有做个"小霸王"甚至专制者才能获得内心的满足。

　　在当今社会，权力之争已经越来越普遍，这是因为现在人人平等的观念和以前不同了。我们将在第16章进一步讨论这个问题。在本章，我们要明白的是：如果父母和孩子都在试图让对方明白谁更能掌握权力，那么此时孩子的错误目标就是争夺权力。

　　分辨孩子是在寻求过度关注还是在跟父母争夺权力，只需要观察父母纠正孩子不当行为后孩子的反应。如果孩子只是想吸引父母的关注，那么他此时会停止不当的行为，至少在挨骂后会停下来。但如果孩子的意图是与父母争夺权力，那么父母越是阻止，他就越会变本加厉地对抗。乔伊丝和佩吉的故事清晰地阐述了两者之间的区别。

🧒 第三种错误目标：报复

　　妈妈在厨房，爸爸在地下室。五岁的罗伊和三岁的艾伦正在客厅里玩耍。突然，艾伦发出痛苦的尖叫。爸爸妈妈立即冲了过来，发现艾伦躲在角落里大声尖叫，而罗伊则拿着一个点着的打火机，在弟弟的胳膊下面晃来晃去。当父母跑到跟前时，艾伦的小胳膊已经被灼伤了，罗伊欺负艾伦的行为成功了。

如果父母和孩子之间的权力之争不断加剧，双方为了压制住对方而越来越频繁地相互较量，结果就会演变出孩子不良行为的第三种错误目标——强烈的报复。内心沮丧的孩子，有可能把寻求报复作为体现自己的地位和重要性的唯一方式。当孩子发展到这一步时，他很确定自己不被喜欢，而且也没有权力赢过对方。孩子唯一能做得到的，就是通过伤害对方来体现自己的价值。由此，孩子的错误目标就演变成了报复和还击。罗伊因为不论怎么努力，都找不到自己的位置，对此他深感挫败，所以他认定自己就是一个没人喜欢的坏孩子。他的行为如此令人憎恶，别人也认定了他是个坏孩子。同时，这也会刺激他再次向父母挑战，做出新一轮的伤害他人的报复行为。

内心沮丧的孩子会发展出第四种错误目标，他会自暴自弃，证明自己就是一个无能的孩子。

🧑 第四种错误目标：自暴自弃

八岁的杰伊在学校的成绩差极了。在一次家长会上，老师告诉妈妈，杰伊的阅读能力很差，其他科目也都落后，无论他怎么努力学习，妈妈怎么努力给他补课，似乎都毫无进展。老师问道："杰伊在家里能帮着做什么？"妈妈回答："我已经不再要求他在家里帮忙做家务了，他什么都不想做；即便做了，他也是笨手笨脚的，完全是帮倒忙。所以，我再也不用他帮忙了。"

　　一个完全灰心的孩子会彻底放弃自己。他觉得自己根本没有机会以任何方式取得成功，不管是好的行为、坏的行为，他都没有成功的机会。于是，他感到非常无助，进而会夸大原本的甚至是想象出来的缺陷或者不足，以便可以把什么都不会当作盾牌，以避免去做一切他可能完成不了、让他难堪的事情。所以，这个看似笨手笨脚的孩子，其实往往是一个灰心至极的孩子，他只是把蠢笨当作逃避的手段，不愿意再付出任何努力。他似乎在告诉大家说："无论我做什么，你都会发现我一无是处，所以别来打扰我了。"这类孩子不会支配别人围着他转，而是彻底放弃。每当妈妈说："我放弃了！对他提任何要求都没有意义！"那么妈妈便可以确认，这正是孩子想要让她产生的想法。孩子仿佛对她说："放弃我吧，妈妈。我一文不值，不可救药，你就别来打扰我了。"当然，孩子的这个错误观念，是经过一连串挫败后形成的。事实上，所有的孩子都是有价值的！

🧒 理解孩子的错误目标，才能读懂孩子的行为

　　理解了孩子不当行为背后这四种可能的错误目标后，我们就有了指导行动的心理基础。但是，在任何情况下，我们都不能告诉孩子，我们怀疑他们有这样的错误目标。这么做不但没

有任何好处，而且会对孩子造成严重的心理伤害。心理学知识是用来指导我们行动的基础，切不可用作打击孩子的武器。孩子完全不知道自己的行为目标。虽然我们可以帮助孩子意识到他隐藏在潜意识里的行为目标，但是这项工作必须交给专业人士去完成。从父母的角度而言，一旦我们明白了孩子的错误目标，就能够理解他的行为。原来认为是孩子莫名其妙的行为，现在我们都能理解了，也知道该怎么去做了。

如果我们让孩子得不到他想要的结果，他就会发现自己的行为毫无意义。既然孩子达不到他的目标，他就有可能重新考虑行动的方向，选择新的行动方式。

当我们意识到孩子是在寻求过度关注时，我们可以避免满足他的索求。如果妈妈不在旁边，孩子又如何索求关注呢？当我们发现自己和孩子卷入权力之争时，我们可以主动退出战场，不再跟孩子较量下去。面对一个没有对手的战场，成为"胜利者"也变得毫无意义。当孩子想要通过伤害行为对我们进行报复时，我们要理解那是他深陷挫败感的举动，所以不要因为孩子的行为而伤心，更不可用惩罚来还击他。当我们发现孩子自暴自弃时，不要让孩子感到灰心，而是要想方设法地引导他去发现自己的能力。如果妈妈根本不相信孩子是真的"什么都不会"，那么孩子也不会轻易地自我放弃。

在接下来的几章，我们将针对这四种错误目标的具体案例，讲解纠正这些错误目标的可行方法。不过，有一点需要大家特别注意：这四种错误目标往往只在幼儿身上比较明显。在人生的最初几年，孩子的关注点是努力发展自己和父母以及其他成年人的关系，他们明白自己是生活在成年人世界里的小孩子。在这段时期，这四种错误目标比较容易辨识。但是，等孩子长到十一岁左右，他与同龄人的关系变得更加重要，因此他会以更加多样化的行为模式在同龄人中寻找自己的位置。这样一来，孩子的不当行为（通常代表他在寻找自己位置时而采取的错误目标行为）就不能简单用四种错误目标来解释了。青少年乃至成年人所做的一些不妥当的行为，虽然有时也能用这四种错误目标来解释，但是他们也会表现出其他的错误目标，比如寻求心理刺激、追求物质、对男性特征过度关注，等等，这些都不属于四种错误目标的范围。

　　还有一个很重要的理念，需要我们始终牢记：作为父母，我们只能尽量激励孩子改善自己的行为。我们的努力不可能每次都成功，哪怕我们已经做得很对。（更何况，要求自己每次都成功，这本身就是一个不现实的目标。）通常，每个孩子都会自己做决定；而且，除了家庭的影响，同龄人的影响也会在孩子身上留下很深的烙印。如果我们改善孩子行为的努力毫无效果，那么我们必须牢记：孩子是一个独立的个体，会为自己做选择、做决定。需要为他的选择和决定承担责任的，不是我们，而是孩子自己。这也是平等理念的一部分。

　　我们遇到的问题，不可能总是立即就能解决。这一刻发生的事情，只是一系列事情中的一件，其中有的已经被解决了，有的尚未解决，还有的则无法解决。我们与孩子互动的每一刻都会对他造成影响，要么推动他成长进步，改善人际关系，要么让他滋生出负面的心态，不利于他构建人际关系，找到归属感和价值感。

对于孩子的许多问题，我们都可以通过循序渐进的方法予以解决。在本书中，我们会尽量向大家讲解，在发生某种问题时，哪些方法是有益的，哪些做法是有害的。对于大多数父母而言，只要知道孩子出现某种问题时该做什么、不该做什么，就已经足够了。我们现在要做的，就是要清楚哪些教育方法能适应当前的民主社会，并能在此基础上发展出全新的育儿观念。

很多情况下，孩子错误行为背后的错误观念和错误目标已经根深蒂固，要应对他花样百出的不良行为，单凭家长某种正确的回应方式恐怕还不够。我们也许要想办法帮孩子重建他内心深处的自我认知和性格特质。要做到这一点，父母需要更加透彻地了解孩子的行为动态。父母可以参加育儿研讨会，找家长咨询中心，也可以找专家进行个人咨询，同时还可以多读一些儿童心理学的书籍，这些方式都会有帮助。我们想要给那些为孩子焦头烂额的妈妈们提供一些针对日常生活中问题的应对方法。其实，只要妈妈们知道该怎么去做，往往就能发挥自己的潜力，正确地引导孩子。父母越是用心学习如何真正读懂自己的孩子，就越能帮助孩子重新找到正确的前进方向，让孩子看清未来的生活前景，使之更乐于接纳社会准则，找到社会归属感，从而拥有一个充实而快乐的人生。

5

奖惩
所造成的
问题

惩罚只会促使孩子滋生出
更强烈的反叛意识和反抗行为,
而奖赏并不会带给孩子归属感。

🙂 惩罚只会让孩子更反叛

屋里似乎太安静了，妈妈觉得有些诡异，于是决定走进去看看。结果，她看到两岁半的亚历克斯又在忙着往马桶里塞卫生纸。由于亚历克斯总是用卫生纸堵塞马桶，妈妈已经打过他好几次屁股了。妈妈气得大吼："还要我打你多少次你才肯听话？"她抓过亚历克斯，脱下他的裤子，打了他的屁股。可到了晚上，爸爸发现马桶又堵上了。

为什么被打了那么多次屁股，亚历克斯还要这样做？是因为他太小了不懂事吗？不，并非如此。亚历克斯清楚地知道他在做什么，他是在故意重复这种不当的行为。当然，孩子并不知道自己这么做的动机。孩子的行为让我们看到，父母越是说："不行！你不许做！"他越用这种行为来回击父母："我要让你们看看，我就是要做！偏要做！"

如果惩罚能让亚历克斯不再往马桶里塞卫生纸，那么惩罚他一次就应该见效了。可是，为什么打了他很多次都没有用呢？是哪里不对呢？

在第1章中，我们谈论过社会环境的变化，民主作为一种生活方式已经在社会中产生越来越大的影响。既然民主意味着平等，父母就不可能再继续扮演"权威"的角色了。权威意味着一个人拥有支配别人的权力和力量。可是，在平等的关系中，谁也不能拥有这样的"权威"。如今，靠权力和力量支配别人的做法，必须由平等的理念和方式所取代，并产生同化的作用。

惩罚和奖赏，是权威至上的专制社会制度中的做法。在这样的社会环境里，享有支配地位的权威人物掌握着奖罚的特权，决定了谁应该得到奖赏，谁应该受到惩罚。而且，由于专制社会制度牢牢建立在权威至上的社会基础上，权威至上的生活方式已经成为人们生活的一部分。孩子看到这一切，就会期待自己长大以后也能成为拥有这种特权的人。如今，整个社会结构已经发生变化，孩子获得了与成年人平等的社会地位[1]，而成年人不再享有高人一等的优越地位，凌驾于孩子之上的权威也随之消失。不论我们是否承认，孩子对此都心知肚明。在他们眼中，我们不再拥有居高临下的权威。

我们必须认识到，试图把我们的意志强加给孩子是徒劳之举。再多的惩罚也不会让孩子永远地服从。现在的孩子即使受到惩罚，也要捍卫他们的"权利"。困惑而又手足无措的父母们，误以为惩罚能起作用，殊不知他们已经不可能凭借这种方式管教孩子。惩罚顶多只能起到短暂的效果，当父母再三使用这种方式时，就会明显地看到惩罚是无效的。

惩罚只会促使孩子滋生出更强烈的反叛意识和反抗行为。

---

1 理解这种平等的概念并不容易。尽管平等已经成为现实，但平等的意义究竟包含哪些内容，我们没有可传承的先辈认知。我们习惯寻求单一的指标来评判人的优劣，尽管所有的评判现在都已不再适用。

例如上述故事中年幼的亚历克斯，在两岁半的年纪就已经开始走上反抗之路。

父母越是惩罚孩子，越会引发孩子的报复

六岁的丽塔一上午都脾气暴躁。她不想吃早餐，结果妈妈为此责备她。丽塔又和她四岁的妹妹打架，妈妈罚她回到自己的房间待半小时。丽塔又连根拔起了很多花，并因此再度遭到训斥，妈妈还威胁说要打她屁股。丽塔又把邻居家的猫绑在晾衣绳上，差点勒死它，妈妈惩罚她坐在厨房的椅子上不许动。到了午餐时间，丽塔把牛奶倒了一地。这次，妈妈把丽塔拖进她的房间里，狠狠地打了她的屁股，并惩罚她整个下午都必须待在房间里。一小时后，一切都安静下来，妈妈以为丽塔睡着了，便偷偷朝房间里看了看。结果她惊讶地发现，丽塔房间里的窗帘，只要她够得着的部分，全被丽塔剪成一条条的布条。妈妈气得大喊："啊，丽塔！我该拿你怎么办？"

在丽塔"剽悍"行为的背后，是她的灰心丧气。她在用自己的行为告诉妈妈："至少在我干坏事的时候，你能看到我的存在。"当妈妈气得接连惩罚她后，丽塔又用她的行为告诉妈妈："如果你有权力伤害我，那我也有同样的权力伤害你！"随之而来的便是她可怕的还击与报复行为。妈妈越是惩罚她，丽塔报复得越厉害，这就是惩罚的结果。不幸的是，孩子比成年人更顽

强、更有忍耐力，这使他们足以赢过父母，结果就是父母最终难以忍受，摇着头痛苦地大喊："我真不知道该拿你怎么办！"

惩罚，或者说权威意识——"听我的话，否则你试试！"——必须被相互尊重、相互合作的意识所取代。虽然孩子的地位不再低于成年人，但是他们毕竟没接受过训练，也缺乏经验，所以他们需要我们的引导。一个好的领导者会启发并激励他的跟随者，激励他们做出合理的行为，父母也要做这样的领导者才行。孩子需要我们的引导，只要孩子知道我们的确把他们当作平等的人来尊重，也尊重他们做决定的权利时，他们就会愿意接受我们的引导。父母打孩子，是对孩子尊严的极大侮辱，而打孩子的家长也没有尊重自己，特别是那些打孩子后愧疚不已的家长。

父母应该学会采取更有效的方法来激励孩子，让他学会自律；父母还应该营造出一种相互尊重、相互体谅的氛围，让孩子在这样的环境下学习如何与他人和谐相处、快乐地生活；父母要努力营造出尊重孩子、尊重自己的生活状态，让孩子在这样的环境中不断学习和成长。父母要在不使用权威的情况下做到这一切，因为一旦采用权威，便可能导致孩子反叛，从而与父母的教育目的背道而驰。

当我们在学习全新的育儿方式，却发现自己因为激怒而惩罚或打骂孩子时，我们需要诚实地承认，以便缓解自己的挫败感，而不是自欺欺人地认为这是"为了孩子好"。另外，我们也要承认，孩子有时确实是在故意找惩罚。孩子的挑衅或许正是他的行为目的，或者是想证明他的确是个"坏孩子"，或者是为了与父母争夺权力，或者是报复上一次他遭遇的"不公平"。因此，一旦我们惩罚他，就等于掉进他设下的陷阱。上述现象包含了一个事实，那就是父母也是普通人，所以并不完美。就连我们这些教育的专业人士，有时也会和普通人一样犯错误。对于自己犯下的错误，我们应一笑了之，然后继续改进，朝着更有助于孩子成长的方向继续努力。父母必须要有接受自己不完美的勇气，无须为此感到愧疚。愧疚是我们难以负担的"奢侈品"。当我们惩罚或打骂孩子后，我们的内心感受通常会像是在辩解："没错，我打了他，我知道这么做不对。但只要我感到愧疚，那就说明我是个好家长。"然而，有意思的是，如果此时我们能坦率地承认，"没错，我打了他，这是他自找的。我知道这不是有效的教育方法，但打他一顿能让我气消一点。现在我可以收拾残局，重新开始了"，这样的想法能增强我们继续努力的勇气，让我们重新调整好自己的情绪，继续教育孩子。

父母对孩子的奖赏，导致孩子形成错误的价值观

　　妈妈和比尔一起去超市买东西，她给了八岁的比尔一美元，让他去旁边的面包店买块面包。当他们再次在超市外面碰头的时候，妈妈向比尔要剩余的零钱。比尔大声嚷起来："你要这些零钱干吗？"妈妈说："比尔！我要用那些钱。"比尔恼怒地把零钱塞进妈妈手里，生气地说："我不明白，我帮你做了事，难道不是吗？"妈妈疑惑地看着他说："儿子，你说得对，你是帮

我做了事。"他们一起朝着汽车走去，比尔还是生气极了。

奖赏与惩罚一样，并不会带来好的结果，这两种行为背后其实都是对孩子的不尊重。所谓"奖赏"，是上级对下级表现好的行为做出的奖励，而在相互平等、相互尊重的关系中，人们完成一件事情，是因为这件事情本身需要做。回报则是两个人同心协力完成任务后的成就感，就像比尔去买面包，妈妈去买别的东西，他们在合作。比尔理应为自己对家人的贡献感到自豪，但他没有这样想，他关注的是自己。比尔想的是"买面包对我有什么好处"，结果却是"我什么都没得到！"，这太令人生气了！由此可见，比尔的价值观是多么狭隘。他与生俱来的对社会归属感的向往，被他错误的价值观所局限，他以为"唯有获得，才有价值"。他认为，自己做事情只有得到某种回报，他才能获得归属感。

孩子把奖赏作为目标，无法专注地做事

音乐会中场休息时，两名高中生正在交谈。其中一位评价说："嘿，梅维丝演奏的德彪西真不错啊！"另一个回应："她？她以后没有希望的。你知道吗？她练琴时，她妈妈每小时要付给她一美元。""啊？你开玩笑的吧！""真的，梅维丝说的，她整个暑假里每天练琴八小时，就是为了赚到那些钱。""练琴是为了这个？这是什么理由！难怪你说她以后没有希望。她竟然

不是为了喜欢音乐而练琴。我练琴的时候，总会深深地投入其中，扰得家人没法睡觉，只好过来跟我说，让我停下来。""是啊！我知道你的意思。我其实也经常这样。"

从这个例子可以看出，青少年多么富有洞察力！

孩子做家务获得物质奖励，无法培养出责任感

一场大雪过后，爸爸让十岁的迈克和八岁的斯坦帮忙把走道上的雪扫干净。迈克问："你会给我们多少钱？"爸爸犹豫了一下说："呃，你觉得应该值多少钱？"迈克开价说："嗯，每个人 1.25 美元！"爸爸不太确定地问："这个价钱也包括了车道吗？"迈克想了想，谨慎地说："应该吧，我觉得包括了。""行吧。"爸爸同意了。"噢耶！"两个男孩大叫着冲了出去。

为什么孩子做了家务就要得到报酬呢？他们住在家里，吃着美味的食物，穿着干净的衣服，享受着家里的一切。如果他们要追求平等，那也应该有义务分担家务劳动。

由于奖赏机制，迈克和斯坦就会觉得如果不能得到好处，他们什么都不做是应该的。孩子在这样的环境中成长，不可能培养出责任感。由于孩子的关注点在于"这件事对我有什么好处"，长此以往一般的奖赏将无法让孩子感到满意。遗憾的是，根本没有令人完全满意的奖赏。

孩子应该参与家庭生活的方方面面，他们也应该有钱花，通常是家长给他们的零花钱。这些零花钱是属于孩子的，家长应该允许孩子按照自己的意愿支配这些钱。而做家务和零花钱是两件事情，不应互相影响。做家务是每个家庭成员都应该为日常生活做出的贡献，而得到零花钱则是每个家庭成员应该享有的家庭权益。

父母用奖赏赢得孩子的合作，会剥夺孩子从生活中获得满足感

妈妈将两个女儿留在停车场的车里，这样她买东西时就能比较轻松。她刚一下车，两个孩子立即大哭起来。妈妈说："乖乖的啊，等会儿我给你们买玩具。"三岁的孩子问："什么样的玩具？""呃，我还没想好……反正我会买的！"妈妈一边回答一边匆匆离去。

上述例子中，妈妈试图通过给孩子买东西来换取孩子乖乖听话。其实，孩子不需要妈妈的贿赂，也会产生做出良好行为的意愿。孩子渴望得到归属感，愿意做一个有用的、有贡献的人，所以他愿意合作，也想要做出良好的行为。当我们用贿赂来换取孩子良好的行为时，实际上是表示我们不相信他能做得好，这样的做法恰是对孩子的一种打击。

奖赏并不会带给孩子归属感。在孩子看来，奖赏意味着父

母对他这一刻的表现给予认可，那么下一刻呢？父母还会认可自己吗？还会有其他的奖赏吗？随着孩子渐渐长大，这样的时刻越来越多，父母无法做到一直奖赏下去。如果我们不再根据孩子的表现给予奖赏，孩子就会认为他的努力是徒劳的。当孩子发现"这对我有什么好处？"的问题答案是"没有"，进而拒绝合作或贡献时，家长就会面临严重的问题。除非孩子认为奖赏能令他满意，否则他凭什么要给予配合呢？如果他不能从中得到回报，他凭什么要花力气去做呢？长此以往，孩子对物质方面的要求越来越高，各种奖赏都难以令他满意。一种错误的价值观便由此形成，孩子认为这个世界亏欠他。如果得不到好处，他就会想着"给他们点颜色看看"。例如，一个刚拿到驾照的十六岁少年（此处指在美国），在高速公路上开快车。遵守交通法规是为了保护生命安全，但对他来说，他就是喜欢不守规矩地开快车。他喜欢开快车时的刺激感，他要展示自己是一个聪明的人，不但能随心所欲而且还不会被人抓住！这才好玩！再说，即便他真的被抓住了，不就是一点惩罚吗？能得到这种反叛的快感，很值得！更何况，不管发生什么事，爸爸都会替他善后。

这就是惩罚与奖赏的最终结果：他们没有给我奖赏，我就会惩罚他们；如果他们惩罚我，我就会反过来惩罚他们，我要好好给他们点颜色看看！

真正的满足感，来自人的参与感和贡献感。可是，父母采用物质奖赏来赢得孩子合作的做法，实际上剥夺了孩子从生活中获得的基本满足感。

6

利用
自然后果和
逻辑后果

我们无权替孩子承担责任，

也无权替孩子承担

他们行为造成的后果，

因为这些都是孩子理应承担的。

既然惩罚和奖赏无效，那么我们该怎么处理孩子的不良行为呢？请您想想，假如妈妈忘记烤箱里的蛋糕，会是什么结果？按照正常逻辑，蛋糕会被烤焦，这是妈妈忘记这件事的自然后果。如果我们让孩子体验他某种行为造成的后果，那就相当于为他提供了一个真实而切身的学习机会。

相信孩子有能力自己解决问题，让孩子承担自然后果

十岁的阿尔弗雷德经常忘记带午餐去学校。每次妈妈看到他落下的午餐盒，就会把餐盒送到学校，并且都会因为儿子忘性大而对他大吼大叫，抱怨为他送午餐浪费了她的时间和精力。阿尔弗雷德在妈妈教训他时总会发脾气，但他仍然经常忘记带他的午餐盒。

一个人经常忘记带午餐的自然后果是什么？他会饿肚子。妈妈不妨告诉阿尔弗雷德，她以后不再负责帮他送午餐盒了。当他又忘记时，妈妈只需对他的指责充耳不闻就好。事实上，提醒他带午餐盒根本不是妈妈的责任。阿尔弗雷德肯定会生气，因为他早已认为妈妈有责任为他送午饭。这时，妈妈不妨平静

地回答："阿尔弗雷德，我真替你遗憾，你又忘了带午餐盒。"
（这里妈妈有必要先和学校老师确认，以免有人替儿子掏钱买午饭。）但是，假如妈妈此时补上一句话说"也许你应该从中汲取教训"，那就把"自然后果"变成了"惩罚"。最重要的是，我们的措辞要向孩子传达相信他而不是要求他。相信孩子有能力解决他面临的问题，而不是要求他必须做我们想让他做的事。

"让孩子挨饿"这个想法，在许多父母看来非常可怕。当然，孩子饿着肚子是不好受的，但是，偶尔少吃一顿饭，并不会对孩子的身体造成太大伤害，而且挨饿的感觉很可能会有效地提醒阿尔弗雷德，让他下次记得带午餐盒。这还有助于消除阿尔弗雷德和妈妈之间的摩擦与不睦，而恶劣的亲子关系远比饿肚子更具破坏性。我们无权替孩子承担责任，也无权替孩子承担他们行为造成的后果，因为这些都是孩子理应承担的。

😊 逻辑后果使用不当，很容易被孩子理解为是惩罚

四岁的爱丽丝，体重较轻，而且容易感冒。妈妈和爸爸相信，只要摄取足够的营养，她的健康状况就能得到改善。爱丽丝坐在她的餐盘前，津津有味地吃了几口，还喝了一点牛奶。不过，随着父母开始聊天，她对食物失去了兴趣。她用手肘撑着头，无精打采地翻动着盘子里的食物。"噢，亲爱的。"爸爸提醒道，"好好吃饭，食物很有营养的。"他的语气温和而充满爱意。爱丽丝露出一个可爱的笑容，又吃了一口。爸爸妈妈继

续聊天，爱丽丝嚼了两下，又不想吃了。妈妈停下和爸爸的谈话，对爱丽丝说："亲爱的，你快点嚼啊。你想长得高高的、健健康康的，对不对？"爱丽丝用力嚼了几口。爸爸鼓励她："这才是我的乖女儿。"但是，只要爸爸和妈妈继续聊天，爱丽丝就又不吃饭了。就这样，爱丽丝的整顿饭都在父母的不断哄劝中进行着。

爱丽丝不好好吃饭，其实是为了赢得父母的关注。只要我们稍微观察一下父母的行为，就不难发现这一点。

吃饭是为了维持生命，这是人们正常的身体需要。如果孩子吃饭出现问题，那么一定是父母的教育方式出了问题。吃饭是孩子自己的事，父母管好自己的事就可以，而不必去管孩子的事。

引导爱丽丝好好吃饭的最简单的做法，就是"允许"她自己吃饭。如果她不肯吃饭，那就让她不吃，父母不必一再提醒她，只需保持友善的态度就好。大家都吃完饭后，直接收拾没吃完的食物，让爱丽丝自己去感受她这样做的后果：如果人不吃饱，就会饿肚子。她要是饿了，必须等到下一顿饭才能吃，在那之前不给她任何食物。如果下一顿饭爱丽丝还是磨磨蹭蹭，父母仍然什么也不用说，只需保持友善的氛围就可以。父母传达给孩子的态度是："如果你想吃，这里有饭。如果你不想吃，那说明你还不饿。"如果孩子拿着食物玩，父母就可以平心静气地把食物拿走。不用训斥或惩罚，也无须奖赏贿赂（比如餐后甜点）。爱丽丝可能会在一小时后抱怨肚子饿，并且要求给她牛奶和饼干。这时妈妈可以回答："真抱歉，你肚子饿了。晚饭六点就能准备好，不过你得等到那时候。"不管爱丽丝的饥肠辘辘表现得多么可怜，妈妈都要让她饿着，因为这是不吃东西的自然后果。如果因为不吃饭就打骂孩子，那是家长强加到孩子身上的痛苦。饿肚子的痛苦不是家长强加给孩子的，而是孩子不好好吃饭的自然后果。

为什么父母可以接受动手惩罚孩子所带来的疼痛，却无法忍受孩子自己饿肚子呢？从表面上来看，父母认为给孩子提供食物是他们的责任，如果看到孩子饿肚子而不予理睬，就担心自己成为"坏"父母。然而，我们对饮食的过度关注，担心孩子瘦弱或健康状况不佳，往往只是一个面具。父母可能认为这样做是他们的责任，可实际上可能是他们想控制孩子的想法。"我要让孩子按照我的标准来吃饭。"爱丽丝反抗的正是父母对她居高临下的控制权。如果父母不再使用权威来逼迫她吃饭，爱丽丝就没有反抗的必要，不吃饭对她而言也就没有意义。这样一来，她自然就会好好吃饭了。孩子的改变过程可能需要一段时间，而且也需要足够的耐心。

如果逻辑后果在使用中被当作"威胁"，或者在父母愤怒时被放大，那就不再是"后果"，而变成"惩罚"。孩子能轻易辨别出这两者间的差异，他们会对逻辑后果做出回应，也会在受到惩罚后反抗。

爱丽丝的父母决定使用逻辑后果。当爱丽丝磨磨蹭蹭吃饭时，虽然妈妈很生气，但她忍住不说。爸爸和妈妈继续聊天，但显然他们的注意力并不在谈话上。他们看到自己面前的问题，爱丽丝磨磨蹭蹭的，玩着盘子里的食物。当爸爸妈妈快吃完饭时，爸爸耐心并慈爱地对爱丽丝说："爱丽丝，快点好好吃饭啊。如果你不吃，晚饭前就会肚子饿，你知道两餐之间没东西吃。你也不想挨饿，对吧？"爱丽丝回答："我不想吃了。"爸爸应道："好吧。你会饿肚子的。记住，晚饭前没有东西吃哦。"

　　这样的言辞不是合理的逻辑后果，而是惩罚。爱丽丝被"威胁"要挨饿。父母仍然对她吃饭很关注，虽然只是微妙地表现出来。他们仍然想"强迫"爱丽丝吃饭。聪明的爱丽丝能感觉到，如果她真饿了他们会很难过。所以她拒绝继续吃饭，并以"挨饿的痛苦"来惩罚父母。

　　爱丽丝的父母摆脱困境的唯一办法，是发自内心地不再关注她吃多少。吃饭是爱丽丝要面对的问题，必须由她自己解决。爱丽丝可以吃也可以不吃，她可能会饿也可能并不会饿，总之这是她的选择。父母要允许孩子自己承担这些后果。

　　当我们使用"逻辑后果"这个术语时，父母们经常将其误认为是一种对付孩子的新方式，可以借此把他们的要求强加给孩子。但孩子们很敏锐，能觉察父母真实的目的——变相的惩罚。因此，采取"逻辑后果"的关键，在于父母使用时的心态。正确的心态是，父母不再处于掌控地位，而是给孩子适当的空间，允许事情按照逻辑发生结果。不论是自然后果还是逻辑后果，都应该如此。不吃饭的自然后果是肚子饿得难受；好好吃饭的自然后果是肚子饱了感到很满足。

👦 不催促和提醒孩子，允许孩子体验逻辑后果

每天的午饭时间对于卡萝尔的妈妈来说都很让她头疼，因为让六岁的卡萝尔及时吃完午饭，然后按时赶到幼儿园实在太难了。后来她学习了逻辑后果的方法，然后据此调整了自己的心态：让卡萝尔准时到幼儿园是为了卡萝尔的面子，也就是说卡萝尔迟到是一件让她自己十分丢脸的事情。当妈妈想通后，在这天开饭前，她先教女儿认识时间，告诉她离家去幼儿园时指针应该指向的位置。随后她坐下来，跟女儿一起吃午饭。卡萝尔依旧磨磨蹭蹭的，但妈妈吃完饭后自己离开了桌子，去另一个房间看书。（尽管她没有看进去书，但她表面上看起来很专注。）结果这天卡萝尔迟到了半小时才到幼儿园。等她回家后，妈妈悄悄观察，发现迟到并没有对卡萝尔产生明显的影响。不过，第二天妈妈还是继续坚持这样做。第三天，她给老师写了一张便条，请老师给予配合。那天卡萝尔迟到了四十五分钟，放学回家后她哇哇大哭，因为她迟到了。妈妈温柔地说："很抱歉你迟到了，亲爱的。也许你明天就能掌控好时间。"从那天起，卡萝尔像鹰一样地盯着时钟，妈妈再也不用为她迟到的问题而烦恼了。

想让孩子早上按时起床、按时上学，也可以使用同样的方法。妈妈可以让孩子拥有一个自己的闹钟，并说明妈妈以后不

再负责催促他按时起床和上学。（要去上学的又不是妈妈！）父母不再催促孩子，即使他们磨磨蹭蹭、忘拿书本或者家庭作业，也不必提醒。如果孩子没赶上校车，那么就让他走路去上学，哪怕路途遥远。只要孩子有足够的体力，就可以做得到。

很多时候只要稍加思考，我们就会想到某种不当行为相应的逻辑后果。我们只需要问自己："如果我不插手，事情会怎么样呢？"作业没做，那会惹老师生气；弄坏玩具，就没有玩的；脏衣服不放进洗衣篮，就不会被清洗；等等。但有时候，我们可能需要巧妙地安排这些后果。

🧒 当孩子出现不良行为时，先制定规矩，再设置后果

三岁的凯茜在院子里玩的时候，经常不管不顾地就跑到马路上。妈妈不得不时刻盯着她，看见她跑出去就把她带回院子里。但不管妈妈怎么责骂、打她屁股，凯茜就是不改。

这种情况的逻辑后果会是什么呢？我们当然不可能任由凯茜在马路上乱跑，被汽车撞到，这个自然后果是我们不能承受的。所以，我们可以巧妙安排一下这种不良行为的相应后果。凯茜第一次跑到马路上被带回来后，妈妈可以问她是否愿意继续留在院子里玩。如果她又跑到马路上，妈妈可以再次平和而坚定地把她抱回来，带进屋里面，告诉她说："既然你不愿意在院子里玩，那你就别在外面玩了。当你愿意在院子里玩时，我

们再试试看。"最好家里面有属于凯茜的游戏区，让她去那里玩。当妈妈告诉凯茜别在外面玩的时候，情绪和语气中不要带有任何怒气。当妈妈说"既然你不愿意在院子里玩"，她表达的是凯茜有权表明自己的意愿。妈妈无法让凯茜只待在院子里玩，但可以制定规矩，设置后果。一旦凯茜表示愿意再试一次，她就可以再去院子里玩。假如她又跑到马路上，那么妈妈就只允许她在屋里玩。为了避免母女之间因此展开一场权力之争，当凯茜第三次跑到马路上时，妈妈可以连续两三天不让她去院子里玩。父母要一直给孩子再次尝试的机会，这一点非常重要。这样不仅能让孩子觉得自己还有机会，而且表达了妈妈对孩子的信任，以及对他学习能力的信心。凯茜被带回屋里，可能会提出抗议甚至做出某种反叛行为，以表达无法按自己意愿在外面玩的不满。对此，妈妈依然要保持心平气和，对凯茜的反叛行为不予回应，记住，每次只解决一个问题。

设置合理的行为后果，有效地改变孩子的坏习惯

三岁的贝蒂总是不爱刷牙。为了完成这项任务，妈妈每次都得催促她、逼着她刷牙。这场拉锯战让母女俩都很心烦。针对这个行为，妈妈设计了一个逻辑后果。她告诉贝蒂，如果她不想刷牙，就不必刷牙，但由于糖果和甜食会腐蚀牙齿，所以贝蒂不刷牙就不可以吃甜食。说完后，妈妈再也不催促贝蒂去刷牙了。整整一个星期，贝蒂都没有刷牙，当然也没有吃任何

甜食，而其他孩子却可以吃糖果和冰淇淋。这天下午，贝蒂宣布，她想刷牙，而且也想吃糖了。妈妈说："贝蒂，现在不行，早上才是刷牙的时间，你可以明天早上刷完牙后再吃糖。"贝蒂平静地接受了，第二天早上，她自己自觉地刷了牙。

孩子有时候会做出许多令我们心烦的行为，目的就是惹我们生气，让我们为他而忙碌。这时候，合理的行为后果往往会非常有效。

👦 不关注孩子错误的行为，孩子自然就会改善

四岁的盖伊总是把鞋子穿反，这让妈妈很生气："上帝啊，盖伊，你什么时候才能学会穿对鞋啊！你过来。"然后妈妈让他坐下，替他重新穿上鞋。

盖伊当然知道他的鞋子穿反了。只要妈妈冷静观察他的行为，就能确定儿子的行为目的。盖伊是在向妈妈表明，他是在通过穿反鞋子让妈妈为他服务。

当妈妈说"你什么时候才能学会……"时，话中暗含的意思就是盖伊很笨，但事实并非如此。如果这对母子中有一个人是笨蛋，这个人一定不是孩子。只要盖伊的妈妈不再关注儿子穿反鞋这件事，这种情况就能得到改善。那是盖伊的脚，又不是她的。如果妈妈不再过问，盖伊自然会体验到穿反鞋后的不

舒适感。妈妈要注意观察，当她第一次注意到盖伊穿对鞋子时，她可以慈爱地微笑，表达喜悦之情。这足以让盖伊知道，妈妈认可他取得的进步，也足以鼓励他继续努力。

🙂 过度保护孩子，使孩子无法从行为后果中学习

十岁的艾伦把他的棒球手套忘在操场上，等他回去找时，手套已经不见了。他伤心地哭起来。爸爸责备他："这是你这个暑假丢的第三双手套了！你以为钱是从树上长出来的吗？"在爸爸关于如何爱护自己东西的长篇说教后，艾伦承诺一定会好好爱护下一双手套。爸爸说："好吧，明天我就再给你买一双回来。但是记住啊，这是这个暑假的最后一双！"（在艾伦丢失第二双手套时，爸爸已经说过同样的话了，尤其是最后一句。可是，爸爸实在不忍心看艾伦哭得如此伤心！）

很多时候，父母原本有绝佳的机会让孩子从不当行为的后果中汲取经验，但因为他们不忍心，或者太想要"保护"孩子，结果剥夺了孩子通过行为后果学习的机会，反而用责骂或长篇说教来惩罚孩子。

在艾伦的例子中，爸爸可以这么说："我很遗憾你弄丢了手套，艾伦。"艾伦可能会发脾气："但我必须戴上手套练球。""你有钱买新的吗？""没有。可是，你可以给我钱啊。""等到该给你零花钱时，我会给你的。""可是那些钱不够的！""很抱歉，

但是我不能给你更多钱了。"爸爸此时必须要保持坚定而友善的态度。

　　要使用逻辑后果这一技巧，我们必须改变思维定式。我们一定要认识到，在目前的生活环境中，我们是不可以"控制"孩子的，因为这是一个民主的、引导孩子的社会。我们不能把自己的意愿强加在孩子身上，而只能"启发"他们做出恰当的行为，因为"强迫"已经没有效果了。在全新的育儿方式成为我们的第二习惯之前，我们必须花一段时间来改变我们的思维定式。这个过程会困难重重，需要我们进行大量的思考，更需要不断练习，提前想象后果如何。有时候，允许事情顺其自然地发展，成年人不插手干预，就会产生"自然后果"。比如，孩子睡过头了，上学自然要迟到，并且要面对老师的怒火。有时，我们也可以做特意的安排，让孩子体验不良行为的后果，也就是"逻辑后果"。由于自然后果是来自现实生活的影响，完全没有父母的干预，这样的结果更为有效。相比之下，逻辑后果就要复杂些，由于父母的参与并干预，事情很容易陷入权力之争。所以，父母必须要非常谨慎，以免让逻辑后果变成对孩子的报复或惩罚。可见，自然后果通常比较有效，而逻辑后果一旦运用不当则可能会适得其反。

　　假如妈妈因为鲍比没有倒垃圾就不许他看最喜欢的电视节目，这就不是逻辑后果，因为两者之间没有任何逻辑上的关系。不管妈妈说得再委婉，鲍比听到的都是："你没有倒垃圾，所以我要惩罚你，不让你看最喜欢的节目。"这种情况下，可能的逻辑后果是，妈妈不愿意在有很多垃圾的厨房里做饭。还有一种后果是，到了星期六鲍比和他的球友集合的时间，可是他还没有完成家务，那么合理的逻辑后果是，只有做完家务后他才能去打球。

只要我们逻辑清晰且坚定地实行逻辑后果，就不但能取得良好的效果，而且能大大减少与家庭成员之间的摩擦，促进家庭和睦。孩子们能很快看到逻辑后果的合理性，并因此欣然接受。父母越少提及"后果"这个词，孩子们越不会有受到惩罚的感觉。当然，有时候我们没有可供选择的后果，就只能等待下一个机会；还有的时候，我们跟孩子讨论，倾听了他们的建议和想法，甚至不需要设置后果，就能解决问题。

如果父母已经陷入与孩子的权力之争中，那么他往往会把逻辑后果变成对孩子的惩罚，从而使之丧失效果。所以，我们要时刻保持警惕，不要让自己陷入这个陷阱之中。我们必须反复提醒自己："我无权惩罚一个与我地位平等的人，但是我有责任引导和教育我的孩子；我无权把我的意志强加给孩子，但是我有义务拒绝孩子的不当要求。"

7

坚定
而不是
强硬

坚定,

就是我们不屈从于孩子的过分要求,

不放纵孩子每次的无理取闹。

要做到坚定而不强硬,

我们首先要学会相互尊重。

　　有时我们很难把握坚定与强硬的界限。坚定对孩子很有必要，因为它能给孩子提供界限，没有界限，孩子的内心会感到不安。如果不知道界限，孩子就会不断地试探父母的底线在哪里。这样做的后果，往往是孩子的行为把父母激怒到忍无可忍的地步，以致孩子受到惩罚，和谐的亲子关系被破坏。

当孩子不守规矩时，父母要表明立场，坚持自己的决定

　　妈妈在开车，五岁的双胞胎朱迪和杰瑞在汽车后座上欢快地嬉戏。他们的声音变得越来越吵闹，惹得妈妈心烦意乱，几次要求他俩安静。可不一会儿，他俩又开始打闹，并且越发放肆。突然，杰瑞用力推了一下朱迪，朱迪被推得撞到妈妈的头和肩膀。"我再也受不了了！"妈妈大叫一声，把车停在路边。两个孩子都吓到了，一脸茫然失措。妈妈在两人的屁股上狠狠地各打了一巴掌。两个孩子完全惊呆了，因为妈妈很少这样生气。

　　妈妈一向对双胞胎的活泼好动很宽容，给孩子的感觉是他们"怎么折腾都行"。如果我们这一次允许孩子不守规矩，下一

次又因为孩子没规矩而大发脾气，那就是告诉孩子：只要父母还没大发脾气，就不必理会。

无论什么时候，都不能在开车时嬉闹。妈妈其实可以不动用武力，只需预先立好开车时的规矩。她可以坚定而不是强硬地要求孩子守规矩。如何才能做到呢？秘诀在于：知道怎么做到坚定。强硬意味着父母想要把自己的意愿强加到孩子身上，即我们命令孩子怎么做。可如果妈妈试图将她的意愿强加给这对双胞胎，她只会成功地激起他们的反抗。坚定则不同，它意味着做自己应该做的事。妈妈当然能决定自己应该怎么做，并加以实践。例如，妈妈只要决定当孩子们不守规矩时，拒绝开车就可以了。每当孩子嬉闹时，她就停下车。她可以说："如果你们胡闹，我就不开车。"然后她只管安静地坐着，直到孩子们遵守规矩，她无须做任何解释。妈妈已经表明了立场，而且坚持了自己的决定。

有一位妈妈使用这个办法，结果她带着两个分别是十岁和七岁的孩子，开车行驶了两千英里，一路上她都非常轻松自在。在整个过程中，孩子们没有发生任何冲突，也没有出现打闹行为。

要做到坚定而不强硬，我们首先要学会相互尊重。我们必须尊重孩子自己做决定的权利，我们也要学会尊重自己，不让孩子的不良行为任意摆布我们。

父母坚定地做好自己的事情，孩子才能学会照顾自己

七岁的艾瑞克是家里处于中间年龄的孩子，他非常挑食。爸爸正在给每个人的碗里添上一大勺炖牛肉羹——这可是全家人最喜欢吃的东西。可是，艾瑞克却瘫坐在椅子里，气冲冲地嚷道："我一点也不喜欢吃。"妈妈劝慰道："艾瑞克，你尝一尝。"艾瑞克非常不乐意地说："你明明知道我不喜欢吃混在一起的东西，我一口都不吃。""呃，好吧，那我给你做个汉堡包吧。"妈妈去为他准备汉堡包，艾瑞克玩着餐刀。爸爸和其他孩子吃完饭，离开了桌子。妈妈陪着艾瑞克一起吃饭，边吃边聊他在学校里发生的事情。

艾瑞克控制着整个局面，不但让妈妈给他做了特别的食物，而且得到了妈妈的全部关注，享受着妈妈的服务。

艾瑞克的确有权拒绝吃炖牛肉羹，妈妈也应该尊重他的权利。她一心想要做个"好妈妈"，却扮演了仆人的角色。爸爸妈妈完全可以坚定地做自己应该做的事，让艾瑞克照顾好自己。我们来看看如果父母态度坚定会发生什么。

判断孩子真正的需求，不过度满足孩子

艾瑞克嚷嚷说他不吃炖牛肉羹。"好的，儿子。你不想吃就

不吃。"爸爸回答。他跳过艾瑞克的碗，继续为其他人添肉羹。艾瑞克问道："你不给我做点别的东西吃吗？"妈妈说："我们今晚就吃炖牛肉羹，你不吃的话可以离开了餐桌。"艾瑞克喊道："但是我不喜欢吃炖牛肉羹！"妈妈只回答一句："我知道，可我也没办法。"然后，妈妈和爸爸为了避免跟儿子继续争吵，都坚持不再说话。不论艾瑞克说什么，比如肚子饿、要吃饭等，他们都充耳不闻，只顾专心吃饭。于是艾瑞克发着脾气离开了餐桌。晚些时候，艾瑞克走进厨房，要吃点牛奶和饼干。"对不起，艾瑞克。我不是开餐厅的，咱们只在饭点提供食物。"妈妈坚持不提供食物给艾瑞克，要他等到下一顿再吃，然后不论他怎么抗议都不回应。接下来，爸爸妈妈继续坚持自己的立场。艾瑞克很快加入到全家人吃饭的行列，不再挑食了。

尊重孩子的需要和意愿，当然是至关重要的，但我们也需要培养自己敏锐的洞察力，善于判断哪些是孩子真正需要的，哪些是孩子的无理取闹。仔细纵观全局，我们就能做出判断。

父母先表明自己的原则，再让孩子自己做决定

三岁的凯茜已经生病好几天了，夜里需要父母的照顾。等病好了，她仍然会在半夜里要求父母来照顾她。过了几个晚上后，妈妈决定不能再继续这样下去了。她和爸爸商定了一个行动方案。这天晚上，妈妈亲吻凯茜，道过晚安，对她说："爸爸

和我今晚要睡个好觉，如果你叫我们，我们也不会起来。"夜里，凯茜又醒来叫爸爸妈妈时，他们没有对她做出回应。经过这次体验后，凯茜又能一觉睡到天亮了。

妈妈只是告诉凯茜她会怎么做，然后让凯茜自己决定。当凯茜试探妈妈时，妈妈说到做到，坚持了自己的原则。

🧒 不屈从于孩子的过分要求，让孩子体会到父母的坚定

妈妈和莎朗从儿童乐园回家，正走在路上，莎朗忽然想顺道去姑姑家玩一会儿。妈妈说，不可以，她们现在要赶紧回家。莎朗哼哼唧唧地央求，但妈妈没有理会她的行为，继续往前走。莎朗一屁股坐在人行道上，开始尖叫。妈妈头也没回，继续平心静气地往前走。莎朗跳起来，跑到妈妈身边，扬着笑脸蹦蹦跳跳。她们一路高高兴兴地走回了家。

妈妈用她的行动表明，她决意要立即回家。她既没有解释、争辩或强迫莎朗听话，也没有对莎朗的要求妥协。当孩子看到妈妈真的要回家时，她尊重了妈妈的决定，加入了和妈妈回家的行列。

坚定，就是我们不屈从于孩子的过分要求，不放纵孩子每次的无理取闹。一旦我们按照已有的规则做出决定，就必须保

持坚定的态度。孩子很快就能通过我们的行为和态度明白应该做什么。

维护规矩，可能需要一定程度的坚定，甚至需要静默的压力，尤其是对于年幼的孩子。既然妈妈说了"不行"，她就要确保自己说到做到。对孩子而言，责备、威胁或打骂都不会奏效，因为任何令人感到敌意的做法都只能暂时阻止孩子的不良行为，而且会将矛盾的焦点转移到其他方面，可能导致孩子做出更多不良行为。只有安如磐石般的坚定，才能让孩子懂得要遵守的界限。如果孩子不愿意穿合适的衣服去上学，妈妈可以不让他出门。如果孩子吵闹得停不下来，妈妈可以要求他离开房间。不过，妈妈让孩子面对压力时，必须给孩子一个选择的机会。

例如："如果你能安静下来，你就可以留在这里。"如果他不能安静下来，妈妈可以让他选择是自己出去，还是妈妈陪他出去。要求孩子离开房间，也许你觉得有些强硬，但是，如果给了孩子合理的选择，孩子就不会认为那是强硬的要求。

如果父母和孩子之间的关系非常友善，孩子会更加乐意遵从，父母则完全不需要长篇大论地说教、解释乃至恳求，让小事情恶化。保持温和且坚定的态度，对年幼的孩子尤其有效，也很有必要。有时，父母无须多说，只需要坚定的眼神就足以起作用。父母真正坚定的时候，孩子是能感受到的。正如我们讨论小组中的一位妈妈所说的："每当我不太确定自己是不是真要那么做时，芭芭拉就会誓不罢休地闹腾。可是，一旦我确定自己就要那么做时，她反而不再闹腾了，就是这么简单。"

8

表达出
对孩子的
尊重

尊重孩子，

意味着我们将孩子视为一个独立的人，

与我们享有同等的决定权。

只有我们信任孩子、信任他的能力时，

才能真正表现出对孩子的尊重。

生活在民主的环境中，人际关系的最基本原则就是相互尊重。在两个人之间的关系中，如果只有一方被尊重，那就不是平等。我们必须清楚地表现出对孩子及他的权利的尊重。要做到这一点，我们需要准确地把握对孩子的期望值，既不可太高又不能太低。

父母尊重孩子的睡眠规律和喂养规律，孩子才能健康成长

两个月大的格雷戈里，是父母的第一个孩子，他们为这个孩子感到非常骄傲。只要有人来访，他们就会叫醒格雷戈里，向满眼美慕的朋友们炫耀自己的儿子。

格雷戈里有好好睡觉的权利。当父母忽视孩子的这一权利时，就表现出了对孩子的不尊重。

格雷戈里经常哭闹，睡眠很不好。他一哭闹妈妈就赶紧喂奶，哪怕一小时前刚喂过。

格雷戈里的健康和成长，需要良好的睡眠和有规律的饮食。

在正常的作息中，孩子的胃会自然形成消化状态与休息状态的运作规律，这会帮助食物被完全消化，并建立影响一生的基本规律。新生儿，似乎只有一个需求，那就是吃。他最早接触到的生活规律就来源于吃奶的习惯。婴儿和他的胃都享受规律进食的权利，甚至婴儿自己也能参与、调节喂奶频率。

儿科医生们对喂奶时间和频率有不同的见解。遵循"按需哺乳"的妈妈们发现，如果她对自己正在做的事情充满自信而且情绪放松，她的宝宝就会很快形成规律的吃奶时间。相反，如果妈妈充满焦虑，宝宝稍微一动就赶紧喂奶，那么宝宝不但无法形成规律的吃奶时间，而且还会因刺激而产生过度索求。不成规律的喂养，既是对婴儿的不尊重，也是对婴儿需要规律权利的不尊重。

如果孩子致力于满足父母的期待，那就无法做到尊重自己

九岁的彼得是个独生子，他最喜欢做的事情就是取悦父母。彼得的父母对孩子的言行举止和学习成绩有着非常高的要求。他们为他安排了很多课外学习，期望他在各个领域都能表现出色，只要没取得"A"，就不是好成绩。父母还要求他必须是童子军中的领队，在少年组的体育比赛中要夺得奖牌，钢琴演奏要达到可以演出的水平，要知道收藏的每块岩石的正确学名，要毫无瑕疵地做好模型飞机以及准确无误地背诵出《圣经》

上的指定段落。彼得必须每时每刻表现出无可挑剔的言行举止。所有认识他的人都认为，彼得是一个聪明非凡的孩子。但是，他有几个连父母也一直无法纠正的毛病：他总是咬指甲，整个指甲都快被咬光了；他还常做噩梦，一紧张就肩膀哆嗦。

父母并没有意识到他们的"高标准、高期待"对孩子是多么残忍。因为彼得希望取悦父母，所以他朝着父母引导的方向全力以赴。由于他很聪明，并且非常努力，他总算是不负期望，达到了父母的要求。可是，他内心的焦虑和反叛也逐渐表现出来。只有让父母满意、一直保持领先地位，彼得才会觉得自己是有价值的。他害怕失去现有的地位，所以不敢公开反抗父母对他的超高要求，他只能在睡梦中反抗。彼得的生活正在走向灾难。对彼得而言，父母的行为是对自己的极度不尊重，他们只是把自己当成维护他们名声的工具而已。如果彼得一生都致力于满足父母对他的高期待，那他就无法尊重自己。

只有我们信任孩子、信任他的能力时，才能真正表现出对孩子的尊重。但是，这并不意味着我们能要求孩子去实现我们尚未实现的目标。

🧒 父母太在意孩子出现"小意外"，让孩子失去继续尝试的勇气

十八个月大的帕姆试图爬到客厅的椅子上。她不小心滑倒

了，撞到了下巴，咬破了嘴唇。妈妈看到孩子的嘴唇流血，但仍然保持情绪平稳，她语气轻快地鼓励孩子说："再试一次，帕姆。你能做得到。"帕姆舔了舔嘴唇上的血，继续尝试爬上椅子。

这位妈妈残忍吗？不是的。如果妈妈把孩子嘴唇受伤当成大事，帕姆就会失去继续尝试的勇气。正因为妈妈没有把孩子嘴唇流血当作大事，帕姆才能从容以对，这是多么宝贵的一课！

🙂 尊重孩子的决定，鼓励孩子做出决定后信守诺言

九岁的杰夫用他收集的石头中一颗颇为珍贵的化石，换来了一颗价值较低但对他来说很有趣的化石。当爸爸发现这笔交易时，非常生气。首先，另一个男孩已经十四岁了，他很清楚两块石头的价值；其次，杰夫事先没有征求爸爸的意见。于是爸爸插手"摆平"了这件事，使两个男孩子之间的友谊出现了裂痕，更让杰夫感到自己能力欠缺，颇为自卑。

交换化石的决定是杰夫做出的，爸爸应该尊重孩子的决定。如果爸爸能用以下方式来处理这件事情，就既能体现对杰夫的尊重，又能维护杰夫的自尊。当杰夫给爸爸看他换来的新化石时，爸爸应该表现得跟往常一样感兴趣，暂且不提价值的问题。

等再过几天，爸爸可以在不提及交换的情况下，帮助杰夫发现新化石的相对价值，杰夫便会明白他被人"占了便宜"，且不会觉得爸爸羞辱了他。在实际情况中，当爸爸插手"摆平"这件事的时候，他的行为暗示出杰夫应该知道得更多，他的交换是个大错误。然而，杰夫在这方面并没有任何经验，又怎么可能知道自己犯错呢？爸爸对杰夫的要求显然太高了。爸爸应该教会儿子，一旦做出决定后，他就有义务信守诺言。通过这样的方式，原本的亲子冲突就能变成学习的机会，同时还能维护孩子们的友谊。

父母对孩子的羞辱和嘲笑， 会强化孩子错误的自我认知

一家人到游乐园玩，十一岁的罗伯特缠着妈妈要再坐一次碰碰车。九岁的露丝和七岁半的贝蒂想去玩游戏机，一家人朝着游戏机房走去，可罗伯特还在继续乞求妈妈，妈妈生气地拒绝了他。每当罗伯特兴奋或紧张时，他说话都会变得结巴，听起来像个咿呀学语的婴儿。他越是乞求，说话越是结巴。最后，妈妈转过脸来对着他，故意模仿他说话结巴的样子，露丝和贝蒂哈哈大笑起来。罗伯特抿紧了嘴唇，强忍着泪水，慢慢地跟在大家后面。

不论任何理由，羞辱孩子，就是对孩子的极度不尊重，这绝对不是教导孩子的正确做法。罗伯特一紧张，说话就会变得结巴，这足以表明他已经陷入困境。嘲笑只会强化他错误的自

我认知，让他在困境中无能为力，毫无希望。这时妈妈需要尊重罗伯特的做法，改变他对自己的错误认知，她只需平静地说："儿子，我们现在去玩游戏机吧。"这样就可以让罗伯特不再继续乞求下去。

在游乐园里，我们经常见到家人意见不一致的情况，其实这并不难解决。在一家人出发之前，先清楚地规划好每个人能花多少钱。每个人都要明确地知道，自己只有这么多钱，没有额外的花费。此外，关于安全方面的规则也可以在离家之前讲清楚，包括哪些项目可以玩，哪些不可以玩。如果父母坚定的态度赢得了孩子们的尊重，那么一家人去游乐园玩就会感到轻松快乐。到了游乐园后，孩子们可以自由决定去玩什么、玩多久。通过这种方式，他们很快就会学会如何安排他们现有的金钱和时间，使游玩的乐趣延续得更久。相反，如果父母总在不断地提醒和训斥孩子，那必定会导致许多冲突和争执，让全家人都对这次游玩大失所望。

尊重孩子，意味着我们将孩子视为一个独立的人，与我们有同等的决定权。但是，这样的权利并不代表孩子可以做大人能做的任何事。毕竟，每个家庭成员都扮演着不同的角色，而每个人都有权得到尊重。

9

教导孩子
尊重规则

既不必强迫孩子遵守规则，

又能给他们机会

自己去体验不守规则的后果，

从而促使他们做出更好的行为。

　　父母既要表达出对孩子的尊重，又要用自己的坚定赢得孩子的尊重。只要我们做到这两点，进一步引导孩子学会遵守规则，就会变得更容易。

　　假如我们过分保护孩子，他就无法体验不遵守规则的后果，那么他就学不会尊重秩序和规则。如果被刀划过，他就会尊重锋利的刀刃；如果没有正确使用火，他就可能不小心被烧伤；如果没保持身体平衡，他就会从自行车上摔下来；如果他不躲闪，就来不及躲开朝自己飞来的棒球……这些现象都证明无法忽视、无可辩驳的规则所在。他在自行车倾斜时赶紧伸出了脚，那是他对重力规则的尊重；他努力躲闪投球手扔过来的球，那是他对飞来的棒球所携重量的尊重。孩子生活在这个世界里，需要懂得尊重并善于利用许多自然规则。父母说得再多，也无法教会孩子掌握自行车的平衡，他只能通过实践经验学习。虽然我们可以在自行车上安装辅助轮来帮助孩子，但他只有靠自己才能学会平衡的技巧。因此，在任何必须尊重其独特规则的领域里，父母单纯的说教是徒劳的，孩子都必须通过实践经验来学习，也就是从具体的行动中学习。我们有责任在需要时为孩子装上辅助轮，并在他技能提高到一定程度时适时拆除。我们必须利用一切合适的机会让孩子自己去体验、去学习。

🙂 父母的唠叨和训斥，导致孩子无视家庭规则

九岁的格蕾丝坐在客厅里的小书桌前写字，七岁的维尔玛趴在地板上剪纸娃娃，她周围散落着纸屑。妈妈走过来，提醒她们："姑娘们，玩完了要打扫干净哦。"维尔玛回答："知道了。"但她脸上的表情则在说"又来了！"妈妈再一次经过客厅时，两个女孩都在看电视，桌子上堆着乱七八糟的纸张，地板上满是碎纸片和纸娃娃。妈妈又叮嘱道："姑娘们，一定要打扫干净哦。"两个女孩齐声应道："好的，妈妈。"声音中仍然夹杂着厌烦的情绪。又过了一会儿，妈妈注意到姐妹俩吃完点心，把玻璃杯子放在电视机上，饼干屑掉得满地都是。妈妈大声说："天哪，你们自己收拾一下好吗？看看你们弄得这么乱！"格蕾丝的声音里透着恼怒："好的，妈妈，我们会的。"

不久后，妈妈发现格蕾丝躺在床上看书，维尔玛在外面玩耍，客厅里仍旧一片狼藉。她把维尔玛叫了进来，怒气冲冲地呵斥道："赶紧给我收拾好！晚饭时家里有客人来，房间要保持整齐干净，今天早上还是你们跟着我一起打扫的。东西用过后为什么就不知道顺手收拾干净？做下一件事情之前，要先把用过的东西全都收拾好，你们应该明白这一点。"妈妈继续长篇大论地训斥姐妹俩。格蕾丝和维尔玛不情愿地把东西收拾好，而妈妈则气愤地盯着她们干活。

格蕾丝和维尔玛当然知道她们应该随手收拾，但她们并不

尊重妈妈的话，并且对家里要待客的事实也没有尊重之意。实际上，姐妹俩长到这么大，还需要妈妈反复提醒她们收拾东西，这恰恰说明，妈妈多年的唠叨和训斥是没有效果的，两个孩子依然无视家中的规则。每次妈妈提醒时，她们一边用没打算遵守的承诺敷衍，一边明显流露出对妈妈提醒的厌烦。

孩子不遵守规则，是父母最常见的烦恼之一。每个孩子似乎都会采用这种方式来反抗大人。父母越是要求孩子把东西收拾好，大多数孩子就越会感到厌烦。妈妈越是表现出重视整洁，她就越容易遭到孩子的顽强抵抗。

孩子们需要亲身体验规则是自由的一部分，需要明白没有规则，所有人的自由都会受到影响。

父母与孩子相互不尊重，就会产生问题。两个女孩十分抗拒妈妈把她的规则"强加"于她们，这说明妈妈不尊重她们。妈妈有权不替孩子收拾东西，而孩子让妈妈为她们做这做那，支使得她团团转，则是孩子对妈妈的不尊重。妈妈其实不用以上方式，也可以教导孩子学会遵守规则。如何做到呢？妈妈虽然不可以逼迫孩子去怎么做，但可以决定自己要怎么做。

如果她发现孩子乱放东西，她可以把它们都收拾好，但不是为了替孩子收拾东西，而是为了她自己，因为那些东西妨碍她了。当然，因为是妈妈收拾的，所以只有她才知道东西都放在哪里。姐妹俩没收拾东西，就不知道东西放在哪里。妈妈这样做，既做到了坚定，又保持了友善，这不是惩罚。姐妹俩没把东西放到应该放的地方，那么下次找不到也是合乎逻辑的后果。纸娃娃不见了，笔和纸也不见了。因为她们吃完点心后不收拾碟子和玻璃杯，所以点心就不能放在客厅里了。妈妈在做出上述举动时，应该保持慈爱的笑容，既不发脾气又没有往常的说教。妈妈要让孩子感觉，她既不是在报复也不是在惩罚她们。至于孩子自己的房间，妈妈也不必过问和操心，让她们自己去体验不整理的后果。与其让自己因为无法强迫姐妹俩保持整洁而被击败，妈妈不如拒绝清理她们杂乱的房间。不要替她们收拾，也不去帮她们换干净的床单。姐妹俩可能很快就会难以忍受，尤其是在找不到某只袜子或者某件衣服的时候。

为了避免两个孩子备受挫败，妈妈可以主动提出，如果她们愿意，妈妈可以每周帮她们整理一次房间。当妈妈带着姐妹俩一起打扫卫生时，她一定要避免对脏乱的房间做出任何批评，诸如"看看这里多乱啊，你们怎么能受得了"之类的话。做整理时大家的谈话氛围应该是愉快的，妈妈可以表达对其他事物的兴趣，除了房间的脏乱。

渐渐地，姐妹俩就会明白，把家里弄得脏乱并不会激怒妈妈，妈妈也不会跟她们玩"看谁赢"的游戏。她们会渐渐认为，保持房间干净整洁，自己会过得更舒服。另外，如果她们发现自己随手乱放的东西找不到了，就会渐渐意识到要小心地收拾好东西。

👶 父母使用暴力的方法，
只会激发孩子的敌意和反叛

三岁的吉恩把她的三轮车留在车道上。妈妈叫她把三轮车放回后院去，吉恩没有理会，继续在沙箱里玩沙子。妈妈把她拉起来，打了她一巴掌，并带她一起走向三轮车，生气地说："我已经告诉过你，骑完三轮车要放回去。我说的话你要照着去做！"然后，妈妈一只手拉着三轮车，另一只手拉着哭泣的女儿，转身而去。

妈妈的暴力方法不能教会孩子遵守规则，这样做只能激发孩子的敌意和反叛。事实证明，温和的坚定态度更加有效。例如，妈妈可以把三轮车推回来，放在孩子够不到的地方。当孩子想要再次骑三轮车时，妈妈可以这么说："对不起，吉恩，因为你上次骑完车后没有把车子放好，所以这次你不能骑了。不过，下午的时候你再来吧。"最后一句话是对孩子的鼓励，足以促使她下次自己把三轮车收好。当然，妈妈也可以安静地牵着孩子的手，两人一起把三轮车收起来。

👦 父母对孩子的额外服务，不利于孩子学会尊重规则

十一岁的克莱经常错过晚饭时间，因为他喜欢积极投入地参加有益于健康的男孩子们的活动，所以妈妈总会原谅他。每

当他进家门时，妈妈就会为他热好饭菜，在一旁等着他吃完后，再去把厨房收拾干净。

克莱觉得这样太好了！妈妈成了他忠诚的仆人，甘愿为他提供各种服务。克莱觉得妈妈的额外服务是理所应当的。他不必遵守晚饭时间，因为没有人要求他尊重规则。他已经明白与小伙伴们的良好关系和有益健康的活动都是妈妈非常看重的事情，因此他又何必要尊重家里的就餐时间呢？反正不管他什么时间回来，都有饭吃。

克莱的身体健康以及与小伙伴的友谊当然都很重要，但是，这并不妨碍他应该学会尊重规则。妈妈可以告诉克莱，晚饭从六点钟开始，错过这个时间就不会再有食物。克莱可以自己决定是否要按时回家吃饭。如果妈妈不再为他少吃一两顿饭而担忧，那么他就会更加重视按时回家吃饭了。

🙂 不强迫孩子遵守规则，允许他们自己去体验不守规则的后果

为了让四岁的多丽丝把自己的东西收拾好，妈妈困扰不已。这一家人，包括十四个月大的凯文，挤在一间小小的公寓里。一天，妈妈去儿童指导中心听课，那天晚上，她和爸爸一起讨论她学到的一个新方法，爸爸表示会全力配合。第二天早上，多丽丝把睡衣扔在地板上，玩具也像往常一样扔在地上。快中

午时，妈妈问她："要不要把东西收起来？""不要。""好吧，你今天一整天都不想收拾东西，对吗？""是的，那太好了！"多丽丝惊呼。"好的。可是，我能不能也跟你一样，一整天都不用收拾东西呢？""那当然可以了。"多丽丝耸了耸肩回答。在接下来的时间里，妈妈把她用过的每件东西都随手乱扔。除此之外，她仍和往常一样，陪女儿说话、玩耍。她还向多丽丝提议，把她所有的衣服都翻出来检查一遍，看看有没有需要修补的地方。多丽丝加入了妈妈的行列，母女俩一起忙得不亦乐乎。只不过，妈妈把所有翻出来的衣服都留在了多丽丝的床上。弟弟凯文的衣服、玩具、奶瓶等，也同样被到处乱放。爸爸回到家时，公寓里一片狼藉，但他视而不见。他把外套扔在儿童推车上，领带挂在灯柱上，鞋子随意踢到了地板中间，然后也像往常一样和孩子们一起玩，仿佛完全没有注意到家中的异常。妈妈一边准备晚饭，一边喂凯文。餐桌上堆满了多丽丝的纸张、蜡笔和颜料，所以没有地方放置晚饭。做好饭后，妈妈走进客厅，开始看杂志。过了一会儿，爸爸问道："晚饭做好了吗？"妈妈回答："都做好啦。""嗯，那我们要不要开始吃饭？""不能吃。"妈妈在杂志后面说道。爸爸问："为什么不能吃？"妈妈回答："没地方放碗碟了。""噢。"爸爸也拿起一张报纸读了起来。多丽丝说话了："妈妈，我饿了。"妈妈回答说："我也饿了。"多丽丝默默地看着家里的情形，思考了一番，然后走进厨房，看了看餐桌，又回到卧室。她用脚踢了几下地板上的积木，又回到厨房。爸爸妈妈继续看杂志和报纸，心里知道多丽丝正在收拾餐桌。没多久，她走过来轻声说："妈妈，现在我们有地方吃饭了。"妈妈立即过去把晚饭布置好，一家人边吃边聊，很开心。

当多丽丝打算上床睡觉时，她找不到睡衣了。妈妈说："很抱歉你找不到睡衣了，亲爱的。""那我该怎么上床睡觉呢？满床都是东西啊。"孩子问道。"就是啊，这怎么能睡觉呢？"多丽丝边哭边说："妈妈，我不喜欢这样！"妈妈问："那我们该怎么办呢？"女儿回答："我想，我们最好把所有东西都收起来。"

这个故事中的方法能获得成功，有三个原因：第一，妈妈的态度始终友善，家中的气氛是愉快的。第二，妈妈克制住自己，避免对孩子进行任何说教。她只字不提最想解决的问题，而是和孩子谈论其他话题。第三，也是最重要的一点，妈妈捕捉到教导孩子的关键点。她完全没有强迫多丽丝去收拾东西的意图，也没有要报复多丽丝胡乱扔东西的意图。

像这样"故意设计"的方法，只有不经常使用才能取得效果。妈妈的这次"设计"之所以有效果，在于一家人都共同体验了家中杂乱无章的戏剧性效果。这样的做法若是频繁使用，就会失去效果。

另一种应对孩子随手乱放东西的办法，是找来一个大箱子，把所有东西都收进去。妈妈可以把所有让她觉得"碍事"的东西都放进去，但不要管孩子们在自己房间里随手放置的东西。不论是橡皮擦还是小玩具，都收到大箱子里去。等孩子们需要从这个大箱子里翻出自己要的东西时，他们会花费不少力气。

如果孩子们的房间变得杂乱不堪，妈妈只要拒绝进入就好了。洗干净孩子的衣服后，妈妈可以叠好放在其他地方，因为她不喜欢走进乱糟糟的房间。再说，房间那么乱，也没地方放干净的衣服，对吧？

发挥你丰富的想象力，就能找到很多友善的办法，既不必强迫孩子遵守规则，又能给他们机会自己去体验不守规则的后果，从而促使他们做出更好的行为。

在孩子严重不守规矩的大多数现象中，往往也伴随着家长与孩子之间不和谐的关系。这时，想要单纯依靠诸如"逻辑后果"的技巧来纠正孩子身上的问题，肯定是行不通的。家长需要制定一个可行的方案，先好好修复亲子关系中的问题。

10

教导
孩子尊重
他人的权利

把做选择的机会还给孩子，
孩子一旦做出选择，
父母就必须予以尊重。

当父母尊重孩子的选择权时，
孩子就能懂得尊重父母的权利

六岁的凯瑞似乎很有音乐天赋，他很喜欢播放唱片。有一天，妈妈发现儿子用客厅里的高保真音响播放了她收藏的唱片。由于操作不当，孩子划伤了几张唱片珍品，她非常心疼。妈妈向凯瑞解释了这些唱片的价值，以及这些唱片对她的意义，希望儿子能好好爱惜。但妈妈说话时，凯瑞不耐烦地扭动着身体。最后他向妈妈保证，再也不擅自碰妈妈的唱片了，他会等妈妈在家的时候一起欣赏。可是第二天，凯瑞就违背了他的诺言，再次用高保真音响播放了唱片。

凯瑞无权擅自播放妈妈的唱片，对此，妈妈的确有必要坚持自己的原则。可是，妈妈所做的那些解释不仅没用（就像她从凯瑞那里得到的承诺一样也是没用的），而且她还遗漏了最关键的一点。妈妈只需要说："凯瑞，这些唱片是我的。我是唯一可以播放这些唱片的人。"每次凯瑞想要玩高保真音响时，妈妈都可以让他做选择，是他自己离开那个房间，还是和妈妈一起离开。这种做法不但体现了妈妈对孩子选择权的尊重，而且也坚持了她要求凯瑞必须离开房间的决定。毕竟，妈妈把凯瑞想如何离开房间的决定权留给了他。这样做显示了"独裁强制"和"坚持自身权利"两者间的微妙区别，即两者的意图是不同的。妈妈没有要求凯瑞只能播放他自己的唱片，而是向他表明，他要尊重妈妈的权利。

当孩子不再拥有特权，就会停止错误的行为

　　每当四岁的艾伦对妈妈的举动感到不高兴时，就会伸手打她、踢她甚至咬她一口。妈妈认为不可以随便打人，所以对女儿的行为感到非常担忧。她让艾伦看自己被弄伤的地方，希望艾伦能为此感到愧疚而停止这种行为。可是，艾伦丝毫不为所动。

　　可怜的妈妈！她以为孩子拥有所有的权利！其实，在平等的关系中，每个人都拥有同样的权利。如果艾伦有权打人、踢人、咬人，那么妈妈也有同样的权利。妈妈有义务向艾伦表明这一点，关键在于妈妈该怎么做。当艾伦打她时，或许妈妈可以说："看来，你是想玩打人游戏吧，好啊。"然后妈妈向艾伦回击过去，真的打她一下。孩子可能会被激怒而再次打回来。妈妈还是抱着玩游戏的态度，再打回去。继续和孩子玩这个游戏，直到艾伦宣布退出。根据我们的经验，很少有孩子愿意再玩这个游戏了！孩子有可能会忘第一次的疼痛，再次冲动地动手打妈妈，但是当妈妈再一次表示很乐意跟他玩打人游戏时，他很快就会停止。

　　有时候，家长应该允许"孩子拥有特权"，这个方法在很多情况下颇有效果。比如，当妈妈看到六岁的孩子吮吸大拇指，便也开始吮吸自己的大拇指。孩子可能会表现得不乐意，因为

他觉得只有自己才有特权这样做，妈妈是不可以的！我们看到，很多孩子在妈妈开始吸吮拇指后，就放弃吸吮自己的拇指了（当然了，我们也不能只靠这个方法）。

孩子一旦做出选择，父母就必须予以尊重

每当爸爸和妈妈的朋友来家里玩桥牌时，七岁的佩妮和五岁的帕特就会变得令人讨厌。他们穿着睡衣在屋里跑来跑去，以各种稀奇古怪的方式"博眼球"，而且还不肯上床睡觉。爸爸和妈妈总是先容忍他们，但通常的结果是爸爸出手打他们一顿，狠狠地把他们扔到床上去。

爸爸和妈妈有权与他们的朋友共度一个不受孩子们干扰的夜晚。在客人到来之前，爸爸妈妈不妨先告诉孩子们："我们希望朋友来玩时，你们不要来打扰。你们可以礼貌地和客人问好，然后就不要进入客厅玩耍了。你们可以决定，今晚是去姑姑家玩，还是愿意遵守规则，留在家里呢？"孩子一旦做出选择，父母就必须予以尊重。如果他们决定留在家里，但并没有约束自己的行为，那么下次就不必征求他们的意见，直接把他们送到姑姑家。再下次爸爸妈妈聚会的时候，把做选择的机会还给孩子。

在前面的第7章里，我们曾描述过凯茜的父母是如何教导她尊重父母好好睡觉的权利。如果没有合适的亲戚家能选择，父母还可以雇一个临时保姆来陪孩子待在房间里。

11

减少
批评就会
减少犯错

孩子当然都会犯错误、做错事。

如果我们总是

对此抱着一种批评的态度，

便有可能在不知不觉中

放大偶然发生的错误行为。

父母越关注孩子的错误，孩子越会感到挫败

八岁的查尔斯刚刚给奶奶写完感谢信，妈妈想要看看。查尔斯不情愿地把信纸给了她。"哦，查尔斯，看看你的字多难看。为什么你不能把每行字都写整齐了？你还拼错了三个单词。看这里！你得重新抄一遍。写得这么乱七八糟的信，怎么可以寄给奶奶。"妈妈把正确的单词工整地写在一旁，让查尔斯重新抄写。结果他越抄错得越多，信纸扔掉了一页又一页，直到最后他扔掉笔，生气地哭着说："我怎么都写不好，我受够了，不写了！"妈妈建议他："你可以先做别的事情，半小时后再回来重新抄写。"

我们再三指出：对错误的强调具有灾难性的后果。查尔斯本来是高高兴兴地写信，不管他写得是否有错误，奶奶看到都会很高兴的。可是现在，查尔斯痛恨这封信，痛恨它给自己带来的痛苦。当妈妈的注意力都集中在错误上时，她也把儿子的注意力从积极的方向转向消极的方向。查尔斯开始害怕犯错，这种恐惧压得他喘不过气来，结果犯下更多的错误。直至后来他彻底被挫败感压垮了，这正是最糟糕的事情。当我们经常关注错误时，就会让孩子感到挫败。我们要强化的不应该是孩子的缺点，而是孩子的优点。

如果妈妈称赞查尔斯主动给奶奶写信是多么体贴，孩子会感到非常高兴！把重点放在正面评价，会让孩子感到快乐，激发孩子做出更多体贴的行为。此外，妈妈还可以找出一些他写得比较工整的字母，表示认可："你这里的字母 C 写得非常工整。这非常好，说明你正在进步。"查尔斯会因为这句话倍感鼓舞，对自己的书写能力更有信心，今后也会更愿意用心去写。妈妈不应关注那些拼错的单词，孩子愿意给奶奶写信才是最重要的。妈妈指出所有的拼写错误，说明她对查尔斯的要求太高了。

我们花很多时间和孩子在一起，还特别留心孩子做错了什么，而且一看到孩子的错误就立即指正。这种方式似乎表明我们在教导孩子不能犯任何错误。然而，只要我们认真想想就会发现，我们关注什么，就会看到什么。如果我们关注错误，我们对待孩子的方式就会按照这个方向前行。如果我们关注孩子做得好的地方，并且表现出我们对孩子能力的信任，给予他鼓励，那么，孩子的错误或缺点可能就会因为不受关注而得以改善。

如今，我们总是处于恐惧中，担心孩子将来出现不良行为，养成坏习惯，形成错误的心态和错误的做事方法。于是我们无时无刻不在监督孩子，试图阻止他犯任何错误。我们不断地纠正他、告诫他。这种做法充分表明我们并不信任孩子，这当然会令孩子感到羞辱和挫败。一旦父母过多关注孩子负面的行为，又怎么可能帮助孩子找到努力前行的方向和力量呢？

我们不断纠正孩子，不仅会让孩子觉得他总是出错，而且可能会让他害怕犯错。这种恐惧往往导致孩子不愿意做任何事情。当害怕出错的压力非常大时，孩子甚至可能丧失健康的心理状态。他可能会觉得，除非他能做到完美，否则他就没有价值。然而，没有完美的人或事，以完美为目标的努力很少会取得进步，更多的是让人们因为绝望而放弃。

人人都会犯错误，但只有极少数的错误会导致灾难。很多时候，我们并不知道自己的行为是错误的，直到看到结果才明白！还有些时候，我们需要不断尝试才能发现错误所在。我们必须有接纳不完美的勇气，并且允许孩子不完美。只有这样，我们才能更好地做事、进步和成长。只要我们尽量少关注孩子的错误，并将他们的注意力引向积极的方面，孩子就能保持勇气，更积极主动地学习和成长。"现在这里出了错误，我们可以做些什么呢？"这样的问话，能激发孩子继续努力的勇气，引导他们寻找改进的方法。犯错并不是什么人不了的事情，重要的是孩子在犯错后能掌握补救的能力。

允许孩子试错，从失败中获得成长

十岁的玛格丽特从烤箱里拿出烤焦的饼干，她泪流满面。她完全是按照配料包装盒上的说明做的，可是现在她的饼干竟然烤焦了。妈妈闻到焦煳味，来到厨房问："亲爱的，怎么了？""我把饼干烤焦了。"玛格丽特抽泣着说。"嗯，我看到了。来，我们一起找找原因吧。我知道你不是故意的。你心里很难受，我理解你，亲爱的，但哭泣没用啊，我们一起来看看问题出在哪里。"妈妈把话题转到这个方向，孩子停止了抽泣，开始思考。她和妈妈一起重新核对了包装盒上的说明，检查了制作的每个步骤，结果发现是玛格丽特算错了计时器的时间。玛格丽特说："啊，我知道哪里弄错了。"妈妈说："很好，我们一起来把这些东西清理干净，然后你可以再试一次。"

妈妈将一场惨痛的失败转变成一次让孩子学习的机会。妈妈既没有指责孩子浪费粮食，也没有批评孩子犯了错误。她就事论事的态度向玛格丽特表明：犯错并不可怕，我们应该做的是从错误中学习。妈妈理解女儿的沮丧但并没有过度关注，而是带着孩子一起寻找错误的原因，引导她走出困境。她还立即鼓励玛格丽特再试一次。妈妈的理解和支持驱散了孩子沮丧的心情。

很多时候，孩子犯错是因为缺乏经验或者判断失误。犯错的孩子可能已经很苦恼了，此时如果家长再去责骂和批评孩子，只能是"雪上加霜"，进一步加重孩子的痛苦。

父母的批评和责骂，让孩子陷入恐惧

爸爸去他的工作台拿螺丝刀，但眼前的场景令他顿时火冒三丈。他的长桌上放着一架飞机模型，螺丝刀、钳子、锤子和

扳手散落在一旁。在地板的一侧有一罐铝质喷漆，飞机模型连同工作台的整个表面，还有所有的工具上都被喷上了一层铝漆。爸爸怒气冲冲地把十岁的儿子斯坦叫过来，朝他吼道："看看你把这里弄得一团糟！你怎么就不能保持干净整洁呢？你有什么权力把我的长桌弄成这样？还把我所有的工具都喷上了铝漆！你为什么要这样做？说话呀！"斯坦站在爸爸的面前，听着爸爸的呵斥，他胆战心惊，张口结舌。

斯坦强忍着眼泪，回答道："爸爸，我只是想给我的飞机模型上色，没想到喷漆会喷得那么远。然后，我就不知道该怎么办了。""你当时为什么不告诉我？要我等到现在才发现！"斯坦小声说："我害怕你会生气。""是，我当然会生气了！你知道做错了，还偷偷溜走。因为这个原因，我要打你一顿。"

爸爸的愤怒是可以理解的。其实，虽然工具被喷上了铝漆，但并不会影响使用。愤怒之下的爸爸没能从斯坦的叙述中听出他的苦恼，也没能意识到孩子此时内心的折磨。爸爸的反应，再次强化了斯坦对招惹爸爸生气的恐惧，这让他以后做事更不敢寻求爸爸的帮助了。爸爸打孩子一顿，并不能让工作台恢复原状，也不能教会斯坦该如何使用喷漆。

那么，要怎么做才能帮到孩子呢？

首先，爸爸应该克制住自己的愤怒，要理解斯坦并不是故意要破坏他的工作台。其实他一眼就可以看出到底是怎么回事。然后，爸爸可以把这件事当作孩子学习的机会。孩子能独立去思考和使用喷漆这件事，已经说明他有探索的勇气。

让我们来重新演绎一遍这个场景。

😊 父母的理解和友善，让孩子从错误中学会成长

爸爸把斯坦叫到工作室，说道："我看出你在这里遇到了困难，儿子，你能告诉我发生了什么事吗？"斯坦尴尬地回答："我只是想给我的飞机模型喷上油漆，没想到喷漆会喷得那么远。""所以，你现在知道喷漆和刷漆是不同的，对吧？""是的，我现在知道了。"斯坦回答说，爸爸友善的态度让他松了口气。"那你想想，下次喷漆时你该怎么做？"孩子想了想说："我想我应该先在周围铺上报纸。"爸爸提议道："如果你拿一个纸箱子，撕开一面，把你的飞机放进去，从敞开的那一面往飞机上喷漆，你觉得会怎么样？""哎呀，那真是个好主意！"爸爸又问："工作台上的工具，现在该怎么办？"斯坦回答："呃，我也不知道。我想，应该还能用吧？"爸爸说："如果它们一直挂在墙板原来的位置上，你觉得会怎么样？""那就不可能被喷上油漆了。"斯坦笑了，他意识到爸爸是在暗示他应记得把东西收起来。"现在该怎么处理这些工具，你有什么主意吗？""我想，或许可以用一些松节油来清洗吧？""喷漆已经干了，松节油就没用了，斯坦。""噢，那还有别的办法吗？""手柄就那样吧。至于金属的部分，可以用钢丝球擦得很干净。""好吧，我来试试看。"

斯坦心甘情愿地弥补他的过失。爸爸像对待朋友一样，和儿子保持了友善的亲子关系，而斯坦则从错误中学到了新知识。

👦 父母越纠正孩子的不当行为，孩子越会犯错

妈妈把意大利面酱倒进吃面用的大盘子里。"我能帮你的忙吗？"小琼问道。"唉，小琼啊，我不知道该不该让你来，你总是笨手笨脚的！好吧，给你，你看看能不能把这个盘子端到桌子上，你小心点，别洒出来啊。"妈妈把盛满酱汁的盘子递给小琼。小琼走得很慢，眼睛紧盯着盘子里的东西，小心翼翼地保持着平衡，免得盘子倾斜。然后，她的脚不小心碰到椅子腿，盘子打翻了，里面的面条和酱汁都洒到了桌子上，其中一部分还顺着她裙子的前裾淌到了地毯上。"小琼！你这个毛手毛脚的笨蛋！你在做什么？我不是刚刚告诉你要小心吗？你怎么就不能好好做事呢？总是这么毛手毛脚的！"

虽然小琼很小心，不想把酱汁弄洒，但是她撞到了椅子，最令她担心的事情还是发生了。假如妈妈对小琼能端好盛满酱汁的盘子表现出信心，小琼走路时就会更加从容。可是现在，妈妈再次强化了她的毛手毛脚，她的再次失败就是最好的证据。

孩子当然都会犯错误、做错事。如果我们总是对此抱着一种批评的态度，便有可能在不知不觉中放大偶然发生的错误行为，使之在日后变得更加严重，甚至成为孩子永久性的缺点。

比如，许多幼儿都会出现口吃的现象，但如果我们不去理会，这个现象就会自行消失。然而，因为我们总觉得有责任预防或纠正孩子任何"不当行为"，所以当孩子出现一点"错误"，我们就会纠正他。其实，这根本不是在纠正"错误"，反而是在"强化"它，因为孩子会发现，继续这个行为对他更有利，要么他会因此获得特别关注，要么他可以通过这个不当行为与父母对抗。所以，批评并不能"教导"孩子，反而会刺激他继续做出不当的行为。

为了真正有效地引导孩子，我们需要对正在发生的事情保持警觉。我们可以问自己：这是不是一个失误？是不是因为孩子遭受了挫败？是不是孩子缺乏判断力或者相关知识？或者他的行为背后有没有隐藏什么目的？例如在前面的案例中，玛格丽特和斯坦是因为缺乏经验和判断力，查尔斯和小琼则是遭受了挫败。前两个孩子需要指导，后两个孩子需要鼓励，我们需要帮助他们发现自己的能力。

当然，孩子的错误行为也有可能是设定错误目标造成的结果，也就是说，是孩子有意而为的。如果是这样的情况，那就不是"失误"，而是"犯错"。

👦 父母过度关注孩子的缺点，只会起到强化的效果

妈妈和五岁的莎朗正在公园里野餐，她们遇到了一位朋友。妈妈把莎朗介绍给朋友时，这孩子正把手指放在嘴里吸吮，另

一只手则紧紧地抓住妈妈。"来，莎朗，别害羞啊！"妈妈劝慰道。然后，她转向朋友说："我不知道她为什么这么害羞，家里其他孩子都不会这样。"小姑娘更靠近妈妈。朋友弯下腰，想要逗引她做出回应。莎朗面无表情，皱着眉头看着妈妈的朋友。当那位朋友终于放弃，转头和妈妈开始聊天后，莎朗独自站了一会儿，然后拉了拉妈妈，爬到她的腿上，扬起小脸来，想要妈妈亲吻她。

既然莎朗的害羞是有目的的，这时叫她"别害羞"是无效的。关注她的"缺点"（或者不当行为）只会起到强化的效果。莎朗认为自己的角色是家中"害羞的人"，这让她拥有不同于其他孩子的特点。如果我们好好观察她害羞的结果，就不难发现莎朗因此成了别人关注的焦点。大家都努力想让她做出回应，于是她成为人们关注的中心。（有时您也许会觉察到，那个害羞的孩子心里正在嘲笑成年人的滑稽行为！）既然害羞是有回报的，莎朗为什么要停止呢？

假如莎朗在害羞时得不到他人的关注，那么继续害羞就没有意义了。妈妈可以自豪而轻松地向朋友介绍她，当莎朗不肯做出回应时，妈妈只管继续与朋友交谈就好，没有人在意莎朗的害羞。如果此时朋友主动说："哎呀，这么害羞的小姑娘啊！"（很多朋友都会这样说。）妈妈不妨这么回答："不，她不是害羞，她只是现在不想跟人说话而已。等一会儿她准备好就会说话了。"

如果我们想让孩子克服他的"缺点",我们必须发现他行为背后的目的,然后通过我们的行为让孩子无法达成目的。很多情况下,我们最恰当的举动就是避免冲动地对孩子做出回应,不要掉入回应的陷阱。

一旦父母给孩子"贴标签",
孩子就会用标签定位自己

六岁半的伊莎贝尔有个八岁的哥哥弗雷德。哥哥是一个招人喜欢、爱说爱笑、粗枝大叶的男孩。伊莎贝尔却很爱哭,妈妈、爸爸和哥哥都叫她"小哭包"。他们会因为伊莎贝尔哭而斥责她,弗雷德还会戏弄她,把她惹哭后再一脸不屑地看着她。一天,全家人去游泳。两个孩子从车上跳下来往前跑。伊莎贝尔摔倒了,膝盖擦破了一点皮,她就抽抽搭搭地哭起来。"唉,她怎么那么爱哭啊!"弗雷德轻蔑地说,径直走开了。"伊莎贝尔,这点伤没什么!"爸爸严厉地说,"别哭了,到游泳池里来。""我好疼!我要擦药!"女孩抱着腿继续抽噎。"别哭了,行了。"爸爸轻声训斥道,"那点儿伤根本不需要擦药,你一进游泳池,玩起来就会忘掉它了。""别又当个小哭包啊,伊莎贝尔,"妈妈也说话了,语气中带着嫌弃,"好啦,走吧,我们去游泳。"伊莎贝尔继续哭,不肯往前走。伊迪丝阿姨看到这家人,跑过来热情地打招呼。伊莎贝尔哭得更厉害了。伊迪丝注意到她,弯下腰来问她怎么了,安慰她,但她还是不停地抽泣着。最后爸爸说："伊迪丝，你可以坐在那里哄她三小时，她会一直哭下去的。这就是她想要的。她就是个'小哭包'。我们都去游泳吧，让她自己坐在那里哭。"一家人全都跳进了游泳池，伊莎贝尔独自留在那里。过了一会儿，她也加入了他们，起初还不太情愿，但很快就开始享受在泳池里玩耍的乐趣。

哭泣的孩子通常会得到我们的同情，那可怜兮兮的模样能深深地触动我们的心。伊莎贝尔很早就发现了这个方法，并加以利用。问题是她使用过度，导致全家人的反感。不过，哭还是有些用处的，家人都注意到她在哭泣，问询她、批评她、围着她团团转。作为家中最小的孩子，她是被哥哥欺负的小可怜，这就是她要继续维持的家庭地位。每当有人称她为"小哭包"时，她的自我认知就会再次被强化。最后家人终于明白，都去游泳了，留下她自己哭，只不过家人还是满足了伊莎贝尔哭泣的动机。

如果爸爸妈妈想要帮助伊莎贝尔成长，不再当个"小哭包"，他们首先要了解孩子的行为目标：每一次哭泣都是她在寻求过度关注。当他们了解这一点后，他们就不再过来告诉她别哭了，也不再认定伊莎贝尔就是个爱哭的孩子，而是忽视她的哭泣行为。在上面这个场景里，爸爸或者妈妈（看谁先来到孩子的身边）可以简单地检查一下孩子受伤的膝盖，如果发现受伤程度很轻，就对她说："你受了点伤，我为你感到难过。过几分钟你就不会感觉那么疼了。等你准备好，就来游泳池里玩吧。"说完，就可以去游泳了。伊莎贝尔一旦明白哭泣已经没有作用，她可能就会改变行为。以后，每次她哭的时候，家人都应该遵循同样的做法——轻松地接纳孩子，接受她哭泣的权利，同时告诉她，不再哭泣就可以随时加入家人的活动。当运用不给孩子机会"得逞"，以减少孩子故意"犯错"的方法时，还请配合另一个技巧，即当孩子感到快乐、愿意合作的时候，记得给予孩子正面关注。

我们必须努力将孩子的行为与孩子本身区分开。这在现在的社会环境中尤其重要，因为我们已经形成了给孩子"贴标签"的习惯，诸如"小哭包""告状精""粗心大意""撒谎精"，等等。我们要明白，每个孩子都是好孩子，孩子有不良行为，只是因为他们不快乐，或者发现不良行为会给他们带来好处。一旦我们给孩子贴上某个标签，我们就会用另一种眼光去看待他，孩子也会用标签来定位自己。这会强化他对自己的错误认知，从而阻碍他朝着积极的方向发展。只要我们意识到孩子本身并不"坏"，只是他做的事情不正确时，孩子就能感受到我们的想法，也会对此做出相应的回应。他会意识到我们对他的信心，这会给予他更多的勇气去克服困难。而且他还会发现，他需要克服的困难变小了，因为我们已经不再把他的错误行为看得那么严重。

12

保持
日常作息
规律

所有孩子都应该生活在秩序中，
即便年龄小的孩子也一样。
一旦形成作息规律，孩子就能感知到，
而且会理所当然地遵循规律。

养成稳定的日常规律，能够培养孩子的秩序感

"佩妮在哪儿？"爸爸坐下来吃早餐时问道。"我想她今天早上应该多睡一会儿，亲爱的。""为什么？""嗯，她昨晚睡得很晚，因为她想在睡觉前见到你。""但我告诉过你，我会很晚回家的。""我知道，但是她不明白，所以只好等她困了再睡。""那她今天上学怎么办呢？""哎呀，没关系的，她只是上幼儿园而已。我会写一张请假条，说她今天早上身体不舒服。""这样不太好吧，梅格。我觉得佩妮应该遵守一定的规则。""哎呀，现在她还太小，将来有足够的时间学习遵守规则！"

爸爸说得对，佩妮确实需要遵守规则。作息规律对于孩子来说，如同房子的墙壁，为孩子的日常生活提供可靠的范围与界限。如果不知道接下来会发生什么，孩子就无法感到心安。规律的作息能给孩子一种安全感。稳定的日常规律能给孩子秩序感，而自由正是从秩序中产生的。妈妈允许佩妮"自由"地熬夜，等于忽视了她适时休息的权利，并且打乱了佩妮第二天的作息，使其生活失去平衡，也影响了她到学校享受集体活动的权利。这不是自由，而是放纵。而且妈妈找个理由给学校送去请假条，也剥夺了孩子体验不按时上学后果的机会，也不利于培养佩妮明辨是非的能力。跟其他孩子一样，佩妮也正在探索让她有安全感的范围与界限，一旦她发现界限犹如天边那般遥

不可及，她就会茫然失措，也更加想要为所欲为，以便了解自己的行为是否触及那道界限。如果突然有一天她因自己的行为令身边的人忍无可忍，而遭到反对或惩罚，她会非常惶恐不安。

父母有责任帮助孩子建立与全家人生活相适应的作息规律，也就是说，帮助孩子养成日常作息习惯，让其日常生活按一定的规律和秩序运行。所有孩子都应该生活在秩序中，即便年龄小的孩子也一样。一旦形成作息规律，孩子就能感知到，而且会理所当然地遵循规律。

如果您想从芝加哥开车去洛杉矶，您肯定不会随意开车，随意驶入其他道路，而是沿着高速公路行驶。我们在生活中养育孩子也是如此。洛杉矶是我们驾车的目标，而融入社会、学会自律，是我们引导孩子要实现的目标。要达到这一目标，我们也需要按照一定的路线行驶。如同可以选择通往洛杉矶的某一条路线，我们也可以选择适合日常生活的某种作息规律。这种作息规律不必是一成不变的规定，因为总有一些特殊情况，需要我们偶尔调整作息时间。然而，这种例外情况只是偶尔出现而不应是经常的，父母不能为了满足自己的方便或者孩子的一时兴起，就随便破例。

灵活调整作息规律，但不代表可以恣意妄为

放暑假了，吉妮和琳妮随心所欲，晚上很晚才睡，想几点起床就几点起床，吃零食喝甜饮料也毫无限制。有朋友来找她们

一起出去玩，她们会立即扔下家务跑出去，还会让妈妈开车送她们，把妈妈支使得团团转。才到七月中旬，妈妈就常常叹气："等学校开学就好了，一切就能恢复正常，我的生活才会好转。"

孩子们在暑假期间自由自在而不必遵守作息时间，似乎是一种普遍做法。假期里的日程安排和作息时间也许不必与上学期间相同，但并不意味着孩子可以恣意妄为。放任自流的暑假生活，会让孩子形成一种印象：上学（或者上班）是令人讨厌的事情，而摆脱这些"束缚"，获得"自由"才是令人向往的事情。这当然是错误的观念。上学是孩子应负的责任，正如上班是父母的责任。不论是上学、上班还是做家务，都需要遵循一定的时间规律，否则生活就会混乱。假期当然是有必要的，在假期里为了放松和休息，我们可以改变日常规律，调整生活节奏，但这并不意味着要完全放弃作息规律。暑假生活可能与上学时的作息有所不同，睡觉的时间可以晚一点，让一家人有更多的时间享受家庭生活；起床的时间也可以根据睡眠时间来调整；用餐时间也可以根据活动而相应改变。假期生活的作息时间与上学时的明显不同。可是，这仍应该是有一定作息规律的生活，否则一家人就无法合作与和睦。

让我们回顾第4章中乔伊丝的故事。乔伊丝时刻需要妈妈的关注，如果妈妈提前安排好固定的亲子游戏时间，那么在孩子寻求过度关注的时候，就能用有效的界限应对孩子的要求。一旦乔伊丝明白妈妈已经抽出专门的时间陪她玩了，她自然更容易接受妈妈的拒绝，也更愿意遵守规则。

孩子们确实需要我们的关注，还有什么比固定的亲子游戏时间更有助于建立和谐而快乐家庭关系的呢？这段时间是属于孩子的特殊时光，他知道自己可以获得这段时光。如果妈妈和孩子每天都很享受这段时光，双方都愿意为了这段时光而避免发生任何冲突，那么这样就非常有助于建立美好的亲子关系！（令人遗憾的是，有些孩子拒绝与父母合作的心态已经根深蒂固，以至于他们根本就不想和父母一起玩。他们已经不再把父母当作自己的朋友。）

我们再回顾第4章中佩吉的情况。如果遵守作息规律，佩吉感受到妈妈对按时作息的态度，那么母子之间的权力之争就不会发生，佩吉到了睡觉时间就会睡觉。如果孩子每天都遵守固定的作息时间，他们就很少会试探界限或打破规律。然而，如果孩子已经展开与父母的权力之争，他们就会挑战作息规律。父母唯有以放松的态度让孩子体验作息规律，让每一件事情都变成理所当然的，只是平静、坚定地强调规律，而不是强迫命令孩子，这样才有可能赢得孩子的合作，让他们遵守家庭日常作息。毋庸置疑，如果某项活动是孩子和家长共同参与的，那么全家人都遵守固定的时间会减少很多麻烦，比如规定全家人的吃饭时间。不过，每个家庭成员也会因为不同的职责，而需要不同的时间安排。比如，一岁孩子的睡觉时间应该比九岁的孩子更早，而九岁孩子的睡觉时间应该比父母更早。

我们再来回顾第9章中克莱的情况。如果家中早已制定好作息时间，所有家庭成员都在固定时间吃晚饭，妈妈就不难解决这个问题。作息规律的建立，当然是为了方便所有人，没有人会随意制定不适合全家人的时间安排。每个家庭都应该制定出符合自家人需要的作息时间，没有哪项规律能适合所有家庭。通常，妈妈会根据家中情况和孩子成长的需要，设立适合一家人的作息时间以及规矩。每当孩子违反秩序时，妈妈有义务平和而坚定地要求孩子遵守规律。如果父母一再允许孩子打破规矩，那将扰乱整个家庭的常规作息。

此外，家庭行为规范也往往由妈妈来制定。比如，每天出门前要把床铺收拾整齐，在爸爸回家前要把客厅清理干净，在餐桌前要讲究仪容举止以及过年过节时的庆祝仪式，等等，这些都是我们需要传承给下一代的传统文化和价值观的一部分，也是家庭常规的一部分。

在一次父母研讨会上，大家讨论了普遍的餐桌礼仪问题：孩子们的餐桌礼仪都很糟糕。讨论发现，这可能是由家人经常随意在厨房里吃晚餐造成的。在场的十八位妈妈一致决定，以后尽量在餐厅里吃晚餐，如果家里没有餐厅，妈妈也会把厨房用餐区布置得更加正式。她们还决定在下次研讨会上汇报这样做的结果。结果在两周后的聚会上，令人惊讶的是，每位妈妈都分享了孩子在餐桌礼仪方面取得的进步。大家都认为，虽然她们为此付出了更多的努力，但换来了更好的家庭气氛，非常值得。我们建立的这些生活方式，应构成家庭生活的一部分。点点滴滴的生活细节，共同构成了丰富而愉快的家庭生活。

13

多花时间
训练孩子

在孩子的日常生活中，
有许多事情需要父母
多花时间加以训练。
花时间指导孩子进行练习，
应该成为日常生活的一部分。

在孩子的日常生活中，有许多事情需要父母多花时间加以训练。孩子当然会通过观察来学习，但是我们不能仅仅依靠一种学习方式。孩子需要我们训练他如何穿衣服、系鞋带、吃饭、洗澡、过马路。随着年龄的增长，我们还要训练他学习做家务。孩子要学会这些事情，仅靠父母的一两句的提醒肯定不够，更不可能通过催促、打骂的方式让孩子学会。花时间指导孩子进行练习，应该成为日常生活的一部分。

当孩子发现无助的好处时，会更依赖父母的帮助

每天早上，四岁的温迪都无助地坐在那里，等妈妈给她穿衣服。她总是扣不上纽扣，分不清裤子前后，更别说系鞋带了。每天早上妈妈都会一边责骂她一边帮她穿戴整齐，然后再送她出门。

温迪发现了无助的好处：妈妈会因此帮助她。其实，妈妈更需要做的，是花时间训练孩子学会自己穿衣服。

如果我们不肯花时间训练孩子，那么我们只能花更多的时间来纠正未经训练的孩子的不当行为。不断地纠正并不能教会孩子该怎么做，因为批评只能让孩子产生挫败和愤怒；而挫败

与愤怒的后果，就是孩子可能不愿意再学习了。此外，这样的"纠正"往往还会起到反作用，因为孩子可能会将其作为获得特别关注的一种方式，这样他当然不愿意再学习了。

一个尚未陷入挫败感的孩子，自然会对学习和做事很感兴趣。明智的家长应该能觉察到孩子的跃跃欲试，并及时给予鼓励。不过，更好的做法是专门设置特定的时间让孩子尝试学习。匆忙的早晨绝不是教孩子系鞋带的好时机，因为赶时间的压力只会让妈妈变得没耐心，进而激起孩子的反感。下午的游戏时间就不同了，这往往是训练孩子新技能的理想时间，并且反复练习也能成为游戏的一部分。我们可以找到很多辅助教具，妈妈也可以自己制作教具，比如妈妈旧连衣裙上的一排大纽扣和一大排的纽扣孔，可以将它们钉在纸板上，给温迪当教具；或者在画有鞋子的纸板上打几个小洞，用来教孩子穿鞋带、系鞋带。如果让孩子参与到制作教具的过程中，他会更感兴趣。只是看妈妈制作一些玩具就很有趣，若自己也能动手帮忙，那就更有趣了。妈妈还可以借此激发孩子的聪明才智，培养他的创造力。

餐桌礼仪可以通过洋娃娃和过家家的方式来演示；与客人礼貌寒暄、介绍宾主双方的礼节礼仪等，则可以用过家家的游戏来引导；搭乘火车、公共汽车或有轨电车的礼仪，同样可以通过过家家来训练。角色扮演或者话剧表演都是极好的教学辅助方式，孩子们天生就是出色的演员。

任何生活技能，都可以通过反复训练让孩子完全掌握。将每个技能划分成一个个细小的环节，然后每次只练习一个环节。在孩子练习的过程中，家长要有耐心，对孩子的学习能力要有信心，多说"再试一次，你能行的"这类鼓励性话语，营造一种愉快的学习气氛，及时认可孩子的每一次进步。这样做才能使学习变成一种乐趣，让孩子和家长都能享受学习的过程。另外，有智慧的父母还可以训练孩子学会应对某些不愉快的事情。

用轻松的方式和语气，鼓励孩子面对挑战

格温和鲍比按医嘱要切除扁桃体，妈妈觉得让孩子事先有所准备对他们会更好。在手术前几天，她为两个孩子设计了一个游戏。"让我们假装娃娃要去医院切除扁桃体。"她对两个孩子说道，"现在我们首先需要准备什么？"鲍比回答："准备一个手提箱！"然后他拿过来一个玩具手提箱。"里面要装什么呢？"两个孩子挑选了一些物品放进去。他们还帮娃娃穿好了衣服，鲍比扮演爸爸开车。进入"医院"后，他们一起模拟了该怎么跟"前台护士"说话、怎么被送到手术台上等过程。然后，妈妈扮演手术医生的角色，对娃娃小病人说话，孩子的小拖车也成了移动病床。妈妈端来一个过滤茶叶的漏勺，上面套了一只旧的白袜子，假装是给娃娃戴的麻醉呼吸面罩，她对娃娃说："现在，贝琪（娃娃的名字），你会闻到一种有趣的味道，只要你深呼吸几下，跟着我一起数几个数，很快你就会睡着了。"

游戏进行到这里，妈妈巧妙地避开了实际的手术过程，因为孩子们并不知道麻醉后的事情。"现在贝琪睡着了，我去把她的扁桃体取出来，然后把她放回到移动病床上。"妈妈一边说一边把娃娃脸上的"呼吸面罩"取下，给她重新裹上毯子，放回小拖车里。"好了，现在我们要把她送回病房里了。等她醒来以后，可以吃点冰淇淋。""切除扁桃体时，她会不会疼呢？"格温问。妈妈继续扮演医生的角色，说："她一点感觉都没有，格罗根夫人。你看她睡得多香啊。""她醒来后会疼吗？""她的喉咙会有点疼，格罗根夫人，但我知道她能承受得了，几天后就会好了。"然后，妈妈问他们，接下来谁想扮演医生？鲍比非常高兴地扮演医生并重复了整个模拟过程。

第二天，孩子们继续玩"切除扁桃体"的游戏，交替着做医生和病人。妈妈还给了他们一个更大的茶叶过滤勺。

当格温和鲍比真的去医院时，他们都表现得很平静，而且非常愿意合作。妈妈以医生的口吻告诉孩子洋娃娃可以承受喉咙的疼痛时，便坦率地承认了会有疼痛感，也表现出她对孩子们应对疼痛的能力很有信心。她还以轻松的语气指出疼痛不会持续很久。

如何训练孩子学会自娱自乐并获得满足，我们在第3章已做过说明。芭芭拉需要学会自己玩耍，自得其乐。下面还有个不同的例子，在这个例子中，妈妈没有插手现场的情况，而是引导孩子自己解决问题。很多时候，家长需要退一步，让孩子自己去练习，独立解决问题。

以不同的方法引导孩子，
培养孩子独立解决问题的能力

两岁半的简因为她的小拖车轮子被椅子腿卡住了，气急败坏地大声尖叫着。妈妈过来查看，说："怎么了，简？"简踩着脚继续尖叫。妈妈坐下来安静等待。小女孩再次使劲拉车，车轮还是卡住不动。妈妈问："除了拉它，你还能怎么做呢？"简朝另一个方向拉，还是卡住不动。"如果你把车子往后退一些，会怎么样呢？"简试了试，被卡住的轮子出来了！她开心地拖着小车跑起来。妈妈说："你自己把拖车拉出来的，不是吗？"

妈妈花时间来训练孩子如何解决问题，这样的训练会持续很多年，这样做可以让孩子明白面对困难要尝试用不同的办法应对。妈妈忍住不帮孩子把小拖车拉出来，而是利用这个机会指导简自己解决问题。

用温和的教养，训练孩子自我控制的能力

妈妈把十个月大的布鲁斯放进沙坑，自己坐在附近看着他。布鲁斯把手伸进沙子里，抓了一把，看着妈妈，咧嘴一笑，然后准备把沙子放进嘴里。"不行！布鲁斯，不可以！"妈妈跳起

来，朝儿子跑过去，儿子则手脚并用地在沙坑里乱爬，露出满脸得意的笑容。妈妈抓住他，挖出他嘴里的沙子，又把他放回沙坑。在之后的一小时里，这个过程反复上演。

布鲁斯发现了一种让妈妈围着他转的有趣游戏。当他在外面玩的时候，妈妈不敢看书或做其他事情，因为她必须时时刻刻盯着他。

妈妈需要花时间训练布鲁斯不要随便把东西放进嘴里。大多数婴儿都会这么做，毕竟这是他们探索世界的途径之一。那个东西摸上去是什么感觉？尝起来会是什么味道？尽管这是孩子的自然行为，但父母也要通过训练让孩子学会自我控制。每次布鲁斯往嘴里放沙子时，妈妈都可以把他从沙坑里抱出来，将他放回小拖车或者婴儿车里。既然布鲁斯不想在沙坑里好好玩，那么妈妈就可以抱着他离开。布鲁斯可能会通过号哭和尖叫来表达他的抗议。妈妈则可以做自己的事情，尊重他表达愤怒的权利，任他哭闹。当布鲁斯安静下来不再哭闹之后，妈妈可以让他再试一次，看他能不能好好玩。只要他再次把沙子放进嘴里，妈妈就再次温和而坚定地把他抱起来，放回到婴儿车里。他很快就能明白过来：一旦把沙子放进嘴里，就要坐回婴儿车里。妈妈无须说教，因为布鲁斯理解不了，但他肯定能理解妈妈的行为。

随着家庭成员不断增加，训练年幼孩子的工作往往容易被忽视。年长的孩子可能会替年幼的孩子做事。父母需要注意，因为年长的孩子可能会利用这些机会来建立自己在小宝宝面前的优越感。每个孩子都应该得到训练的机会，这有助于孩子学习生活技能，获得成就感。

不要在客人面前或者在公共场合训练孩子的新技能。在这样的场合下，孩子会按照他最习惯的方式行事。如果父母希望孩子在公共场合表现出更得体的行为，那就必须事先在家里好好训练他。如果孩子在公共场合失控，比较好的解决办法就是安静地带他离开。

14

赢得
孩子的
合作

我们说话的语气和态度，
是赢得孩子合作的重要因素。
哪怕仅仅是用礼貌的语气，
就能在很大程度上赢得孩子的合作。

在换尿布的过程中，八个月大的丽莎总是不配合，她不是使劲蹬腿，就是翻滚、扭动身体，这让妈妈根本没法好好换尿布。为此，妈妈常常气得轻打她一巴掌，以使她安静下来。但每当这时，丽莎总会发出委屈的哭声。

这个仅八个月大且尚不会说话的婴儿，仅凭她自己的感知能力，就发现了一种能让妈妈受挫的好办法，这不得不让人为之惊讶。作为成人，我们似乎从来都不愿承认婴儿的智商很高。相反，我们似乎更愿意把一个很聪明的孩子当成无知的人，认为他什么都不懂，然后再按照这样的想法把他培养成笨蛋！而任何一个擅于观察的妈妈都会发现并承认，婴儿其实真的非常聪明！现在，妈妈应该做的是训练丽莎在换尿布的过程中，也贡献自己的一分力量。

理解孩子行为背后的目的，才能赢得孩子的合作

九个月大的诺曼，父母都是聋哑人，而诺曼是正常孩子。一天，诺曼在地板上爬行时，头不小心磕到了桌角。他当即坐起来，开始朝着妈妈大哭。他的脸扭成一团，嘴巴张得大大的，泪水夺眶而出。但令人吃惊的是，他并没有发出任何声音！旁边的人默默地站着，继续观察，只见妈妈连忙向诺曼跑过来，

抱起他轻轻地安抚。这表明婴儿能够察觉周围的状况，并调整自己。诺曼之所以没有发出声音，是因为他已经觉察到父母实际上是听不见声音的。一般聋哑父母的孩子，当他们稍微长大些，便懂得用跺脚的方式来表达自己的愤怒，而不是尖叫。因为父母只有在感受到震动时，才会有所反应。

在上面的例子中，妈妈其实可以赢得丽莎的合作。要做到这一点，妈妈首先需要明白丽莎行为背后的目的是什么。等想明白了，她就不会再恼怒了，也知道该怎么做了。其次，妈妈可以重新调整丽莎的生活，增加洗澡和穿衣服的次数，以此来训练丽莎配合她的动作。然后，每当丽莎抗拒穿衣服时，妈妈可以轻轻按住她，脸上带着温暖的笑容，对她说："我的宝贝已经学会安静地躺着。她是个懂事的孩子！她是这么可爱，这么安静……"丽莎能否听懂这些话并不重要，但她肯定能理解妈妈的意思。妈妈的爱通过微笑传递出来，而丽莎能从妈妈的微笑中感到妈妈对她的欣赏，并做出回应。同样，婴儿也能从大人皱紧的眉头中感受到恼怒的情绪，然后做出回应，以更大的反抗来表达自己的愤怒。如果妈妈能做到不动怒，只是用充满爱意的方式坚持，那丽莎就能感受得到。一旦丽莎不再抗拒穿衣服，妈妈就可以将她放开。而一旦她再次扭动身体，妈妈就可以再次轻轻按住她。这样就能让丽莎学会合作。

在逐渐民主化的社会环境中，我们发现重新审视一些词语的真正含义是有必要的，"合作"就是其中之一。在过去的专制社会中，合作意味着按照命令行事。下属必须遵循要求与上级"合作"。然而在今天，民主为这个词赋予了新的含义：我们必须一起努力，才能达成目标。尽管我们在民主社会中享有更多的平等和自由，但同时，我们也需要承担更大的责任。当社会不再专制，我们需要用技巧来鼓励孩子去合作。我们既不能命令孩子"必须跟我合作"，又不能要求孩子"按我的意思去做"。我们必须认识到赢得孩子合作的重要性。

👦 父母的责骂和惩罚，无法激发孩子的真正合作

妈妈给家里的四个孩子分配了家务，除了每天早上必须整理自己的床铺外，斯图尔特负责清理浴室，吉纳维芙要擦净盘子，罗伯塔负责打扫客厅，罗尼负责扔掉垃圾和废报纸。为了能让每个孩子做好自己的事，妈妈每天都会先提醒再责骂，最后是大吼大叫。惩罚也是经常的事情。她对孩子们最常说的一句话是："你们做家务时最好能合作，否则会出现大麻烦。"

很明显，妈妈这句话的意思是："你们必须做好我让你们做的事，否则有你们好看！"她以强制的方式决定了每个孩子应做的事，还要"让"他们去做。四个孩子会对这种压力进行反抗，也正是这种强制的方式刺激了孩子们的叛逆和挑战。妈妈分配家务时的态度，表明她是老板；而孩子们则是以"那你就试试能不能支使得动我！"的态度予以回击。这哪里是合作，

根本就是一场权力之争。妈妈试图将自己的意愿强加于孩子身上，而不是赢得他们的合作，以促成全家共同承担生活的责任。那么，妈妈要怎么做才能激发孩子们真正合作呢？她可以找时间跟所有家庭成员进行一番讨论。大家一起罗列出家务清单，妈妈可以先选择她愿意承担哪些家务，然后再问大家剩下的家务该怎么分担，爸爸和孩子们再逐一选择他们愿意承担的家务。这种方式体现出妈妈对孩子们的尊重，允许孩子们做选择，便是允许他们做决定。如果有人没有完成自己分内的家务，妈妈什么都不必说，当然也不用帮他完成。当这项家务被搁置一周后，妈妈应该再次召开家庭会议，说："斯图尔特上周选择打扫客厅，可他直到现在还没有做。我们该怎么办呢？"这里，妈妈用的是"我们"这个词，这就说明责任应由全家人共同承担，此时的妈妈不再是权威，而只是一位引领者。家里每个人的建议都会被尊重，直到达成共识，找到解决方案。来自全家的压力会很有效，而来自成年人的压力则会激起反抗。这种处理问题的方式叫作家庭会议，我们会在后面的章节中详细讨论。

我们想要强调的是，现在的家庭是团队，而不再是一人领导，其他人服从。这样的团队会激励每位成员为集体利益而努力，每位成员都会关注家庭的整体需求。合作就意味着每个人都应齐心协力地完成对全家人最有帮助的事情。

比如一个协同合作的四口之家就像一辆四轮货车。每个成员都是其中一个车轮，而一家人就像是这辆货车。四个轮子需要同时滚动，才能让货车平稳前行。如果其中一个车轮卡住了，整辆车都会猛地一震，甚至改变方向。如果一个车轮掉下来，那么若不重新调整车轮的位置，这辆车就无法继续行驶。每个轮子都同等重要，没有哪个轮子格外重要。货车行驶的方向，也是由四个车轮共同运转决定的。如果每个车轮都各走各的方向，那么这辆货车就会四分五裂。这个道理和家庭成员的数量没有关系，因为这辆家庭货车是由每一个家庭成员所担当的车轮共同支撑的。

当我们谈论要如何指导孩子合作时，首先我们要有跟孩子合作的态度。这并不意味着我们要屈从于孩子，而是所有人都要齐心协力朝着共同的目标努力。当家庭的和谐氛围受到干扰时，我们的"合作"就难以进行下去，正如货车的某个车轮被卡住了，而我们自己很可能就是被卡住的那个车轮。

每一个家庭成员都应该学会以团体的角度来思考问题。我们想的不再是"我要别人怎么做"，而是"眼前的情况，需要我怎么做"。前者是我们把自己的意愿强加于别人，是对他人的不尊重。另一方面，我们也不应该为了维护团队的和谐而过分顺从他人，这是对自己的不尊重。在指导孩子学习如何与人合作的过程中，我们必须时刻提醒自己"合作"的真正意义，它意味着每个人都要遵守共同的基本原则。

父母所做的错误决断之一，就是规定孩子要到多大年龄才能帮忙做家务。当一个蹒跚学步的孩子想帮忙摆餐具时，我们说"哎呀！不行，你还太小了"，等他到六岁时，我们又要求他来摆餐具。这时孩子会觉得，反正这么多年父母一直不需要我帮忙，凭什么现在要我帮忙？我们浪费了很多能让孩子为家庭做出贡献的机会。相反，如果孩子从小就得到允许可以帮忙——不是被要求而是被允许——那他就能乐在其中，并为自己取得的小小成就而感到自豪。

帮助孩子重新找到家庭地位，孩子更愿意合作

七岁的沃德感冒一个星期了，于是五岁半的唐娜和四岁的洛瑞妮便"独享"了家中的游戏室。星期六早上是全家大扫除的时间，每个人都要帮忙。沃德病愈后的这一天，刚好是星期六。到了打扫游戏室的时候，沃德说："我觉得我不用打扫这里。因为这个星期我都没进来过，没有弄乱这里的东西。"妈妈说："你说得没错，沃德，但是我相信如果你问问唐娜和洛瑞妮，她们肯定希望你能帮忙。"沃德想了想，便加入了干活的行列。妈妈用吸尘器清理地板，沃德帮着妹妹们收拾玩具、擦桌子。后来沃德又发现玩具架最上层的玩具摆得不够整齐，于是提议道："我们一起把玩具摆整齐吧。"于是三个孩子和妈妈一起开心地忙碌起来。等到完工之时，唐娜惊呼："哇！这里看起来真棒！"沃德赞同道："当然不错啦！"他又自豪地补充说："而且是我们一起整理好的！"

沃德一开始的想法的确有道理，是可以被家人理解的。由此可以看出，这个家庭已经建立起和睦的关系。妈妈智慧的语言也赢得了沃德的合作，她先认同了沃德的想法，然后再巧妙地将沃德的注意力转移到眼下情形的需要，以及他此时能给妹

妹们提供的帮助。妈妈的话语其实是在隐隐暗示沃德，作为家中最大的孩子，他能帮上忙是一件很荣耀的事，这话说到了沃德的心里。当沃德提出大家一起把顶层的玩具摆整齐，他发现自己不但能帮忙，还能引领大家。最终大家不仅完成了一项有意义的工作，而且共度了一段愉快的时光。

有时候，为了赢得孩子的合作，家长可能需要先帮助孩子重新找到他们的家庭地位。让我们回到第 2 章贝丝的问题上。贝丝并没有意识到自己的家庭地位已经发生了变化，她需要引导。妈妈为此寻求专家的帮助。专家告诉妈妈，贝丝认为只有幼小无助的婴儿才重要，并帮助妈妈认清不让贝丝帮忙照顾婴儿所造成的负面影响。于是，他们制定了一套帮助贝丝重建价值感的方案。

重建价值感的第一步，就是妈妈让贝丝到育婴室帮忙照顾婴儿。妈妈让贝丝从厨房把奶瓶拿给她，可是贝丝生气地冲出屋子。过了一会儿，贝丝穿着尿湿的裤子回来了。妈妈此刻才意识到贝丝的问题有多严重，但妈妈这次没有责骂贝丝，也没有因贝丝的裤子湿了而大惊小怪。她把贝丝抱在怀里，问她是不是想再次成为妈妈的小宝宝。贝丝紧紧抱住妈妈，哭了起来。妈妈能体会到贝丝的感受，耐心地安抚她。然后，妈妈建议贝丝睡到她的婴儿床上，给她换尿布，用奶瓶给她喂奶，像照顾弟弟一样照顾她。第二天早上，贝丝愉快地发现，妈妈先帮她穿完衣服，再去照顾弟弟。六点钟时，她也有了像婴儿一样享用奶瓶的时间，妈妈还给了她婴儿食物。之后，贝丝想在她的床上玩玩具，妈妈给了她一些婴儿玩具。当她想要蜡笔时，妈妈回答说："小宝宝不会涂色，你现在是妈妈的小宝宝呀。"每当贝丝想要大孩子的物品时，妈妈都会温和地拒绝她。第二天中午，贝丝急切地宣布，自己已经是个大孩子了，不想当婴儿了。"好吧，没问题，宝贝。"妈妈回答，"那你觉得自己是不是能够帮助弟弟了呢？"贝丝立刻做出肯定的回应。接下来妈妈鼓励了贝丝的"大孩子行为"，而她的"婴儿行为"也随之消失了。

在这个例子中，妈妈用行动让孩子体会了很多难以用语言表达的事情。她给贝丝时间，让贝丝自己去发现，做婴儿并不是她看到的那样，她还让贝丝自己去体会到比起当一个弱小无助的婴儿，长大后有能力的优势更令她满足。妈妈通过改变自己的行为，帮助贝丝重新确立了自己的家庭地位：她是个有能力帮忙的大孩子。

父母坚定而友好的态度，避免与孩子陷入权力之争

妈妈和五岁的埃迪准备开车去火车站接爸爸。天气非常寒冷，调皮的埃迪却将车窗摇了下来。妈妈说："等你把车窗摇上，我就开车。"埃迪坐着不动，妈妈也平静地坐着。过了一会儿，埃迪说："你先发动车子，我就把车窗摇上。"妈妈什么也没说，依旧坐着不动。埃迪又说："好吧，等你把钥匙插进去，我就把车窗摇上。"妈妈还是一言不发地继续坐着，她的态度表明她不想和孩子发生冲突。最终埃迪只好把车窗摇上。妈妈

立即发动车子，微笑着问埃迪："阳光照在冰雪上面，是不是很美？你看，像不像成千上万颗宝石在闪闪发光？"

　　妈妈没有命令埃迪"把车窗摇上"，从而避免了与孩子陷入权力争夺。她清楚地表明了自己要做的事，并且保持了坚定的态度。当埃迪试图让妈妈按照他的指使行事时（哪怕只是其中的一小步），妈妈只是平静地等待。当埃迪采取了符合当时情况需要的行为时，妈妈微笑着表示认可，并以友好的态度自然地转移了埃迪的注意力。埃迪能如此快速的配合，说明他已经懂得了尊重妈妈。

父母强硬的态度和命令，会激起孩子的不满

　　九岁的帕特和好朋友正在用意大利通心粉制作项链。妈妈带着十个月大的兰迪进来，以要求的口吻说："帕特，帮我照顾一下弟弟。我要去接爸爸。""噢，妈妈，他会把这里的一切弄得乱糟糟的！为什么总要我照顾他？""够了！照我说的做。"妈妈刚一离开，帕特就狠狠地瞪了兰迪一眼，因为兰迪此刻已经朝着他感兴趣的目标爬过去了。帕特使劲把他拽回来，递给他一只泰迪熊。兰迪把泰迪熊扔到一边，继续朝着装通心粉的盘子爬去。等妈妈回到家时，看到的场景是：兰迪在尖叫，帕特在大吼。妈妈也加入了战局，吼道："你连照顾弟弟十五分钟都做不到吗？"

妈妈提要求时强硬的态度和急迫的命令，瞬间激起了帕特的不满。妈妈静下心来想想就会明白，如果她的朋友以这样的语气向自己提要求，她也会反感。

我们说话的语气和态度，是赢得孩子合作的重要因素。很多时候我们能够察觉到，孩子之所以会拒绝我们的要求，可能是因为我们提出要求的时机不对，比如上面帕特的例子，也可能是我们本身要求的是让孩子反感的事情。通常在这种情况下，我们会故意提高音量，希望能借此在气势上压过孩子，压制他们的反抗，殊不知，这样做只会适得其反。

哪怕仅仅是用礼貌的语气，就能在很大程度上赢得孩子的合作。我们还可以在提要求时，以尊重孩子的想法为前提："很抱歉，我要打扰你一下""我知道你可能不愿意，但这对我来说是帮了个大忙""如果你认为你能够……我将会非常感激"。这样的说话态度，可以保持家庭关系的和谐，减少孩子的抗拒，赢得他们的合作。

良好的亲子关系，以相互合作和尊重为基础

十岁的阿迪丝住在一个没有公共交通的郊区。她最好的朋友帕特住得很远，靠走路是不行的，而现在是冬天，骑自行车又太冷。可两个女孩每天都想见面。两个女孩的妈妈几乎每天都要开车接送女儿。可是，家里总有别的事情，时间上的频繁冲突导致两个女孩都很不开心，家庭气氛也受到了影响。

这是个需要合作解决的问题。一天晚上,阿迪丝和妈妈一起洗碗,气氛很好,妈妈便跟女儿讨论了这个问题。妈妈解释了自己的难处,也表示她理解阿迪丝有去见朋友的权利,可她觉得每天来回接送非常耗费时间和精力。"你能想出什么好主意吗?"妈妈问。"嗯……我想也许我们可以减少见面吧。""那你觉得一周送你去帕特家几次会比较公平呢?"阿迪丝想了想,回答道:"嗯……我想,每周两次吧。如果帕特也能每周来我们家两次,这样见面的次数就能更多了。"妈妈回答:"好啊!我很乐意每周送你两次。"阿迪丝问:"哪两天比较合适呢,妈妈?"妈妈想了想说:"我通常在周二晚上和周六下午会有空。你觉得怎么样?""我觉得挺好的,这样我就能确定地知道什么时候可以去帕特家啦。"

于是,在母女双方的合作下,难题解决了。妈妈和阿迪丝都没有被对方强迫的感觉,也都很尊重对方的权利。当然,妈妈既然答应了就要遵守承诺,如果遇到与这个时间段相冲突的事情,必须由妈妈自己提前做好安排,而不是去找阿迪丝商量。

当孩子感到被理解和尊重时,会愿意做出让步

十一岁的弗雷德最近失去了父亲。他和妈妈住在郊区,但每周六他都要去城里上音乐课。弗雷德想把音乐课的时间改到周三下午,那是他唯一的空闲时间,这样周六他就可以参加球

队的活动了。可是，妈妈每周三都会和朋友聚会，她拒绝了弗雷德的要求。结果双方都陷入痛苦的僵局，觉得对方是在逼迫自己。于是妈妈向我们寻求帮助。

弗雷德向我们表达了他的想法和观点，我们非常理解，但不太认同。然而，以专家的身份强迫他服从妈妈是没有意义的，这样只会让他更受伤，还会进一步破坏他与妈妈之间的关系。于是我们对弗雷德说，既然妈妈来寻求我们的帮助，那么我们的建议是让妈妈同意他周三去上音乐课。弗雷德听了难以置信。他一直认为妈妈是不会让步的，毕竟她一向非常固执。（我们惊讶地发现，当父母说孩子很固执时，从未想过孩子也会这样想父母。）我们向他保证，妈妈一定会接受我们的建议。可弗雷德突然表现出很为难的样子。他有些拿不定主意，不知道是不是不该让妈妈让步。"为什么不该呢？你周六去参加球队活动，比妈妈周三去见朋友更有价值吧。"弗雷德思考了一下说："不，不是这样的。爸爸过世后，这些朋友对妈妈来说很重要，我不想妈妈错过与朋友们的聚会。""哦，那该怎么办？""我想，我们还是保持现状吧。"

为什么弗雷德突然做出了让步呢？这是因为，他看到自己的理由和权利得到了理解和尊重，当他不再感觉被强迫时，就能理智客观地看待当时的情况。

任何人在被强迫的时候，都做不到通情达理，把自己的意志强加于他人，是无法赢得合作的。

事实上，任何人际关系中都存在着合作，只是我们很少去探究。有的时候，父母需要重新调整合作关系。第 2 章中的乔治和大卫兄弟俩，实际上就是在以相互合作的方式，来维持他们之间的平衡。当"好孩子"大卫激怒乔治做"坏"事时，乔治的回应是予以配合！如果"坏孩子"乔治也表现得像个"好孩子"，那么"好孩子"大卫一定会感到很恼火，会觉得自己的地位受到了威胁。于是，兄弟俩相互合作，让妈妈称赞大卫、责骂乔治。在这个既定的互动合作关系中，任何一方的改变都会使情况发生变化。告诉乔治他也能成为好孩子，并不会起到任何作用，父母必须不动声色地促使他改变与弟弟的合作模式。乔治肯定不会轻易相信自己也能成为"好孩子"。而且，如果乔治想成为一个"好孩子"，那他的弟弟定会加倍努力地刺激他"坏"下去。不过，妈妈可以通过对两个孩子的了解，针对两个孩子做出不同的反应，来改变兄弟俩的互动模式。首先，当乔治认定自己是"坏孩子"时，妈妈可以不接受他的自我定位，同时从此不再给出任何关于"好"和"坏"的评价。每当大卫表现好的时候，妈妈都可以平静地表示认可："很好，我很高兴你能享受其中的乐趣。"而当乔治表现出不良行为时，妈妈可以拥抱他说："我理解你。"你可能会说，这很难做到。是啊，要做到很不容易。谁说过为人父母是件容易的事情呢？

15

避免对孩子
过度关注

如果我们发现孩子没有正当理由，
却让我们不停地为他们忙碌，
那么可以肯定我们正面临
孩子要求过度关注的陷阱。

孩子通过寻求过度关注，找到自我价值和家庭定位

一家人到度假别墅避暑。爸爸出去钓鱼了，妈妈在厨房做饭。两岁的希尔达站在门口。"妈咪！""哎，怎么了？""妈咪！""哎，宝贝，什么事？""妈咪——""我在呢，宝贝，你有什么事？""妈咪！"妈妈放下手里的事情，走过去。"什么事啊？""去散步！""等一会儿哦。"妈妈回到厨房继续忙碌。希尔达仍然站在门口，鼻子紧贴在纱门上。"妈咪！""哎，又怎么了？"同样的情况又重复了三次。当希尔达重复第四次的时候，妈妈再次走向她，说："哦，好吧，希尔达，我们出去散散步。但我等下还要回来做晚餐，所以不能出去太久哦。"妈妈牵起希尔达的手，扶着她走下台阶，到外面散步去了。

希尔达没有过去找妈妈，而是让妈妈过来找她。妈妈的回应是对希尔达寻求过度关注的妥协。

这个过度寻求关注的孩子，必然是一个不快乐的孩子。她认为只有当她得到关注时，她才是有价值的，才能找到自己的家庭定位。她需要不断地寻求证据，确定自己是否重要。由于她已经自我怀疑，所以再多的保证也不能使她安心。哪怕妈妈已经关注她，可是几分钟后，她潜意识里又会产生疑问："妈妈

还在关注我吗? 我在妈妈心中是很重要的人吗? "这样的怀疑和求证形成了恶性循环, 会对孩子的性格发展产生不良影响, 妈妈该怎么帮助孩子呢?

每次成功让妈妈对她提出的要求做出回应, 希尔达就在自己面前的墙上增加了一层砖, 而这堵墙恰恰阻碍了可以令她找到自我价值的其他方式。希尔达觉得自己的方法很管用, 但如果妈妈不再走过来, 不再回应希尔达的过分要求, 希尔达没有得到她早已习惯的回应和妥协, 她将会在最初的不满和反抗之后去探索其他方式以获得自己的归属感。她可能需要父母帮助她寻找具有正面价值的方式, 否则她可能会做出负面的行为。此时妈妈应密切关注孩子, 当看到她做出好的行为时, 应及时肯定。在上面描述的情形中, 妈妈任由女儿支使自己团团转, 便是对自己的不尊重。同时, 她也表现出对希尔达的不尊重: 她会答应孩子的要求, 是因为她并不相信希尔达有独处的能力, 能够不用妈妈帮助就能照顾好自己。

妈妈应该不再回应希尔达的一再呼唤。希尔达第一次呼唤她时, 她可以愉快地回应孩子, 告诉女儿她现在很忙, 然后继续做自己的事情。等到希尔达再次呼唤她时, 她可以不做任何回应。这就是两人间的一种游戏罢了! 孩子可能会尖叫, 但妈妈不妨相信孩子如果真需要帮助的话, 她会过来找自己, 毕竟她已经说过她很忙。妈妈不但有权利继续做自己的事情, 而且还有责任教导孩子学会适应当下的情形。希尔达没有权利随心所欲, 想什么时候出去散步, 就一定要妈妈陪她出去。从对孩子公平且负责的角度而言，妈妈也不用对希尔达一时兴起的念头让步。妈妈必须帮助希尔达懂得，遵守规矩和顺应情形的好处。妈妈可以跟希尔达约定一个散步的时间，到时间后妈妈就陪她出去散步。如果没到约定的时间，希尔达就来找妈妈带她出去散步，那妈妈可以这么说："现在还没到散步的时间，希尔达。"然后就不再说什么。不管希尔达怎么做，妈妈都要保持平和的态度，只管继续做自己的事情。

😊 当孩子不停地问"为什么"时，可能是在寻求关注

下午，妈妈的朋友来家里喝咖啡。两个人正在闲聊时，三个孩子中最小的玛丽，跑过来向妈妈告状，说她的小玩伴对她不公正。妈妈说："好啦，也许她今天下午心情不太好。""为什么呢，妈妈？"妈妈勉强向她解释。可是每次妈妈说完后，玛丽又会问："为什么？"最后妈妈只好让玛丽自己出去玩，好让她和朋友继续聊天。玛丽出去了，但很快又回来了，随之而来的是更多的"为什么"。就这样妈妈与朋友相处的大部分时光都被玛丽的"为什么"占用了。朋友走时，妈妈向她道歉说："每次家里来客人，玛丽都会在我们聊天时故意吸引我们的注意力。"

妈妈完全知道玛丽行为背后的目的！玛丽是家中最小的孩子，她认为所有人的注意力都应该集中在她身上。对她来说，

让妈妈忙于应付自己而无暇享受与朋友的相聚时光，比她跟小伙伴玩耍重要得多。然而，妈妈似乎并没有意识到女儿不恰当的行为，而是屡次原谅她。虽然妈妈知道她在做什么，但并不明白这些行为背后的心理含义。一旦妈妈意识到玛丽不停地缠着她，只是因为如果得不到妈妈的关注，她就会感到不安和迷茫，妈妈就应该懂得拒绝给予女儿过度关注，这样才能真正帮助她成长，并让她学会自我满足。

有客人在场时，要教导孩子的确有困难。不过，在玛丽第一次过来打岔时，妈妈不妨这么说："我明白你的意思，但现在家里有客人，你是想继续和朋友一起玩先不打扰我们，还是愿意回自己的房间去玩？你来决定吧。"这就给了玛丽选择的余地，能够提高她的合作意愿。

当孩子不停地问"为什么"时，我们可以审视一下当时的情况，来看清孩子的真正目的。孩子是真的在寻求答案吗？我们往往低估了自己的孩子。有时候我们不知道孩子无休止地问"为什么"其实并不是想知道答案，而是想要得到父母的关注。为了吸引父母的注意力，他们甚至可能一边听父母解答，一边想下一个"为什么"。当孩子不停地问"为什么"时，他脸上的表情是什么样的？是好奇吗？他的问题合理吗？如果我们仔细观察就会发现，有时候孩子的"为什么"其实是不合理的问题，他们只是在用"为什么"来迫使父母为自己忙碌。他们只是在利用父母想要"教导"自己的欲望，来吸引父母的关注，而不是真的想学习！如果我们静下心仔细观察，就能轻易分辨出他们是真心还是假意。如果发现孩子听得心不在焉、问的问题不合逻辑、形式和内容重复，甚至这个问题尚未答完，便问出下个问题，那么我们很可能掉进了孩子的陷阱。此时我们不妨露出一个会心的微笑，并告诉他说："我喜欢和你玩'为什么'的游戏。但是，我现在还有别的事情要做。"或者仅仅是一个微笑和闭紧的双唇，就能解决这个问题。孩子不喜欢自己的把戏被识破。若此时他故作无辜，或恼羞成怒，甚至是变本加厉地想得到更多关注，父母也不必惊讶，你可以平静地暂时离开现场。

父母不必回应孩子寻求过度关注的行为

五岁的约翰是家里四个孩子中的老三，占据了家中"好孩子"的位置。然而，只有一件事让妈妈很抓狂，那就是每次妈妈打电话时，约翰总有事情打扰她。比如，有什么重要的东西一定要妈妈看，或者要妈妈带他出去，请求妈妈同意邀请朋友来玩，想要吃东西，让妈妈帮忙拿他够不着的东西，问妈妈某个玩具放在哪里，等等。有时候妈妈会挂断电话，回应约翰的请求，大多数时候妈妈会责骂他："我打完电话之前，别来烦我！"这时候，约翰就会去捉弄他的小妹妹，把她弄哭！

约翰平时是个听话的孩子，他或多或少会觉得自己遭到了冷落。于是，他发现了一种绝妙的方法来证明自己的重要性。当妈妈忙于照顾妹妹时，约翰觉得此时不太可能吸引妈妈的关注；而当妈妈打电话时，他却可以让她远离电话另一端的那个成年人！

约翰渴求被过度关注，他想要妈妈始终关注他。他当"好孩子"只是为了赢得妈妈的认可，因为这样他才觉得自己有价值。妈妈需要引导他走出"寻求过度关注"的漩涡。首先，妈妈必须明白这个"好孩子"并不太确信自己的家庭位置，平时要更多表现出对他的关爱，而不是只在他有过分要求时才关注他。其次，打电话的时候，妈妈可以忽略约翰的过分要求，只管继续打电话，即使她已经完全听不到电话另一端在说什么。当然，妈妈需要提前跟电话那头的朋友说清楚，免得对方被她的答非所问弄得一头雾水！只要电话还没打完，妈妈就应该毫不让步地坚持。这需要妈妈很大的决心和忍耐力，尤其是当约翰开始弄哭妹妹的时候。不过别担心，相信妹妹能应付！只要能慢慢训练约翰学会照顾自己，而不是时时刻刻都要依赖他人的关注与认同，那就是非常值得的事情。

当我们不再对孩子寻求过度关注的行为做出回应时，我们必须在他们表现好时给予鼓励，这样才能帮助孩子重新审视自己的行为。当希尔达独自玩耍时，妈妈不妨对她说："希尔达，这样真是太好了，你知道怎么自己好好玩了。"当玛丽和她的小玩伴相处得很愉快时，妈妈不妨对她说："我很高兴，看到你和朋友玩得这么开心。"当约翰没有任何目的，表现良好时，妈妈可以愉快地说："我很高兴你喜欢和我们在一起。"

孩子需要我们的关注，但我们必须意识到适当关注和过度关注之间的区别。如果我们发现孩子没有正当理由，却让我们不停地为他们忙碌，并且我们已经感到厌烦或者苦恼，那么可以肯定我们正面临孩子要求过度关注的陷阱。这时我们需要审视眼前的情况：孩子要求的是什么？如果我们不干涉，孩子能自己应付吗？如果我们回应，会对孩子的自我认知产生什么影响？我们的做法会帮助孩子懂得他是个有能力的人，还是会使他认为自己是个无助、只能依赖别人的人？为了帮助孩子根据不同情况的需要做出贡献，并从生活中获得满足感，我们要进行长期的正面影响，而不是让孩子在短期的获得中寻求满足。

16

避免与
孩子的权力
之争

每当我们命令孩子
做某件事或执意要求他怎么做时,
往往都会引发一场权力之争。

父母越控制，越容易陷入与孩子的权力之争

"把狗食盘子清理干净！"妈妈态度强硬地命令女儿苏琳。"凭什么要我这样做？""我让你清理狗食盘子，现在就去做。""我不明白为什么要我去清理。""因为我要求你做。"女孩耸了耸肩，没有去做。几小时后，妈妈发现狗食盘子还是脏的，上面爬满了蚂蚁。她把苏琳叫过来，呵斥道："我在几小时前就告诉过你，把这个盘子给清理干净。你为什么没有做？你看看，现在全是蚂蚁！现在就过来收拾，立即、马上！""好吧好吧。"苏琳敷衍了一下转身离去的妈妈，依旧没有理会那个盘子。又过了一会儿，妈妈发现它还是脏的。这次她打了苏琳一巴掌，苏琳面色铁青，倔强地不肯哭出来。"如果你现在不收拾干净，那就回屋去睡觉，今晚别看电视了。除此之外，你还会挨揍！现在就去洗干净！""好啦，我会的。"妈妈转身离开时，苏琳朝着那个盘子弯下身去，可是，她还是没有清洗。那天晚上妈妈去检查时，发现盘子里仍然脏兮兮的，根本没洗过。

苏琳和妈妈正在进行一场权力之争。妈妈想要强迫苏琳乖乖听话，而苏琳却要证明谁才是真正的老板！

这种亲子间的权力之争正以惊人的速度不断增长。越来越多的父母绝望地带着为争夺权力而疯狂的孩子来到我们指导中心。

为什么会这样？这个社会是怎么了？如今的孩子敢于做很多我们小时候对自己父母都不敢想的事。为什么会变成这样呢？

因为现在的社会文化正在发生剧变，孩子们已经感受到这个时代的民主氛围，如果我们通过权威来强制他们，他们就会以报复行为来表达不满。孩子反抗我们对他们的压制，同时也向我们展示了他们的力量。父母竭力维护自己的权威，然后孩子向父母"宣战"，于是一个恶性循环就此形成。孩子绝对不容许父母支配自己、强迫自己，父母想要控制他们的企图注定是徒劳的。在这样的权力之争中，孩子的头脑会更加灵活，而且他们根本不在乎是否会"没面子"，也毫不顾忌他们的行为会对自己造成什么危害。家庭变成了一个战场，家人之间没有合作，也没有和睦的关系，取而代之的是愤怒和争斗。

🙂 用沟通代替命令，有效减少与孩子的权力之争

妈妈成功地让十二岁的帕蒂放学一回家就清洗午餐盒和保温杯。刚开始几天，事情进展得很顺利。有一天，帕蒂忘记清洗她的午餐用具。当妈妈看到厨台上的午餐盒里有食物残渣、保温杯里有变酸的牛奶时，她十分恼怒，狠狠地把孩子教训了一顿。帕蒂答应下次一定记得清洗。几天后，她又忘记完成自己的任务。这一次，妈妈打算使用逻辑后果这个办法。所以，她没有理会厨台上的脏东西，尽管心里确实很生气。她想："我要给她一个教训！"第二天早上，妈妈用纸袋子装了午餐，把

买牛奶的钱放在桌子上。帕蒂心知肚明这是怎么一回事。妈妈把脏饭盒留在厨台上。帕蒂看着那些脏东西，心中怨恨地想："我绝对不会清洗的！"日子一天天过去，发霉的食物残渣和发臭的牛奶杯就那样放在厨台上，而帕蒂则用纸袋子装午餐。妈妈心中的火气越积越大，最后她带着满腔怒火，来到女儿身边与她对峙。帕蒂垂着眼眉，心中气恼，仍然不肯去清洗。最后，妈妈实在没办法，动手把她推搡进厨房，打了她一顿，然后强迫她把东西全都清洗干净。"你以后能记住吗？"妈妈厉声问。"能，妈妈。"帕蒂向她保证。然而，第二天她又没有清洗饭盒。彻底绝望的妈妈决定放弃："以后你可以用纸袋子装你的午饭。""行啊，我没问题。反正我们同学都很少用午餐盒装午饭。"

自从帕蒂不肯去清洗午餐盒而让妈妈生气那天起，权力之争就开始了。妈妈想让帕蒂清洗她的午餐盒，实际上她是把逻辑后果当作惩罚——"我要给她一个教训！"这是她的惩罚方式。虽然妈妈极力掩饰，但帕蒂感觉到了妈妈的愤怒。妈妈并没有理解逻辑后果的真谛。当她把午餐装进纸袋子，还给孩子买牛奶的钱时，逻辑后果就已经失效了。这个行为表达的含义是：尽管女儿不听话，但她仍然会为女儿服务。如果妈妈真想要运用逻辑后果，那么她应该像往常一样准备好午餐，但因为没有干净的容器来装食物，她可以把做好的食物直接放在厨房，接下来让帕蒂决定怎么做。

帕蒂想让妈妈知道没人能强迫她清洗午餐盒，她不肯屈服，甘愿承受一切代价。那么，如果不采取强迫的手段，妈妈该怎么处理这种情况呢？

妈妈需要发自内心地不关注那个午餐盒。那是帕蒂才应该关心的事情，如果她不想清洗干净，那么她只好用别的东西来装午饭。妈妈只能决定自己的行为。首先，厨房肯定不是放发霉的残渣和发臭的牛奶的地方，把它们留在厨房，显然是妈妈对帕蒂的反击与报复。而妈妈站在帕蒂的身边，通过暴力让帕蒂清洗午餐盒，更是权力之争的升级。结果很明显，尽管帕蒂做了保证，实际上她第二天仍然没有清洗午餐盒。妈妈当然生气，因为帕蒂的反抗，让她觉得自己的权威地位受到了威胁，于是她更想要向帕蒂表明，她决不容许孩子轻视自己。如果妈妈能了解帕蒂如此固执的原因，并及时改变她的策略，那就不会发生权力之争！在这个案例中，帕蒂其实很反感带午餐盒去上学，因为初中的孩子很少有人还用午餐盒带饭了。那她为什么不早说呢？因为她可以利用这种情况把妈妈卷入这场权力之争。最后，她赢了，而妈妈输了。如果妈妈愿意好好跟帕蒂谈谈心，了解女儿对带午餐盒的想法，那么她完全可以避免这场漫长而痛苦的较量。比如，妈妈可以说："帕蒂，我看你今天没有清洗午餐盒。你是不是不想用午餐盒来装午饭呢？如果用一个纸袋子来装午饭，再给你一些钱买牛奶，你愿意吗？"通过这样的询问，母女间的权力之争就会停止。

每当我们命令孩子做某件事或执意要求他怎么做时，往往都会引发一场权力之争。这并不是说我们不能引导或影响孩子做出正确的行为，而是必须找到一种更为有效的方法。我们必须摒弃过时的、无效的做法和心态，采取有效的做法和心态。

当孩子无法从权力之争中获得满足感时，就会放弃对抗

五岁的吉米快把妈妈逼疯了。妈妈经常对吉米抱怨，也会当着他的面对其他人抱怨。妈妈总是为了某件事跟儿子发生冲突。无论妈妈怎么说，吉米根本不予理会。妈妈打他的屁股也没用，即便偶尔管用，也只是暂时而已。比如，这天吉米没有定时排便，为此妈妈已经努力训练他很多年。早饭后，妈妈就让他去洗手间，他回来说现在拉不出来，于是妈妈让他出去玩，自己继续做家务。中午，妈妈去衣柜前整理衣服时，闻到一股臭味。她仔细找了找，发现吉米把大便拉在爸爸的帽子里！妈妈跑出去，找到他，把他抓了回来，让他看那帽子，然后狠狠地打了他屁股。吉米又立刻尿湿了裤子，但妈妈没当回事，认为那是因为他刚挨了打。然而，那天吉米又尿了很多次裤子，夜里还尿了床。

在吉米还是婴儿时，妈妈就一直关注他是否按时排便。她的行为传达给孩子的是："我让你什么时候排便，你就要什么时候排便。"而吉米行为表达出的意思是："我会在我喜欢的时间和地点排便。"他很早就通过这个方式击败过于强势的妈妈。吉米和妈妈的日常生活已经变成了一场旷日持久的权力之战。如

果妈妈仍然意识不到问题出在哪里，不知道该怎么正确地应对，那么她很难改变现状。

很多过度关注孩子如厕训练的父母，都会陷入类似的困境。适当关注和过度关注的区别在于我们训练孩子时的态度。如果我们强迫孩子培养正确的如厕习惯，就会引起反抗；如果我们抱着期待和鼓励的态度，就能赢得孩子的合作。

如果我们发现孩子似乎在利用排便训练来获得过度关注或抵抗父母，那么我们就应该立即停止，不再继续关注孩子的如厕问题，让他顺其自然地发展。在有这类困扰的家庭中，我们基本上都能看到类似的权力之争。我们可以先避开如厕训练，寻找没有亲子对抗的、相对容易解决问题的领域，以缓和亲子关系。如果孩子故意尿床，妈妈可以让孩子睡在湿床上；如果孩子嚷嚷不舒服，可以允许他自己换床单。如果他已经超过用尿不湿的年龄，则可以给他穿上方便训练的裤子。当然，不可允许他弄湿客厅里的地毯或家具，让他尽量待在不怕被尿湿的地方。妈妈这样做时，应该抱着轻松的心态，本着"这是你的问题，你准备好自己解决就行，而且你还要遵守规矩"的态度。如果孩子不再通过这件事获得过度关注，或在权力之争中获胜，他就无法从中获得满足感，因此自然会放弃令自己不舒服的做法。

读到这里，不少读者可能会困惑，到底什么时候该管、什么时候不该管孩子呢？有些时候，比如关系到孩子生命安全时，我们必须要强制干涉；还有的时候，我们需要采取坚定的态度向孩子施加压力，甚至用体力上的优势来维持规则。

🙂 如何检验父母陷入权力之争？

五岁半的彼得因为患了重感冒，好几天没上幼儿园，天天待在家里。这天下午，天放晴了，雪开始融化，彼得想出去玩。妈妈说："不行，儿子，你咳嗽得太厉害了。"男孩闷闷不乐地嘟着嘴。不久后，妈妈就听到砰的一声门响，彼得穿上棉衣和靴子，跑出去玩了。妈妈赶紧跟上去，拉着他的手，要他必须立即回家。他开始反抗，妈妈把他抱了起来，直接往家走去，边走边说："对不起，彼得，你今天不能出去玩。"孩子气急败坏地大哭大叫。妈妈强行脱下他的棉衣，她知道在屋里不能穿太厚。彼得发着脾气，冲向大门口。妈妈冷静地站在那里，牢牢地锁住门。她没有说话，也没有试图安抚彼得的愤怒。由于大声地哭闹喊叫，他又开始剧烈咳嗽。妈妈仍然什么也没说，只是继续站在那里不让他出去。最后彼得哭喊着"我恨你！我恨你！"便冲进了自己的房间，一头扑倒在床上。妈妈则继续忙她的家务，任由彼得自己处理他的情绪。

在尚未经过训练的旁观者看来，这像是一场权力之争：彼得想要出去，但妈妈强行阻止他。不过，妈妈并没有让自己陷入权力之争，她只是根据情形的需要坚持了应有的规则。我们该如何区别两者间的不同呢？关键在于妈妈的态度。妈妈有责任坚定地维持规则，并且在没有怒火、不以权威胁迫的前提下，做到坚持规则。妈妈坚持的规则就是感冒后服从健康的规则。

彼得和妈妈之间的对抗不是因为权力之争，因为妈妈从中并未获得好处。这是个重要的判断标准。每当我们想知道某种情况是否属于权力之争时，我们不妨问问自己："我能从这场争执中得到什么好处？"

很多父母曾自欺欺人地认为，自己所做的事情是为了孩子好。现在我们再来想一想，果真如此吗？是不是为了我们的面子？我们能从中获得什么好处吗？是不是孩子听话我们便得到心理满足？是不是希望别人都看到我们有个听话的孩子？是不是希望被人称赞，说我们是"好家长"或"成功家长"？我们是不是一心想要拥有对孩子的主导权？

另一种分辨我们是否陷入权力之争的标准，是分析结果。是不是不论我们怎么"训练"，孩子都没有任何改变？他表现出反抗行为了吗？我们生气了吗？有怨气吗？

第三种检验标准是我们的语气，这是最能说明问题的。我们的语气听上去是专横的吗？有怒气吗？不容辩驳吗？强硬命令吗？温和且坚定的语气通常是平静的，而权力之争的语气通常是言辞越来越激烈，越来越愤怒。

彼得发脾气是因为他未能按自己的意愿行事。妈妈无视他说的"我恨你"，因为她知道这只是暂时的情绪宣泄，是他生气冲动的反应。妈妈只是坚持遵守健康规则，并没有做出过激的反应。可是，假如妈妈当时做出过激的反应，就会陷入权力之争。

👦 父母保持冷静与平和的态度，不会陷入权力之争

妈妈把车停在医生的诊所门口，可两岁的吉恩不下车。尽管妈妈再三恳求，吉恩仍都拒绝了。"吉恩，我约好的时间到了。来吧，做个好孩子。"吉恩越发往车里躲，怎么都不肯下车。妈妈转向她的朋友："我该怎么办？"

妈妈可以把他抱下车，以平和的、坚定的态度，就事论事，眼下情形是要遵守约定时间，妈妈不需要生气。如果妈妈能保持冷静与平和，就不会陷入权力之争中。

为了帮助大家更好地理解权力之争，懂得该如何制定应对策略，我们必须重新定义"为人父母"的角色，必须彻底摒弃过去以权威支配孩子的旧观念，清醒地认识到我们的新角色是作为一个引领者。我们没有凌驾于孩子之上的权力。孩子们明白这一点，尽管我们可能还不清楚。我们不能命令或者强迫孩子，必须学习如何引导和激励孩子。下表列出了父母为促进家庭和谐与合作所需的新态度，左栏是旧有的专制态度，右栏是适合现代社会的新态度。

只要右栏中的新态度成为我们的第二天性，我们就不会轻易和孩子陷入权力之争。如果我们能将当下情形的需要设为关注点，心中所想的不再是"要让他听我的"，我们就有可能找到激励孩子做出恰当反应的方式。每当我们想要"要求"孩子怎么做时，孩子都能感觉到，并产生反抗的心理。这样的反抗，

可能是被动方式，比如苏琳不肯清理狗食盘子时采取的逃避策略；也有可能是主动方式，比如吉米把大便拉到爸爸帽子里的报复行为。

专制社会	民主社会
我是权威的大人	我是通晓事理的引领者
施展权力的力量	发挥影响的力量
压迫	激励
强硬要求	赢得合作
惩罚	让他体验逻辑后果
奖赏	鼓励
强迫	允许他自己决定
支使和控制	引导和指点
孩子不能提出反对意见	懂得倾听、尊重孩子
按照我说的话去做	我们根据情形需要，有必要这么做
我的面子更重要	眼下情形的需要更重要
主观的	客观的

当孩子对我们抗拒不从时，我们会觉得自己的权威受到威胁，这正是我们最需要改进的地方。如果我们把关注点放在当下情形的需要，而不是自己的权威上，我们就有机会转变，赢得孩子的合作。

　　我们已经讨论了许多避免权力之争的基本原则。最重要的是要坚持，而且是坚持"我们要怎么做"，而不是"我要让孩子怎么做"。作为引领孩子的父母，我们需要明白当下情形的需要是什么，进而带领孩子做出符合需要的行为，而不是为了满足我们自己的主观想法。理解、鼓励、逻辑后果、相互尊重、尊重规则、作息规律、赢得合作，都是解决权力之争的有效方式。不过，一旦权力之争开始，逻辑后果往往就不太可能得到正确的使用，因为人为后果此时会变成惩罚，成为父母在权力之争中的武器。

　　陷于权力之争的家长，如果想要走出来，最重要的一步是首先要认识到自己是权力之争中的一方，这一点并不容易做到。它需要我们不断保持警觉，否则很容易在不知不觉中陷入权力之争。我们要不断自我提醒："我的确没办法强迫孩子做任何事情。我没办法强迫或者阻止他做任何事情。我可以尝试书中的技巧，但我不可能强迫他采取行动并予以配合。我不能强迫孩子，只能赢得孩子的合作。孩子的良好行为是被激发出来的，而不是被命令出来的。但是我可以通过自己的聪明才智、有效策略和幽默感来提高孩子的合作意愿。"这样的想法，会带给我们更多的方法和选择，比动用武力更有效。学习运用这些方法的过程，也会激发父母的创造力。一旦我们掌握其中的原理，就能举一反三，想出更多的办法。重要的是，我们现在已经知道：除了强迫孩子，还有很多好办法供我们使用。

17

从冲突中
退出

父母退出亲子冲突

是非常关键的一步，

但这并不意味着抛弃孩子。

父母对孩子的爱从未改变。

任何争执都是双方共同造成的，如果其中一方退出，另一方就无法继续。如果父母从和孩子的冲突中退出，那么孩子也无法继续。于是，孩子没有了观众，也没有了对手，没有人需要他击败，他也没必要去战胜谁——"让他的风，无帆可吹。"

👶 父母的妥协，助长孩子在权力之争中获胜

每天晚上七点半，睡前之战就开始了。四岁的哈利已经是玩拖延的高手了。"来，哈利，该睡觉了。"妈妈轻声说。"还没到时间呢，妈妈，我还不困。""但现在是你的睡觉时间了。"妈妈劝说。"再过一会儿，等我给这幅画涂好颜色。"孩子争辩道。妈妈的声音严厉起来："你现在就过来，明天再接着给那幅画涂色。"妈妈走过去想要把东西收起来放好，哈利立即尖叫着把蜡笔护在怀里，不让妈妈收走。不愿意动用武力的妈妈，只好做出让步："那好吧，这幅画涂好了就去睡。"哈利再次埋头于涂色，嘴角露出一丝微笑。妈妈坐在床上等着，孩子涂得越来越慢。妈妈的耐心快要消耗殆尽。"你是在故意磨蹭吧。快点儿，赶紧画完。""我想要画得特别漂亮，所以要很仔细才行。"孩子狡猾地回答。妈妈不耐烦地又等了一会儿，然后她决定把不需要的蜡笔先收起来。哈利提出抗议，妈妈坚持这样做。哈利不

情愿地让妈妈把一部分蜡笔收走了，但还有几根故意握着不松手，或者假装某个颜色的笔找不到了。等涂色终于结束收拾好东西后，哈利又找到更多拖延时间的办法。他在浴缸里磨蹭，在床上玩耍，接着他又想喝水。妈妈好不容易等他钻进被窝，回到了客厅。几分钟后，她的儿子再次起身去了洗手间，然后过来说要一个晚安吻。九点钟了，他还在折腾。最终妈妈大发雷霆，重重地打了他一下。

哈利大哭起来。爸爸过来指责他们："我真不知道你为什么每晚都要闹到这种地步！哈利，闭嘴！躺到那张床上去，老实待着！"一切终于消停了。

哈利拖延的目的是跟妈妈争夺权力。他向妈妈展示出：他能把妈妈拉入战斗、他在较量中可以随心所欲。原本是妈妈想用强硬手段要求他，结果却是她自己不断妥协，这让孩子更加认定他比妈妈更胜一筹。哈利当然应该去睡觉，问题是妈妈不知道该怎么让他去睡觉。

妈妈有好几种方法可以解决这个问题，其中一种方法是从冲突中退出。父母可以事先商量一下，拟订方案。我们来看看，他们可以怎么做。

保持坚定而平和的态度，有技巧地退出与孩子的冲突

在下午的游戏时间，妈妈对哈利说："晚上八点是你睡觉的时间。我会告诉你什么时候该去洗澡。爸爸和我会在八点时过来跟你道晚安，然后我们就不会再管你了。"晚上七点半，妈妈开始给哈利准备洗澡水，然后喊了他一声。孩子挑衅地回应道："我想再玩一会儿。"妈妈回答："你的洗澡水准备好了，亲爱的。"说完她回到客厅。八点整，爸爸妈妈来到哈利的房间，哈利还在玩。"晚安，我的小伙子，明天早上见。"爸爸把儿子抱起来，给了他一个大大的拥抱。妈妈吻了他一下，说："晚安，亲爱的，做个愉快的梦。"然后爸爸妈妈回到客厅，开始看电视。"但是，我还没洗澡呐！"哈利跑进客厅喊道。爸爸妈妈的表现如同哈利已经睡着了。哈利爬到妈妈的腿上，把脸凑到妈妈的面前，呜咽着说："我想洗澡，妈妈。"妈妈对爸爸说道："乔治，我做点爆米花吃。"妈妈起身，这样哈利就无法坐到她的腿上。哈利想尽办法来吸引爸爸妈妈的注意。他尖叫、跺脚、打滚、抱大腿，使出浑身解数，但是统统没用。最后，他走回到自己的房间，脱掉衣服。稍后他又跑出来要求父母帮他穿好睡衣。爸爸妈妈全神贯注地看电视，仍然表现得如同他已经睡着了一样。大约九点半，哈利独自爬上床，哭着睡着了。

爸爸妈妈做到了坚持。他们说了"晚安"，然后只做他们应

该做的事情。他们都从冲突中退出，战场上只有哈利一人。他拼命地努力，想把他们拉回到上床睡觉的争斗中。他甚至以哭泣的手段来博取他们的怜悯。可他们依然坚持。这是一种新的训练方式，从根本上改变了哈利一直以来与父母的关系，也改变了他对规则的认知。第二天晚上，哈利就能按时洗澡，妈妈会和哈利一起享受半小时的愉快时光；八点整，爸爸妈妈会帮哈利掖好被子，道过晚安后离去。如果几分钟后孩子起身去洗手间，要求喝杯水、亲吻等，爸爸妈妈就会表现得如同他已经睡着了，然后他只能自己回到床上去。很可能在一周之内，哈利就能欣然接受晚上八点整上床睡觉。

另一种避免权力之争的做法，就是妈妈按时把四岁的孩子抱到床上，态度要坚定而平和，并且无须过多言语。在该洗澡的时候牵着孩子的手，给他脱掉衣服洗澡。如果孩子故意调皮，就始终保持平静和沉默，甚至可以回到自己的卧室锁上门。

冷静地面对孩子的哭闹，避免冲突加剧

三岁半的莎拉跑进厨房，对着正在做晚饭的妈妈哭哭啼啼地说："妈妈，我要喝一杯水。""别哭哭啼啼的，莎拉。你需要什么就好好说，不然我不会给你。"孩子哭得更厉害了："可我就是想喝一杯水嘛。""我受不了你总是哭哭啼啼的！停止！"莎拉呜咽着，抱着妈妈的大腿，把脸埋在腿上。妈妈说：

"现在能好好跟我说话了吗？"莎拉哭着问："请给我一杯水好吗？""啊，老天爷饶了我吧！给你！"妈妈把水递给她。

有人告诉我们，孩子都会有一个哭哭啼啼的阶段，因此我们要多些耐心，等他们长大了就会好了。然而，我们没有必要"忍受"孩子的哭哭啼啼。莎拉其实是想通过这种方式展现她的力量，表明她可以不理会妈妈的要求。妈妈虽然已经给出"停止"的命令，但在莎拉的坚持之下，妈妈做出了让步。

在这个案例中，妈妈还能做点什么？我们可以不理会孩子在哭哭啼啼状态下提出的任何要求。要做到这一点，我们此时必须退出战场，无须跟孩子说话！如果我们站在那里，最后很有可能妥协。所以，妈妈必须花时间冷静一下，她不妨立即关掉煤气炉，去洗手间待一会儿。

我们把这个方法称为"洗手间技巧"。在通常意义上，洗手间是家里最私密的地方，是一个避免冲突的理想之地。我们可以在里面放上一个小书架，或者收音机等。每当莎拉哭哭啼啼时，妈妈就躲到洗手间去，让自己冷静一下。妈妈什么也不用说，因为没必要说什么，莎拉可能很快就会改变她的语调了。

父母不回应孩子发脾气，孩子就能逐渐平静下来

妈妈听到厨房里有声音，走过去一看，发现四岁的拉里站在厨台上，伸手去拿橱柜最顶层的糖果。"你现在不能吃糖，拉

里，快到午餐时间了。"妈妈把儿子抱下来。"我现在就要吃糖！"他尖叫道。"不行，拉里，我现在要开始做午饭了。""我就要吃糖！"男孩尖叫着。"拉里，听话啊。"拉里躺在地板上，连喊带踢。妈妈严厉地说："你想挨打吗？不许再闹了！""我恨你，我恨你！""拉里！你怎么能这么说！"孩子越发起劲儿地撒泼。"拉里，不许再闹了。给你，只有这一块啊。现在别再哭喊了。"拉里渐渐平静下来，接过妈妈递给他的糖。

妈妈起初拒绝了孩子，但拉里最终强迫她做出让步。拉里赢得了这场较量，强化了他有能力战胜妈妈的信念。妈妈其实可以暂时离开战场，让拉里的大发脾气变得毫无作用。妈妈只需在拉里第一次发脾气时，立即带着糖果到洗手间去，这样拉里只能对着厨房里的空气发脾气，没有了观众，发脾气就失去了意义。

👦 父母先退出亲子冲突，孩子就会退出权力之争

下午，妈妈带着五岁的艾伦去拜访一位朋友。当艾伦看到朋友的儿子楚奇只要发脾气就能达到目的时，他也想试试看。吃晚饭时，艾伦离开桌子去了洗手间。家里有一条规定，如果有人在用餐时半途离开餐桌，那他就不能回来继续用餐。趁着艾伦不在，妈妈赶紧把他们下午去朋友家的事情告诉了爸爸，让爸爸明白是怎么回事，然后妈妈拿走艾伦的餐盘。不一会儿，艾伦回来了，他发现自己的盘子不见了，于是他立即躺在地板

上，努力模仿楚奇的做法。爸爸妈妈继续吃饭，对艾伦的行为视而不见。不一会儿，他们听到儿子的喃喃自语："咦，怎么没用的啊？他们都不理睬我！"妈妈强忍着差点儿笑场。

妈妈在熨衣服，十个月大的艾莉森在地板上爬来爬去。妈妈把艾莉森放到婴儿围栏里，她大哭着表示抗议。妈妈试图转移宝宝的注意力，但艾莉森向后仰倒，扭动身体抗议着，并尖声大叫。妈妈去了洗手间，十分钟后，她回来了，发现艾莉森正开心地玩着球。

即使只有十个月大的婴儿，也想要让他人按照自己的意愿做事。妈妈这么做是在训练艾莉森学会遵守规则，她尊重艾莉森想要尝试发脾气的权利，并将"战场"留给了她，但她并没有满足孩子的过度关注或者服务的需要。

父母退出亲子冲突是非常关键的一步，但这并不意味着抛弃孩子。父母对孩子的喜爱、亲情和友善从未改变。在发生冲突时退出，实际上有助于维护亲子关系。当孩子发脾气时，我们通常不会对他充满爱意，相反我们有时很想揍他一顿。双方的敌意会对亲子关系造成很大的伤害。当我们能熟练而迅速地退出冲突，孩子也会很快做出令我们惊喜的反应。由于孩子有追求归属感的需求，空荡荡的战场只会让他感到心神难安，于是他很快就会放弃毫无作用的撒泼打滚。一旦开始在家中实施这个做法，孩子很快就能感受到界限所在。如果孩子的行为超出界限，父母就会立即退出，那孩子只好放弃导致冲突的做法，并选择合作的行为。而培养孩子的合作意愿正是我们的目的所在，这也是我们赢得孩子合作的一种好方法。

也许有人很难赞同这个方法，认为这种做法是放任孩子"胡闹"。然而，如果仔细审视孩子的动机，就会发现在大多数的亲子冲突中，孩子要么是想通过这种方式获取关注，要么是想在权力之争中获胜。如果我们让自己卷进去，便是掉入孩子的陷阱，同时还强化了他的错误目的。因此，我们在训练孩子时，必须要针对问题的根源，而不是问题的表象。通过说教来"纠正"孩子的不当行为，基本上是徒劳无益的。如果我们希望孩子朝好的行为方向发展，就必须以实际行动来促使孩子改变方向。如果孩子发现以前让他达到目的的办法行不通了，只留他自己在空荡荡的战场上，那么他很快就会转变行动方向，并最终发现通过合作反而能更好地达成目的。如果他不能让事情按自己的意愿发展，他就能学会根据情形的需要来行动。因此，他就能养成对父母、当前形势以及现实社会秩序与规则的尊重。

一旦我们在家中开始实行"从冲突中退出"的方法，那么在公共场合处理亲子冲突就更容易了。我们可以在心态上建立一种"洗手间技巧"，这也同样有效。孩子们非常敏感，他们能感受到父母退出的态度，知道父母不再参与。我们在第 7 章莎朗的故事里，就曾经看到过这种退出心态对孩子的影响。当莎朗发脾气时，妈妈只是安静地继续在前面走，让自己退出战场，不与孩子发生冲突。莎朗意识到妈妈的态度，立即决定放弃，重新走回妈妈的身边。妈妈也立即温和地接纳了她，两人愉快地回家了。

　　当孩子在公共场合做出不当行为时，我们会面临严峻的考验。我们会感到羞耻和屈辱，因为别人会认为我们是"不称职的家长"。孩子在公共场合的行为往往与他们在家里的做派是相似的。如果他们在家里会"失控"，那么在公共场合也同样会"失控"。问题是，孩子在公共场合的这类行为会比在家中更加放肆，因为他们能觉察到我们的无可奈何。幸好我们可以从心态上退出战场，不理会孩子，也不理会所有的旁观者。再次强调，只要我们把关注的重点放在当下情形的需要，而不是维护自己的面子，我们就能够找到解决问题的方法。

用行动
而非语言
教育孩子

很多时候，

家长都以为语言本身能惩罚孩子，

但这完全起不到训练孩子合作的作用。

我们必须学会用行动来代替说教。

父母的说教，对孩子起不到教育的作用

"我还要说多少次，吃饭前要洗手？现在，你们三个赶紧去！不洗手不许回到这张桌子上来！"三把椅子向后刮擦着地板，三个孩子离开了餐桌，妈妈继续喂只有一岁的小宝宝吃饭。

"我还要说多少次……？"这句话被太多父母用气急败坏的语气说了成千上万遍。这句话所表达的意思再明显不过：父母气急败坏时的无可奈何。父母表达出的怒气对孩子不会有任何效果。事实上，当我们说"还要说多少次"，就已经表明每一次的"说"根本达不到教育目的。孩子们非常善于学习，通常上一次的"说"已经让孩子明白自己的行为遭到了批评，那时他就知道以后再重复这种行为是不妥当的。

那么，为什么这三个孩子总是饭前不洗手呢？想想看，他们潜意识里的目的是什么？要明白这一点，我们就要观察事情的结果。妈妈在做什么？她因为这件小事大发脾气。原本妈妈的注意力在小宝宝身上，突然她觉察到了几双脏兮兮的手，这三个孩子得到了妈妈的关注。他们违反了规矩，却得到了妈妈的关注。妈妈直接掉入了他们的陷阱，满足了他们的目的。如果孩子们按照妈妈的要求饭前洗手，那妈妈怎么会关注他们呢？

如果妈妈真的想改变孩子们的行为，她必须采取行动，光

靠"说"是没用的。她不能强迫孩子要怎么做，否则就是对孩子的不尊重。但是，她可以决定自己要怎么做。"如果你们不洗手，我就不会跟你们一起吃饭。"妈妈拿走桌上的碗碟，食物只提供给洗手的孩子。第二次，当孩子又不洗手时，妈妈不必说什么，只要行动就可以了。这样一来，情况就会发生变化。孩子们的行为不能达到目的，也无法获得妈妈的关注，再继续下去有什么意义呢？

👧 父母过多的说教，往往会使孩子变得充耳不闻

　　妈妈从厨房窗户往外看了一眼，看到四个孩子中的老大——八岁的布莱恩，正拿着他的玩具气枪瞄准邻居的窗户。"布莱恩，过来，亲爱的，我想和你谈谈。"男孩放下枪，慢腾腾地走向妈妈。妈妈把他带到书房，自己坐在椅子上，让他坐到高脚椅上。"亲爱的，你知道的，我们给你买玩具气枪时，就告诉你玩这把枪会有哪些危险。我们在地下室里专门给你设了一个射击场地，在那里玩既不会打伤任何人，又不会打坏任何东西。是不是这样？"布莱恩睁大眼睛，摆出一脸稚气的认真样子看着妈妈，但没有说话。"你知不知道玩具气枪可以打破沃德夫人的窗户？"男孩扬了扬眉毛。"亲爱的，你看这把枪打出的子弹很有力量。如果瞄准了，就能把窗户打破。你不希望发生那样的事，对吧？"布莱恩垂下眼睛。"亲爱的，你知道的，如果你真的打破窗户，我们一定要赔偿对方。你不希望发生那

样的事情，对不对？"布莱恩再次抬头，认真地看了妈妈一眼，但没有说话。"你现在要不要拿着你的枪到地下室去，在我们为你建造的射击场地玩？我想那里会很好玩的。"男孩歪了歪头，晃着腿说："我想去外面玩。""好吧，儿子。但把枪留在家里，好吗？""好吧。"他耸了耸肩。

几天后，妈妈发现儿子在很近的距离射击瓶子和罐头。她再次把他叫过来谈了一次话。妈妈重复了玩枪时应该注意的要点，再次提醒他玩具气枪可能造成的危险。布莱恩再次露出认真倾听的表情。妈妈在"交谈"后再次让他把枪留在书房里，让他到外面去玩。

妈妈是个信奉"跟孩子讲道理"的人，觉得自己不应该惩罚或"压制"布莱恩。所以，她除了"说教"什么都没有做。许多家长都采取过这种长篇大论的说教。孩子的行为背后都有目的，在上面这个例子里，布莱恩并没有改变的意愿，他认为这样的说教很无聊，而且很快形成对说教的"免疫力"。于是，他变得充耳不闻。所有把说教当作教育方式的人，最终都会让孩子变得如此。许多父母和老师都这样说过孩子，"我说的话他一个字都没听见"。可是，他们却继续使用这种徒劳的方式，而且加倍努力地说教！

说话本来是一种交流方式。然而，在发生冲突的情况下，孩子不再愿意听我们说话，这时候的语言反而会成为武器。在冲突中，我们无法通过语言向孩子传达任何信息，因为这时无论我们说什么，他都充耳不闻；无论我们说什么，都会变成他反击我们的弹药，于是一场争吵就开始了。即使孩子什么都不反驳，他的内心也会反抗，并通过行为表现出来。故意对抗或者搞恶作剧，都是孩子最常见的反叛行为。

布莱恩表现出倾听的样子，因为这么做可以达到他的目的。他其实一个字都没听进去，根本无意按照妈妈说的去做。他故作倾听的样子，是为了以最小的代价来保证他能按自己的意愿行事。如果妈妈能仔细观察和解读他的面部表情，就会明白布莱恩是在嘲笑她。

如果讲道理没用，妈妈又不赞同惩罚孩子，那能怎么办呢？妈妈可以采取行动，她可以从布莱恩手上拿走玩具气枪，然后说："看来你不想遵守规则，抱歉我只好收起来。等你愿意守规矩了，你就可以把枪拿回去。"妈妈这样做一两次之后，如果布莱恩还不改，妈妈就应该彻底把枪收走，什么都不需要再说。

布莱恩的故事结局很悲惨。他继续毫无顾忌地玩枪。有一天，他又超近距离地瞄准了一个瓶子，结果一颗子弹反弹回来，打进了他的一只眼睛，那只眼睛就此瞎了。

👶 父母过多的说教和提醒，给孩子造成威胁

"珍妮特，把你的睡裤拉高一点，踩着裤腿走路，你会绊倒的。赶紧上楼睡觉去吧。"妈妈说完，转过身对客人解释道："那套睡衣是我昨天看打折买的，对她来说太大了，应该明年

再穿，可是她坚持要现在穿。你们知道，小孩子都喜欢穿新衣服。"此刻，所有人都看着那个依旧站在楼梯上，对着众人笑得很开心的小女孩。她低头看了一眼自己在长长睡裤里的脚，把脚抬起来使劲摇了摇，拖得长长的裤腿随之摇曳。她再次抬起头，带着调皮的得意笑容，打量着大家。妈妈又对她说："珍妮特，把裤腿提起来，不然你会摔倒的。赶紧上楼去。"孩子慢慢转过身，慢慢地登上一级台阶，又转过身看着大家。妈妈此时正背对着她，她站在那里，听长辈们谈话。后来她干脆坐下，伸展双腿，摆动着裤腿。妈妈看到客人们在微笑，再次转过身来："珍妮特！你想摔一跤吗？现在把裤腿提起来，上楼去。卡尔，你过来把珍妮特带走。"珍妮特立即转身，拖着长长的裤腿，快速爬上楼梯，在爸爸出现之前进了卧室。

很多时候，我们看到孩子周围可能会有危险，然后再三告诫他们不可以那样做！如果孩子愿意认真听我们的话，他们会害怕，就不会做出危险的行为。上面这个例子，妈妈说得太多了，她把话语和恐惧都当作对孩子的威胁。

珍妮特显然知道如何控制睡裤的长度，她摇摆裤腿表明她在故意吸引妈妈的关注。她不但穿上新睡裤，还得到了妈妈的关注，让妈妈对她表达出更多的关心，这令她很开心。她知道自己应该去睡觉，但她更想利用这个机会，让妈妈的注意力从朋友身上转移到自己身上。对于珍妮特来说，这样能证明她有办法让妈妈不断关注自己。在越不容易做到的情况下做到这一点，她获得的成就感就越多。妈妈的反应果然不出她所料。

很多时候，家长最应该做的就是保持沉默。通常，父母会发现第一次尝试使用沉默的方式很难，他们会觉得在这样危险的情况下，必须做点什么，否则就会不安。其实，父母很快就会发现，沉默反而可以缓解紧张的局面，而且还能恢复家人之间的和睦关系。当然，有些妈妈即使保持沉默，也能采取行动！

针对珍妮特的睡裤，妈妈完全可以只字不提。她不妨直接行动，让孩子选择是自己上床睡觉，还是让爸爸妈妈带她去睡觉。

父母用威胁的话语让孩子听话，往往没有效果

星期天早上，在教堂主日课的教室角落里，五岁的特里大哭着。妈妈又哄又劝又威胁："如果你再不停下来，我就走了，把你自己留在这里。"男孩哭得更厉害了。"那我真走了啊。"特里尖叫着跑到门口去追妈妈。妈妈刚出门，就听见特里发出一声刺耳的尖叫，吓得她赶紧返回来。这时，老师走进来说："特里，你好好待在这里，不许再哭。"然后又转向妈妈说："特里妈妈，你放心离开，特里会没事的。""我担心他会跑出教堂。我们在离家之前他就开始胡闹了。""我相信特里准备好就会加入我们的。特里，很高兴你来和我们一起学习。记住，我们会成为朋友。"妈妈离开后，特里停止了哭泣，他在角落里待了一会儿就融入了集体。

面对一个尖叫、反抗的孩子，妈妈感到非常无助，试图用语言甚至是威胁来迫使儿子听话，尽管她的行为与语言相反。她想让孩子停止哭泣，却不明白自己应该采取行动离开这个环境，不给孩子心理压力。孩子掉眼泪往往是很好的"压力武器"，不必太在意。

😊 当与孩子发生冲突时，父母要用行动代替说教

五岁的乔治翻过超市门口的购物车，爬到栏杆上滑下来，然后坐在单向旋转门上。"乔治，你赶快下来！你会受伤的。"孩子没理会妈妈，还把膝盖倒挂在栏杆上。"乔治，在你受伤之前赶紧下来！"妈妈拉出一辆购物车，推了过来。乔治直起身子，顽皮地坐在栏杆上，不让一位女士通过。妈妈喊道："乔治，快下来，让那位女士过去。"乔治爬了下来，随即又爬上了购物车。"乔治，走啦！"妈妈一边说，边独自推车沿着超市走道往里走去。乔治继续在栏杆和旋转门上玩耍，直到妈妈买完东西回来，跟他说准备离开。

很多时候，家长都以为语言本身能惩罚孩子。当孩子仍然不予理睬时，家长通常又会退缩放弃，让孩子成为不受约束、不受管教、得意扬扬的胜利者。这完全起不到训练孩子合作的作用。家长其实能隐约地意识到，但再发生类似情况时，他们会加倍努力地再用这种"跟孩子讲道理"的方式"教导"孩子，

然后再次得到同样的结果。

为了走出这样的困境，我们必须学会用行动来代替说教。我们必须遵循一个座右铭：发生冲突时，不用语言，用行动。

乔治已经充耳不闻了，那么妈妈就应该闭上嘴，而采取行动。遗憾的是，她并没有这么做，反而希望用"有危险"来吓唬孩子跟她合作。可是乔治对一切都心知肚明，他很清楚自己对身体的控制能力，知道他不太可能受伤。很少有孩子因为爬超市门口的栏杆而受伤。

当妈妈发现她的话没起作用时，她退缩放弃了，让乔治成了不受约束的胜利者。后来妈妈去告诉他准备离开了，她的话才起了作用。很显然，乔治已经成功训练了妈妈，而不是妈妈在训练他举止得当。

小孩子在超市里的不当行为非常普遍，以至于人们都习以为常了。可事实上，超市不是儿童游乐场。父母可以通过训练孩子，让他们明白这一点，并表现出恰当的行为。

在他们去超市之前，妈妈不妨先告诉孩子："乔治，超市不是游乐场。你可以和我一起进去，在货架上帮我拿东西。"当乔治跳上门口的购物车时，妈妈应该立即拉着他的手一起回到车里，然后说："很抱歉，既然你不愿意在超市里遵守规矩，那么你只能在车里等着我。"

通过这样坚定的行为，妈妈就能向乔治表明她的认真态度。为了加强效果，在下次妈妈要去购物时，可以给乔治选择，如果他认为自己能遵守规矩，就可以跟她一起去。妈妈必须克制住自己，不说那些恐吓的话语，比如，"如果你还不遵守规矩，你就必须待在车里。你不希望这种情况发生，对吧？所以你会规规矩矩的，对不对？"如果妈妈说这样的话，孩子肯定不会守规矩。

只有两种做法不会让孩子感觉到敌意，也不会增强孩子的敌意，一是利用自然后果，二是把孩子从现场带走。

当父母平和地建立维护规矩的权利，就不会发生权力之争

妈妈刚刚在花圃里种了花，四岁的约翰尼就在一排排的花畦里来回跑。"约翰尼，出去！不要乱踩我的花圃！"孩子继续在刚播下种子的花畦里跑来跑去，好像根本没有听到妈妈的话。"约翰尼！从我的花圃里出去！你踩坏了我种的东西！"他仍然毫不理会，继续来回跑。妈妈对他喊了四次。最后他跑累了才停下来，笑嘻嘻地跑到树底下，找个阴凉处坐下。妈妈看了他一眼，继续干活。

几天后，约翰尼跑进邻居家的院子，踩踏邻居家新播种的花圃。他故意在播种过的地方踩脚。邻居生气地拉着他的手，把他带到用栅栏围起来的小院门口，说道："年轻人，这个院子不欢迎你，你以后不要再来了。"说完抬头一看，正看到约翰尼的妈妈来找孩子，知道她听到了自己刚说的话。"他弄坏了你家什么东西吗？"约翰尼的妈妈问。"那还用说！"邻居生气地回

答道，"他还太小了，不懂得花圃不是他该去的地方，我不希望看到他再出现在我家院子里，现在不许，将来也不许。""好吧，我很抱歉。"妈妈无奈地回答。邻居继续说："他一点也不听话，不仅是我的话，而且连你的话也不听吧。他最好以后都别来我家院子了。"约翰尼哇的一声哭了起来。"我可怜的宝贝！"妈妈赶紧把他抱起来安抚。她一边往自家院子里走，一边数落邻居："她是个坏蛋老太婆。"

约翰尼是一个被误导的孩子，他以为只有按照自己的意愿行事，才能找到自己的位置。他成了一个小霸王，为所欲为，没有人能阻止他，至少用语言无法阻止他！他知道自己激怒并击败妈妈后，才停止踩踏花圃。妈妈不断的告诫对他来说都是耳边风。既然妈妈只会不停地唠叨，约翰尼当然会为所欲为。

相反，邻居却采取了行动，她把约翰尼赶出了院子。当然，邻居很生气，所以她愤怒地指出约翰尼太小和不听话。然而，约翰尼的妈妈觉得儿子受到了攻击，并对儿子表示同情。邻居和妈妈的做法都是不应该的。如果约翰尼的行为激起别人的愤怒和厌恶，妈妈应该让他体验到别人对他不当行为的拒绝，而不该用不明智的同情来保护他。妈妈这种为儿子感到难过的举动，只会鼓励约翰尼继续扮演"小霸王"的角色，因为现在他已经知道，他不仅可以在家里为所欲为，而且在外面无论他做什么，妈妈都会保护他。然而，约翰尼的这种"小霸王"行为，无法在社会中生存，在社会中他找不到自己的位置。实际上，约翰尼想要的正是归属感。他是父母唯一的孩子，深受父母喜爱，而且他的父母因为中年得子，总是纵容他的胡闹行为，并心甘情愿地满足他的需求。可是，这样的做法破坏了孩子寻找归属感的天性，错误地鼓励了孩子的错误目的，让他以为只有战胜成年人才能找到归属感。

为了帮助约翰尼摆脱错误观念，父母必须首先认识到自己的错误观念，明白自己表达爱的方式是不对的。然后，他们必须采取行动，而不是说说而已。

约翰尼在踩踏妈妈的花圃时，真正能引导孩子的做法，应该是妈妈拉着他的手把他带回屋里，并告诉他："抱歉，既然你不能表现得举止得当，那么你只能待在屋里，等你能做到的时候再出来。"妈妈无须对他做任何解释，也无须指出他错在哪里。约翰尼自己很清楚，他不该在新播种的花圃里乱踩。由于约翰尼已经是个"小霸王"了，这种新的纠错方式必将遭到他的强烈反抗。当他又开始在化圃里胡乱践踏时，妈妈可以再次把他带回屋里，再说一次："等你能做到举止得当的时候再出来吧。"我们应该一直给孩子留有再次尝试的机会。同时，只要他表现得不守规矩，就再次把他送回屋里。但凡妈妈能保持冷静，能平和地建立起维护规矩的界限，二者就不会发生权力之争。

妈妈的坚持会得到孩子的理解，她的行动最终也会得到孩子的尊重。约翰尼非常需要学会尊重，要实现这样的结果，只能采取行动，而非说教。

19

不能只是
"赶苍蝇"

如果我们只是随意地责骂，

孩子就不会当回事，

我们也无法获得想要的结果，

因为我们并没有

真正关注孩子的不当行为。

👦 父母随意的责骂，孩子往往会变得听不进去

　　两岁的康妮坐在婴儿推车里，妈妈推着她往前走。她伸出脚，将鞋尖抵在人行道的地面上蹭着。"康妮，别那样做。"小姑娘把脚收回到脚踏板上。但是，几分钟之后，她又把鞋尖抵在地面上蹭。每次妈妈看到后，都会说："康妮，别那样做。"终于妈妈发火了，在孩子的脚上狠狠打了一巴掌，大声呵斥："我说了别那样做！"在接下来的路程中，康妮的脚一直老老实实地放在脚踏板上。

　　"哈利，快点。你会迟到的。"妈妈朝七岁的儿子喊了一声，然后继续忙着做早饭。几分钟后，妈妈又重复一遍："哈利！你快点！"过了几分钟，她又重复了一遍。最后，妈妈走到他的房间门口，高声呵斥道："你给我马上出来！"哈利立即跳起来，迅速地去吃早饭。

　　爸爸对患花粉症的八岁孩子说道："别再吸鼻涕了，斯科特。"一家人正在看电视，斯科特也沉浸在故事中，不久他又吸了吸鼻涕。爸爸很生气，再次要求他别出声。可是一会儿，吸鼻涕的声音又出现了。最后，爸爸把他的全部注意力都转向斯科特，问他："你能拿一张纸巾好好擦擦，别再吸鼻涕了吗？"斯科特不情愿地按照爸爸的话去做了。

在上述几个案例中，孩子们的行为惹得家长发怒，家长的反应就像在一次又一次地"赶苍蝇"。当我们被令人烦恼的行为激怒时，往往会倾向于简单地说一句"不要""别那样""不行""快点""安静点儿"，等等，然后就不予理会，就像是挥了挥手赶走烦人的苍蝇一样。在上述案例中，父母最终都发了脾气。虽然这种"赶苍蝇"式的做法完全是一种"自然"反应，却是无效的训练方式。更准确地说，这其实是在训练孩子：在我们真正发怒前，根本不必在意我们说了什么。既然这不是我们想要的结果，那么当我们注意到孩子的某种不当行为时，我们就必须知道自己该怎么做。通常"赶苍蝇"式的行为，正是我们对孩子索取关注时做出的回应。如果我们只是随意地责骂，孩子就不会当回事，我们也无法获得想要的结果，因为我们并没有真正关注孩子的不当行为。如果我们真想阻止孩子做某事或要求他遵守某项规则，我们要从一开始就把全部注意力放到孩子身上，直到孩子做令人满意的行为。

有些情况下，妈妈需要花时间训练孩子。只要康妮用脚尖去蹭地面，妈妈就可以停下推车，无须说任何话。如果康妮希望妈妈继续推着她往前走，她很快就会明白妈妈的意思，并把脚收好。比起一再跟孩子说"别那样做"，甚至最后狠狠打一巴掌，妈妈以安静而坚定的方式来训练孩子会更有效。

在有些情况下，使用逻辑后果可能会更有效。哈利的妈妈可以先向孩子说明白，她以后不会再催促他按时吃早饭了，哈利要开始自己管理好时间。只要妈妈不再反复提醒，也不再朝他发脾气，哈利很快就会明白妈妈是说到做到。按时吃早饭就成了他自己的事情，不抓紧时间只好饿着肚子去上学。妈妈想通过唠叨来促使哈利改变磨蹭行为是行不通的，因为此时他已经对妈妈的话充耳不闻了。

斯科特的确患了花粉症，他吸鼻涕能提醒家人关注他生病了。此外，谁会愿意在专注看电视时，跑去拿纸巾呢？可是，爸爸却认为吸鼻涕很容易变成一个坏习惯，他不希望斯科特养成这种习惯，所以他对斯科特不断地吸鼻涕的行为做出"赶苍蝇"式的反应。其实爸爸应该把全部注意力从电视上转移到儿子身上，静静地喊一声"斯科特"，让孩子注意到他，然后平静地看着他。孩子会迅速感受到爸爸的态度和意思，起身去拿纸巾。这样一来，"安静的坚定"也强化了爸爸对孩子的影响力。

说话并不是我们唯一的交流方式，而且往往是最无效的一种。如果我们想要促使孩子改变行为，就必须先注意自己的行为。我们的行为能达到训练孩子的效果吗？还是只想赶走让我们心烦的事情？

20

要有勇气
说"不"

当孩子的愿望或要求违背了

应有的规则,

或者不符合当下情景的需要时,

我们就必须做出最佳判断,

鼓起勇气,表达并坚持说"不"。

😊 满足孩子不合理的要求，孩子会更加叛逆

"妈妈，给我买一个新的塑料游泳池吧。"史蒂夫要求道。"为什么又要买一个？""我不喜欢现在这个了，你现在带我去买个新的吧。""史蒂夫，我已经很累了，我们明天去买行吗？""现在就去！"孩子跺着脚说。"史蒂夫，听话。我们今天出去很多次了。先去游泳，又去上骑马课，然后又去游泳。等明天再去买新的游泳池不行吗？""我就要现在去买。"妈妈继续强调她太累了，史蒂夫开始哭闹、尖叫、咒骂，后来还拿脚踢妈妈。最终妈妈做出让步，开车去了商店，买了一个新的更大的塑料游泳池。

妈妈常感觉对不起史蒂夫，因为她和孩子爸爸离婚了。为了弥补孩子，她愿意尽一切可能给史蒂夫更好的生活。史蒂夫感觉到妈妈的心态，并利用这一点来获取他想要的一切。不管他的要求多么不合理，只要妈妈对他说个"不"字，他就会哭闹不止。妈妈总觉得他已经够可怜了，不忍心再"剥夺"他的其他要求。

如果妈妈确信，她能够一直满足史蒂夫提出的要求，那么就总是满足他好了；只要妈妈能保证，她在任何时候都能为他遮挡风雨，那么史蒂夫就没有必要学习如何应对挫折了。只要满足这两条，妈妈就可以继续扮演卑微的奴仆角色，继续忍受

"小霸王"儿子的欺凌和踢打，允许他不守规矩、不尊重她，满足他的随心所欲，包括他通过发脾气来操纵别人的做法。

😊 满足孩子所有的要求，会使孩子以自我为中心

卡拉在电话里问："妈妈，请问我今晚可以和琳达一起去看演出吗？她妈妈可以带我们一起去。""不行，卡拉，你不能去参加学校之夜的活动。""可是，妈妈，这场演出真的特别好，等到星期五就没有了。""好在哪里呢？""这是关于一只狗的真实的故事，你知道的，妈妈，它是根据一本书改编的，你看过广告的。求你啦，就这一次嘛。我明天不会犯困的，我向你保证。"妈妈想，那的确是卡拉非常在意的事情，我实在不忍心拒绝她，她太喜欢动物故事了！那是一个好故事。偶尔一次，应该不会损害她的健康。再说，如果不让她去的话，她会跟我闹一晚上别扭，我可真受不了。妈妈最终说道："好吧，但演出结束后你要立即回家。"卡拉欢呼的声音从电话里传来："妈妈说我可以去啦！"

卡拉已经成功训练了妈妈。她在提要求的时候既有逻辑性又有说服力，知道如何顺应妈妈的喜好来打动她。不过，假如妈妈真的拒绝她，卡拉也知道如何反抗，让妈妈心里难受。卡拉得到了她想要的。妈妈同意卡拉不必遵守作息时间，也不必遵守规矩。当妈妈无法对孩子说"不"时，她其实表现出的是对自

己、对卡拉、对卡拉的健康需求、对日常作息规律、对家庭规矩的不尊重。如果妈妈做过记录，她就会惊讶地发现，她已经答应过孩子多少个"就这一次"的要求！每次的要求听起来都非常合理，但是孩子这种经常性的"胜利"实在值得妈妈深思。正是这种请求背后隐藏的威胁，使得卡拉的请求越来越过分。

父母认为自己有义务尽可能满足孩子的要求，这是错误的，因为这种卑微的心态会促使孩子更加以自我为中心。卡拉认为，她活得随心所欲，如果有谁敢拒绝她，那就有他好看的！她关注自己和自己的欲望，而不在乎当下情景的需要。因此，她与人合作的能力将得不到发展。当她不能按自己的意愿行事时，她会让每个人都陷入痛苦中。卡拉已经被宠坏了，她不知道该如何应对挫折，如何从容地接纳别人说"不"，并尽量维护自己的利益。可悲的是，等她处于没人愿意满足她要求的环境中时，她的生活必将变得非常艰难。

满足孩子的要求，通常会给家里带来短暂的和平。对孩子的每一次妥协，只能取得短暂的效果。因此，在纵容孩子时，我们要抱有谨慎的态度。孩子需要学习如何应对挫折，毕竟成年人的生活中总是充满挫折。我们以为孩子长大后自然会懂得应对一切，这是很荒谬的想法。抗挫折力必须要从小开始培养，否则长大后，孩子不可能突然就有应对挫折的能力。面对一件事情，是否纵容孩子，需要我们把握好度。如果这件事情违反了家中的作息规律，那么妈妈若能有勇气说"不"，卡拉就能有机会发展抗挫折力。

👦 父母缺乏说"不"的勇气，
孩子就学不会约束自己的行为

四岁的保罗带着一把装满水的水枪，跟着妈妈一起去了杂货店。妈妈转身时，刚好看到他用水枪在喷一位女士的脸。"保罗！我真为你感到羞耻！你知道这样做是不对的！现在，你把水枪收起来！"孩子把水枪收回来，做出要装进枪套里的样子，他噘着嘴，盯着地板。几分钟后，他又看到那个女人，又朝她的脸上喷了两下水。妈妈吓坏了，抓过水枪向女士道歉，可是保罗又尖叫又跺脚。人们纷纷看向他们。妈妈赶紧把水枪还给保罗，说："好吧好吧，我们现在就走。"

妈妈缺乏说"不"的勇气。她无法忍受旁人看到她的孩子尖叫哭闹。妈妈已经让保罗形成了"我做什么都是合理的"，以及"不管我的要求有多么不合理，妈妈都应该按照我的意愿去行事"的心理。保罗让妈妈形成了只要他发脾气，自己随时随地妥协的习惯。

很多孩子都会在自己的要求被拒绝时做出激烈的行为进行反抗。然而，无论孩子反抗得多么激烈，妈妈仍有义务维护规则，比如，保罗的妈妈不允许保罗拿水枪喷人。既然孩子不肯约束自己的行为，妈妈就不能允许他再拿着水枪。"只要你现在把水枪收到枪套里不再动它，那么回到家后你就可以继续拿出来玩。"妈妈必须尊重孩子表达愤怒的权利，但也要尊重自己说"不"的权利，而且言出必行！在大庭广众之下被人盯着看，的确令人不舒服，但是孩子的教导和成长更为重要。我们必须学会把关注点放在眼下情景的需要上，而不必理会"别人会怎么看我"。妈妈在此时必须做出选择：是顾及自己的面子，还是担当起一个妈妈应尽的职责。

👶 父母纵容孩子的索求，导致孩子发展出错误的物质观

三岁的威利站在商店的玩具柜台前哼哼唧唧。"你想要什么，威利？""那个。"威利指了指他很想要拿却拿不到的玩具手风琴。"不行，威利，那个玩具太吵了，咱们不买。我给你买一辆小汽车吧。"孩子继续哼哼唧唧："我不要小汽车，我就要那个。"妈妈没理他，继续看向对面柜台上的商品。威利抱住妈妈的大腿，哭喊："我就要，我就要，我就要。""行吧，我给你买。"当店员把玩具包好递给妈妈时，男孩也伸手去拿。"等我们到家再玩，在店里玩太吵了。"威利却哇哇大哭道："现在！现在！现在！""那你只能拿在手上，不能打开包装。"威利却立即撕下玩具的包装盒，妈妈无奈地看着。他来回拉动玩具手风琴，发出很响的声音。"好了，威利。现在你听到这个声音了，等我们回家再玩，不然我就拿走，不给你了。"孩子还是来回拉动手风琴。妈妈抓过玩具，他就开始大声尖叫。妈妈把玩具还给他，他又来回拉动起来。妈妈已经很生气了："等到我们走出商店再玩行吗？"威利完全不理会妈妈。最后，妈妈把儿子拉到商店的外面，说："你太让我生气了。你为什么就不能等一下，至少等我们走到外面再玩？"

妈妈没有勇气对威利说"不",无法忍受威利的伤心哭泣。无论如何她都要满足儿子的心意,让他高兴起来。威利已经非常善于控制妈妈了。

只要孩子想要什么玩具我们就买给他,这种做法是绝对不可取的。每次我们带孩子一起去购物时,不应该他看中什么东西我们就都买给他。这样的做法是在纵容孩子的一切索求,让他觉得随意买东西是他应有的权利,让他以为"如果妈妈不给我买东西,就表明她不爱我"。其实孩子并不是非买玩具不可,他真正在意的是妈妈不断的付出,这才能证明妈妈爱他。玩具本身对孩子没有多少价值,它可能很快就会被孩子扔到一边,而迫使妈妈买给他,这才是至关重要的事情。

买玩具应该有合适的理由,满足一定的需要,要么因为特定的日子,要么因为相应的季节。比如春天买跳绳,夏天买棒球手套或水上玩具,冬天买室内玩具,等等。购物应该是有目的的行为。带孩子一起购物,可以让孩子逐渐形成金钱观和购物观。但如果无限制地满足孩子的需求,他就会以为金钱是轻而易举获得的,并且会发展出不正确的物质观。

更谨慎地满足孩子的需求,对孩子的随意索取坚持说"不行",这才是威利妈妈爱孩子、关心孩子健康发展的表现,也是妈妈应该做的事情。实际上,威利妈妈缺乏足够的勇气,害怕孩子的愤怒和报复,所以她不敢说"不行",因此她也无法为孩子建立起应有的规矩。

🧒 当孩子的要求违背了应有的规则时，以友好的态度拒绝

"今天我们需要买些麦片，劳拉。你想要选哪种？"六岁的劳拉看了看货架上的一排盒子，高高兴兴地从中选了一个，放进购物车。妈妈接受了孩子的选择，紧接着小女孩又跑去糖果柜台，挑了糖果，拿回来递给妈妈。"这个不行，劳拉，今天我们不买糖，我们家里有很多糖果。""但我今天想买这种。""等下次我们买东西的时候，你就可以买这个糖。"妈妈笑着说道，"来，帮我挑些橘子吧。"劳拉把糖果放回去，来到水果柜台继续帮妈妈挑水果。

妈妈让孩子自己挑选麦片，当劳拉的愿望合理的时候，妈妈表现出乐意满足的态度，孩子也因此分担了家庭责任。不过，当劳拉的愿望不合理时，妈妈以友好的态度说了"不"，并做出下次会满足她愿望的承诺，赢得了孩子的合作。更重要的是，妈妈还立即给劳拉又一个帮忙的机会。劳拉因此学会了有目的地、合理地购物。

我们想要满足孩子的念头是很自然的，满足他们的愿望也能让我们自己感到格外满足。然而，如果我们太过纵容，到了以牺牲规矩为代价或者因为害怕而对孩子妥协时，我们就必须警惕这类纵容行为。当然，我们并不是随意地拒绝孩子的一切索要，而是当孩子的愿望或要求违背了应有的规则，或者不符合当下情景的需要时，我们就必须做出最佳判断，鼓起勇气，表达并坚持说"不"。

21

避免冲动：
采取孩子意料
之外的行动

每次我们对孩子的某种行为

做出冲动反应时，

我们就要明确地知道，

这种冲动之下的行为

正是孩子想要我们做的，

尽管孩子自己可能意识不到。

父母马上抱起哭闹的宝宝，
是鼓励孩子把哭泣当作索要的手段

每当只有三周大的唐娜哭泣时，妈妈就会立即冲过来，查看她的状态。妈妈会把她抱起来，上下好好打量一遍，再搂在怀中，直到她再次入睡，才会轻轻地把她放回婴儿床里。

只要唐娜一哭，妈妈就会把她抱起来。每次她哭的时候，这样的仪式都会重复一遍。后来，每当她想要妈妈抱她时，她就开始哭。这是个很管用的方法，不是吗？即使只是个小婴儿，她也能觉察到周围的环境，并知道如何利用起来。每当唐娜一哭妈妈就把她抱起来，这等于鼓励孩子索要妈妈的关注和照顾，鼓励她把哭泣当作索要手段。小婴儿的确非常可爱，将其抱在怀里让人感觉愉快，我们很容易对宝宝的索要抱抱做出这样的冲动反应。一旦我们意识到这么做不但剥夺了宝宝休息的权利，还会让她对于应该如何在这世上找到自己的位置形成错误的观念，我们就应该反思自己的爱是否正确。如果真是为了孩子好，我们就该采取不同的行动。帮助孩子建立起一定的作息规律，包括何时该让她休息、何时该抱她起来，这都有助于孩子发现生活的规律，获得令她安心的秩序感。所以，我们必须要克制内心瞬间的冲动，停下来想一想：眼下情形需要的是什么？

理解孩子行为背后的目的，激发孩子的正面行为

八岁的贝文、六岁的玛丽和三岁的莎拉正在和爸爸一起堆雪人。贝文已经没有兴趣，开始从雪堆上往下滑行，玩自己的游戏。爸爸正要把雪人脑袋安到雪人身上时，贝文滑向他，把他捧着的雪球给撞飞了。"哎呀，爸爸，对不起，我不是故意的！""算了，下次小心点儿。"爸爸有些生气地说。几分钟后，贝文在滑行时又撞到了玛丽。玛丽摔倒在地，一只脚插进了雪人的肚子里，雪人因此被破坏了。玛丽哭了起来。爸爸说："贝文，进屋去，我们不希望你在这儿玩。"

爸爸的冲动反应，恰好是贝文想要的。两个妹妹的出生，将他"撵下了王座"，让他觉得自己在这个家中没有位置。这也是他对堆雪人这项集体活动"没有兴趣"的原因。他用捣乱的行为证明他以为的"没他的位置"是对的，尽管他并不知道自己捣蛋行为背后的目的。贝文在故意惹家人讨厌自己。事实上，他也真的很令人讨厌，难怪爸爸和妹妹们不希望和他在一起玩。

贝文需要有人理解他、帮助他。如果爸爸理解贝文对在家中没有自己位置的困惑，理解他为何要故意做出惹人讨厌的行为，他就能克制住内心瞬间的冲动，不会让贝文走开，也不会轻易落入贝文的"圈套"。（当然，在孩子挑衅时保持冷静往往是最难的！）

如果爸爸的行为出乎贝文的意料，整个情形就会发生转变。

既然贝文想滑雪，爸爸可以提议大家暂时不堆雪人，跟贝文一起滑雪。爸爸可以热情地提议："贝文，你来带头，我们把雪踩平，弄出一条宽敞的滑道，这样我们就可以一起滑雪了。"贝文当时正滑得兴致勃勃，他很可能会答应配合。爸爸的行为也能消除贝文故意惹大家撵走他的企图，并将他的角色转变为领头人，从而增添家庭的欢乐气氛。贝文原本恼人的行为，就会转化为有价值的正面行为。

父母对孩子的行为做出回应，会满足孩子寻求过度关注的目的

"你的喉咙痛了多久了，罗伯特？"诊所护士问四岁的小男孩。妈妈替他答道："从昨天早上开始痛的。""他经常喉咙痛。"八岁的贝琪附和道。护士再次问罗伯特："你感觉发烧吗？"妈妈再次替他回答："他今天早上好像没有发烧。""你吃过早饭了吗？""他喝了一点牛奶。""你妈妈总是替你说话吗？"妈妈讪笑道："也不总是啦。至少，我尽量不去这么做。他姐姐一直都抢着替他回答，我都快烦死啦。"

罗伯特是家中最小的孩子，他很善于让别人替他说话。开始时他曾一度为之感到挫败，后来他发现只需坐在那儿，不必说话，不用做出反应，甚至连表情都不需要，然后妈妈和姐姐就会替他说话。罗伯特可能会对此表现出不满，但如果仔细观

察就会发现，他是在一次又一次地让她们为他服务。从表面上来看，她们是罗伯特的主人，其实是他的仆人！

如果妈妈想让罗伯特成长，那么就要学会闭嘴。妈妈想要替孩子说话的冲动，已经给自己和孩子造成了麻烦。妈妈也不必理会贝琪替罗伯特说了什么，而应坚持让罗伯特自己说。贝琪也需要改变，她以为这样做是在突显她在弟弟面前的优越感，殊不知实际上她只是在为弟弟提供服务。

"罗伯特，你想要哪种麦片？"罗伯特可以回答，但他故意不作答，等别人替他说。果然，贝琪插嘴道："他想要玉米片。"妈妈这时不妨说："罗伯特可以说出自己的选择。我们为什么不等他说出自己想要什么呢？"然后，在男孩说出他的喜好之前，妈妈要坚持不要拿麦片给他吃。

每次我们对孩子的某种行为做出冲动反应时，我们就要明确地知道，这种冲动之下的行为正是孩子想要我们做的，尽管孩子自己可能意识不到。例如，如果孩子在我们打电话时，过来甜言蜜语或者哭哭唧唧，只要我们做出回应，那就满足了孩子想要我们关注的目的。再比如，如果孩子在刚擦亮的地板上踩上了泥巴，我们因此气急败坏，那么很可能我们已经落入他的圈套，被他拉入了一场权力之争。又或者如果我们因为孩子动作笨拙而替他扣上衣扣，我们也就印证了孩子无能无助的自我认知，而且还成了他的仆人，可这恰恰是这个"可怜"孩子的力量所在。

👶 父母的冲动行为，导致孩子形成报复心理

六岁的查尔斯放学回到家，发现窗台上摆着为晚餐准备的布丁甜点。他把手指伸进盘子，蘸了一些放进嘴里舔。这么来回了几下，当查尔斯正舔得开心时，妈妈抓到了他："查尔斯！今天的晚餐没你的布丁。"晚餐桌上，妈妈先给爸爸添上布丁，然后又给其他孩子添上布丁，唯独没有给查尔斯。爸爸问为什么，妈妈向他解释了发生的事情，查尔斯则低头坐在那里，满脸的悲伤。最后爸爸说："你真不给他布丁吗？""不给。我说了，这是对他的惩罚。""别这么严格，毕竟他只是想尝尝布丁的味道。"在爸爸的坚持下，妈妈妥协了，给查尔斯吃了布丁。

爸爸因为看到查尔斯伤心又委屈，便与他结为同盟，一起对抗"不讲道理的坏蛋妈妈"。多聪明的查尔斯！他让爸爸站到了自己的一边，让妈妈吃了亏。谁让妈妈要惩罚他来着，现在报复的机会来了，多好！而且，爸爸于心不忍的冲动行为，只因为儿子那夸张的悲伤表情，结果成全了查尔斯的报复计谋。爸爸其实应该克制住自己的冲动，在这种情况下他只需享受自己的甜点就好，毕竟这是妈妈和查尔斯之间的冲突，与他无关。

👶 孩子有权自己处理问题，父母要退出权力之争

"米尔顿，回来！把你的衣服捡起来。我说过你多少次了，上学之前要把房间收拾整齐！把脏衣服放到洗衣篮里，把鞋子

放回鞋柜里，把夹克挂到衣架上。啊！你都已经九岁了，应该知道保持你房间的整洁了！我真不懂，你怎么弄得这么脏乱！看看你书桌上都放了些什么垃圾啊！"

　　妈妈试图通过唠叨来控制儿子，这只是白费力气。米尔顿的确把屋子弄得乱七八糟，这正是他战胜妈妈的法宝，因为妈妈总是让他保持整洁。他把妈妈拽入了母子间的权力之争，并赢得了胜利。妈妈做的事情恰是米尔顿想要的——继续跟他较量下去，这样孩子才能继续战胜她。米尔顿最终可能会把东西都收拾起来，还故意摆出一脸的怨恨，等到了明天，又将重复同样的较量。

　　妈妈可以有好几种办法，不落入儿子的圈套。比如，儿子肯定料不到妈妈会忽然退出较量。在某个气氛友好的时刻，妈妈不妨这么说："米尔顿，我以后不再管你的房间是否整洁。你可以自己决定要不要收拾房间，毕竟那是你的房间，不该我管的。"当然了，这句话不该在米尔顿上学之前说，米尔顿可能会把妈妈的这番话当作对付他的新花招，因此会故意把屋子弄得乱糟糟的，好让妈妈生气，这样反而对事情起不到任何作用。妈妈说这些话一定要发自内心，是真的不再为之烦恼才好。那本来就是米尔顿自己的问题，让他自己去处理。妈妈只需洗装在洗衣篮里的衣服，其他的事情顺其自然就好了，不必多说什么。到了打扫房间的那一天，妈妈可以问问米尔顿是否需要她帮忙一起打扫房间，然后遵从他的决定。在任何情况下，妈妈都不应再提及他房间的脏乱，不生气、不指责。要做到这一点，肯定很不容易，但是，如果妈妈真的想从权力之争中解脱，激励儿子做出更合适的举动，那就一定要这么做。只要妈妈认为，她应该以某种方式让米尔顿保持房间整洁，她就会继续陷入跟儿子的权力之争中，让儿子打败自己，无法赢得孩子的合作。

刚出生不久，小婴儿就开始了努力探索，寻找他的位置和个人价值。当孩子找到体现个人价值的方法之后，他就会一直沿用下去，不管自己被责骂多少次，都不肯放弃。父母对孩子的行为做出回应，固然会令孩子吃不少苦头，但是，这丝毫不影响孩子感受到自己重要性时所带来的满足感。只要孩子认定的方式能继续给他带来想要的结果，他就会一直坚持下去，以换取他想要的关注或权力。

孩子很少意识到他的行为是不可取的、行为目的是错误的。大部分父母往往也意识不到，这是孩子为了在群体中获得归属感的一种方式。如果孩子的行为违反了规矩，破坏了合作，那是因为他选择了错误的方式来达到自己的目的，而我们此刻的冲动回应常常会强化他的错误观念。于是，孩子不仅会陷入更深的挫败感之中，而且会更加坚信除此之外他没有别的方式可以选择。

只要我们留意自己的回应方式，就能发现它对孩子造成的影响。如果我们不再像往常那般冲动地回应，孩子的努力就会达不到目的，于是，他就有可能去寻求新的途径。尤其是如果我们此时能用心地给孩子正面的关注，那就能帮助孩子找到一条更好的、更有建设性的途径，以获得价值感和归属感。

22

避免过度
保护孩子

我们做不到永远保护孩子不受任何伤害。

我们应该做的是，

培养孩子自己面对生活的勇气和力量。

孩子用寻求关注的方式，
获得父母的过度保护和照顾

"约翰尼，约翰尼！"妈妈站在大门口，呼唤正在半条街之外玩耍的七岁儿子。约翰尼没有回应，于是妈妈朝他走过去。"约翰尼，你要不要多穿一件毛衣？今天早上有点冷。""不冷的，妈妈。我觉得已经很暖和了。""可是，我觉得你应该多穿一件。我去给你拿来。"妈妈回到屋里，拿了毛衣，回到约翰尼身边，给他穿上。

一个过度保护孩子的妈妈扮演的是最高权威者的角色，她替约翰尼决定是冷是热。约翰尼之所以接受妈妈的决定，是因为这样做可以让妈妈一直关注他。妈妈提供了他并不需要的照顾。既然是妈妈决定他需要穿一件毛衣，那他就待在原地不动；又因为他做出的被动姿态，妈妈不得不走向他身边，再走回家，再走回他身边。妈妈完全没有意识到自己被支配得团团转，还认为自己把一切都牢牢掌握在手中。

父母的过度保护，让孩子深陷于挫败感之中

"嗨，妈妈，我们可以去商店买点东西吗？我们想摆一个

卖柠檬饮料的货摊。""不行，吉米，我不能让你一个人去商店。""噢，妈妈，去商店只要过四个路口而已，求你啦！"七岁的吉米恳求道。"妈妈，求你了，你就让我们去嘛。天这么热，我们的柠檬水可以卖很多钱。"五岁半的马文也跟着请求。"我现在没空带你们去，你们也不能自己去，都太小了。再说，要买的东西很多啊，比如纸杯子、柠檬，等等。还有你们也没地方摆摊啊？""就摆在大门外面嘛，会有很多人来买的。""不会吧，我可不这么认为。"妈妈一直劝说着，直到说服孩子们打消了这个念头。两个孩子走出屋子时，吉米撇了撇嘴说道："唉！瞧把她吓得！"马文点了点头。

妈妈真是被"吓"到了。她担心孩子们一旦离开她的视线就可能遇到危险。她想要保护他们免受伤害，这样的担心是自然而正常的，但是妈妈过于担心了。在她眼里，到处都潜伏着危险，结果造成了她对孩子的过度保护。

我们做不到永远保护孩子不受任何伤害，我们也不应该这么去做。我们应该做的是，培养孩子自己面对生活的勇气和力量。妈妈一心要保护孩子免受伤害，这样的心愿反而会让孩子深陷于挫败感之中，让孩子感到无能无助，要处处依赖于妈妈。这样的心愿是妈妈错误态度的原因之一。

在"为孩子好"的借口下，我们让孩子处于无助的状态，让他始终依赖我们，使我们在自己和孩子眼中一直保持高大而权威的保护者形象，让我们处于占有优势的主导地位，让孩子顺从我们。然而，孩子不会一再容忍我们这样的行为，他们迟早会奋起反抗。

我们过度保护孩子的第二个原因，是我们对自己解决问题的能力不自信，并因此对孩子是否有能力照顾好自己更没有信心。

就上面这个故事而言，吉米和马文被妈妈说服了，接受了妈妈的决定。但是，他们内心的态度是轻蔑而不是尊重，他们对妈妈的胆怯不以为然。

面对过度保护的父母，孩子的回应会根据不同行为的目的而不同。最糟糕的情形是，孩子选择了第四个错误目的，也就是自认无能为力。灰心丧气的孩子，可能会放弃努力而期望父母永远为自己遮挡生活中的所有困难。

👦 父母过度保护孩子，会剥夺孩子自己克服困难的权利

两个月前，六岁的乔被诊断出患有糖尿病。医生要求他每天注射一剂胰岛素，妈妈说那是一种"维生素"。妈妈并没有告诉孩子任何关于他患病的情况。妈妈认为应该这样做，因为她不希望乔觉得自己变成特殊的孩子。妈妈与医生都是在乔不在场的情况下讨论病情。妈妈每天都提醒乔，只能吃她给他准备的食物，这样"维生素"才会起作用。

妈妈的担心是可以理解的。当孩子患上器官类的严重疾病时，我们都想尽量让孩子保持正常的生活。然而，逃避和谎言很少能真正达到这个目的。妈妈的做法是过度保护孩子，她想掌控局面，替孩子承担选择食物的责任。

可是，乔最终必须了解自己的病情，因为他以后要自己面对这种疾病。假如乔患的是麻疹，妈妈会告诉他是怎么回事，并照顾他直到痊愈。麻疹这种病很快就能治好，看起来不像可能伴随终生的糖尿病那么可怕。然而，六岁的乔已经有足够的能力理解他的病情，懂得自己需要依靠药物来维持身体机能。

妈妈可以从一开始就以轻松的态度与孩子沟通："你身体里的胰腺不能正常工作，我们必须用这种叫作胰岛素的药物来帮助它。如果你给胰腺太重的食物，胰岛素就不能好好发挥作用，所以我们必须小心控制你的饮食。"这将帮助孩子学会以健康的心态来对待自己的疾病。乔可能会逐渐意识到他患了一种特殊的疾病，但只要好好控制，他仍然可以享受正常的生活。这是乔要面对的问题，他也需要家人的帮助和鼓励。而对乔最好的鼓励，就是让他知道自己有能力与这种疾病对抗。随着年龄的增长，孩子将懂得更多的身体机能知识，对自身的疾病也会更了解。比如，妈妈可以向他解释为何需要频繁的尿检："这能帮助我们判断，你的胰腺是否得到了足够的药物辅助。"只要妈妈自己不被孩子生病这件事吓得不知所措，她就有能力为乔提供应对困难的必要方法。可是，如果妈妈只想保护好孩子，不让他受到生病的影响，她就剥夺了孩子学着自己克服疾病这种困难的权利。

我们做不到安排好一切，也不能掌控任何人的人生，不论是孩子的人生，还是我们自己的人生。我们之所以活得这么痛苦，主要原因就是我们想要掌控一切。然而，孩子需要跟我们学习如何与人生中的艰难困苦做斗争，尤其是在我们竭力保护他们免遭痛苦的时候。否则，等享受父母充分保护的一段时间之后，孩子便觉得父母本就应该这样做。等到孩子发觉我们无法为他们提供保护后，他们就会生出愤怒和怨恨——不仅是对父母的怨恨，也是对生活本身的怨恨，因为生活不会按照任何人的意愿来进行。"被宠坏的孩子"就是因为生活不能如其所愿而一直活在愤怒中的孩子。让一切如其所愿，这个要求是多么不切实际，又多么令人痛心啊！不幸的是，孩子长大后不一定会丢掉这种"被宠坏的傲慢"，反而有可能将其当作他基本的人生态度。在我们纵容和娇惯孩子、竭力保护他免受痛苦时，我们也就把这样一个"性格礼物"送给了他：生活令人愤怒，而自己只能毫无办法地暴躁。

为了避免造成如此可怕的严重后果，我们必须认识到，我们并不是无所不知且无所不能的人，我们有责任教导孩子以合适的态度和方式来面对生活中的一切。要怎么做呢？方法是这样的：首先，我们要仔细审视自己面临的是什么情况，然后认真思考"我能做些什么？"并努力寻求解决方案。即使是很小的孩子，在面对令他不安的局面时，也能在我们的引导下做出简单的思考和分析。孩子的大脑是非常灵活的，让我们训练孩子善用自己的大脑吧。

耐心地引导孩子，培养孩子独立解决问题的能力

"妈妈！乔治撕坏了我的书！"面对小弟弟干的坏事，布鲁斯愤怒地尖叫道。

布鲁斯已经说出了自己面临的问题，也表达了他对此的反应。他要妈妈出面替他解决这个问题，最好是惩罚乔治。

"哦，亲爱的，书被撕坏了，我真替你感到难过。这本书已经被撕坏了，不过，你有什么办法能让乔治不再撕掉你的其他书吗？""我不知道！"布鲁斯继续愤怒地尖叫。面对布鲁斯的愤怒，妈妈依然保持冷静："你总要做点什么，让他别再撕你的书啊。想想看，能怎么做？布鲁斯，我们过一会儿再谈这件事，我现在要先去洗手间。""可我现在就想做点什么！"妈妈躲去洗手间。等到布鲁斯冷静下来后，妈妈又提起这个话题。布鲁斯心里还记得之前的"不公平"，所以最初的回应仍然充满敌意，但妈妈想办法化解了。"你知道，布鲁斯，我们无法让乔治不再乱撕东西。除此之外我们还能做什么呢？"通过一个又一个巧妙的提问，妈妈最终让布鲁斯找到办法：他可以把书放在乔治够不着的地方。

正是因为我们在孩子面前有高人一等的优越感，这使得我们总认为孩子太小了，不懂得如何解决问题，也不知道如何应对挫折。我们必须认识到自己的这种观念是错误的，我们必须相信孩子有足够的能力，还要有耐心去引导孩子。当然，这并非意味着我们放任不管，或者让孩子自己体验生活中所有的酸甜苦辣。我们要善用自己的大脑，而不是一味地保护孩子，让他对一切都懵懂无知；我们应该让自己成为一个"过滤器"，过滤出孩子能面对、能体验到的生活经历；我们要时刻保持头脑清醒，一旦看到合适的机会，就要有意识地退后，让孩子自己去经历、去成长，我们则陪在他身边，随时准备在孩子无法解决时伸出援手。从孩子刚出生那天起，我们就可以这么做，在我们的悉心指导下，让孩子慢慢地去感受生活中的挑战与困扰，也感受生活中的满足与乐趣。

鼓励孩子
"自力更生"

替一个孩子做他原本
可以自己做的事情，
会让孩子感觉到挫败，
剥夺了他自己面对问题、
解决问题的机会。

永远不要替孩子做他自己能做的事情。这项原则非常重要，需要一再重申。

👧 父母替孩子做所有事情，忽视孩子发展自我能力的权利

五岁的玛丽是妈妈的心肝宝贝。她长得特别可爱，妈妈总是给她穿上漂亮的衣服，扎上漂亮的头饰。每天妈妈都会给她洗澡、穿衣服，为她系好鞋带，梳头发，把她打扮得像洋娃娃一样，惹人喜爱。所以到现在她仍不会自己扣纽扣、穿袜子，分不清连衣裙的前后，也不会分辨鞋子的左右脚。

一天，妈妈参加了一个家长研讨小组，讨论的课题是"我们永远不应该替孩子做他自己能做的事情"。这个说法让玛丽的妈妈非常生气："我就是想替玛丽做一切事情！我就是乐意给予她最好的照顾，她是我的一切！"

如果玛丽的妈妈能意识到自己的行为对孩子的影响，她一定会震惊不已。其实，她爱女儿只是为了她自己。她认为自己是一个全心全意爱孩子的妈妈，她在尽其所能地照顾孩子。可实际上，她的行为却会使玛丽把自己看作是一个无助的、无能

的、无用的、必须依赖妈妈的孩子。玛丽还可能认为，唯有妈妈帮她做每件事，她才能找到自己的地位和价值。在日常生活中，玛丽付出的努力微乎其微，她唯一能做的就是，像个花瓶一样展现自己的美丽可爱。

再过一年，玛丽就要上学了。那时候妈妈就不能再替她做所有事情了，而玛丽的校园生活可能会很不顺利。她的勇气会受到打击和挫败，而她的怯懦会因此得到强化。她完全没有为新生活做好准备，她将要面临一场心理危机。

每当我们替孩子做他原本可以自己做的事情时，其实是在向他证明我们比他做得更好、更娴熟、更灵巧、更有经验，因此我们更重要。我们在不断地向孩子宣示我们优越性的同时，也在向他展示他的拙劣性。最后，我们却要哀叹，为什么孩子会认定自己很无能。

替一个孩子做他原本可以自己做的事情，会让孩子感觉到挫败。我们这样做，表明我们不相信孩子有能力、有勇气、有自信，剥夺了他自己面对问题、解决问题的机会，让孩子无法从能力增长中发展出安全感。我们这样做，忽视了孩子发展自我能力的权利，只是为了维护自己在孩子心中不可或缺的重要地位。因此，我们的所作所为，其实是对孩子的极度不尊重，不尊重他是个独立的个体。

👦 父母过度帮助孩子，让孩子失去独立的机会

妈妈带着四岁的吉恩、快三岁的温迪，正打算穿上棉衣到外面去玩雪。这是两个小姑娘最喜欢的活动，因为妈妈很喜欢跟她们一起玩、一起堆雪人。吉恩很快穿戴整齐，穿好了靴子、外套，一点麻烦都没出。温迪却噘着嘴，什么都没做，站在那里，看着自己的棉衣，丝毫没有打算穿上。"温迪，快点呐，把外套穿上啊。"妈妈一边穿自己的外套，一边敦促温迪。温迪把拇指含在嘴里，一脸无助地站着。"哦，温迪！你干吗呢！坐下，按照我教你的方法穿衣服。"温迪哭哭啼啼地说："我不会，你帮我穿。""唉！行吧。你过来。"妈妈不耐烦地给温迪穿好衣服。吉恩颇为满意地看着这一切。

温迪是家中最小的孩子，她已经学会通过做个无助的孩子来获得妈妈的关注和帮助。姐姐的能干更加重了她的挫败感。姐姐吉恩当然很乐意让温迪继续做个小笨蛋，这样就可以确保她"能干"的优越地位。妈妈性子急躁、缺乏耐心，正好落入了两个女儿的小诡计。妈妈任由自己屈服于温迪的"无能"，替孩子做本该她自己做的事。如果妈妈继续这般性情急躁，没有耐心地"帮助"孩子，她自己固然省事，却会因此失去了培养温迪独立的机会。

温迪需要很多鼓励，也需要以一种新的方式来找到自己的定位，构建新的自我认知。她并不需要妈妈的周到服务。当然，

妈妈要鼓励孩子，这显然需要时间和耐心。既然妈妈已经教过温迪该如何穿外套，那么她就应该相信温迪已经会穿了。现在她要做的就是退后一步，给温迪留出自己动手的余地。在这样的情况下，让温迪早点开始准备，多给她留些时间自己穿外套才是明智之举。然后，妈妈可以耐心地鼓励她，让她不要着急："温迪，你能做得到，你已经长大啦。"如果温迪还说做不到，妈妈不要认同温迪的自我评估，而是继续鼓励她，然后转身离开："你当然做得到，加油。等你穿好了，就过来跟我们一起玩。"温迪可能会让事态升级，比如她会伤心地哭，完全不肯尝试，甚至不肯跟吉恩一起出来玩。妈妈必须克制住想要帮助孩子的冲动，不能再次屈从于温迪的无助而回到屋里替她穿外套，再带她出去跟姐姐一起玩。妈妈要让温迪自己去发现，她那样做不但会错过这次玩乐，而且没有人会对她的可怜处境报以同情。这样就有可能促使她改变主意，开始自己尝试解决问题。

当父母摆脱孩子的过度索求时，孩子就能学会独立

妈妈正在熨烫衣服，三岁的贝思安在她脚边玩耍。"妈妈，你别再熨烫衣服了。""亲爱的，我还剩下两件衬衫要熨烫，很快就好了。"贝思安哭哭啼啼地说："但我想去洗手间了。"妈妈温和地回答："你自己去吧。""不行，我不会自己去，妈妈，我要你和我一起去。""对不起啊，我正在熨衣服。""可是，我一个人去不了嘛。"妈妈对女儿笑了笑，没有再说什么。孩子倒在

地板上，发起脾气来，妈妈还是没有说话。过了一会儿，贝思安想了一下，起身独自去了洗手间。

贝思安的妈妈曾在我们的指导中心接受过指导。贝思安是独生女，妈妈曾整天围着她转。现在妈妈正努力从女儿的过度索求中摆脱出来，让孩子变得独立。刚才的体验让贝思安明白，她再也无法通过发脾气来达到目的，尽管她本来就是出于这个原因才发脾气的。所以，她后来改变了主意。在妈妈拒不答应女儿的要求，不肯停下熨衣服的时候，贝思安还试图显得很无助，想让妈妈为自己效劳。妈妈安静而温和地拒绝了贝思安，让她做自己能做的事情，也拒绝加入她挑起的话语之争。贝思安后来的反应，表明她成长了，更独立了，也更懂得照顾自己了。

🧑 当孩子表现出想要自己做事的愿望，父母要尽可能地鼓励孩子尝试

妈妈和三岁半的凯蒂走进公寓楼的电梯。凯蒂尽可能地伸长手臂，按下了五楼的按钮。电梯里还有一个人，他干笑了一下说："看来这个小家伙要让我们在五楼停一下啦。""哦，不会的。她按的就是我们要去的楼层。"妈妈解释道。"她按对了？"那位男士惊讶地问道。"当然了，她认识的。"凯蒂笑了。

尽管凯蒂还很小，妈妈仍得陪着她一起去公寓大楼里的游

乐区，但是妈妈已经让她尽可能地做些力所能及的事情，培养凯蒂的独立性。凯蒂为自己长大了能够按下正确的电梯按钮而感到自豪。她知道自己能把事情做好。当看到自己能让那么大的电梯启动又停下来时，她心里该是多么喜悦啊！

从婴儿期开始，孩子就频频向我们展示他想要自己做事。他会伸手去抢勺子，因为他想学着自己吃东西。我们常常劝阻孩子的这些早期尝试，只是不想让他给我们添麻烦，殊不知这是在打击孩子，让他慢慢滋生出错误的自我认知，实在是太糟糕了！恢复婴儿的干净整洁，比恢复他被打击的勇气要容易得多。所以，一旦孩子表现出要自己做事的愿望，我们就必须抓住这个机会，尽可能地鼓励他多尝试。我们会发现，其实孩子有很多能帮自己、帮别人做事的机会，比我们通常想象的要多得多。这时，孩子很可能需要我们适时为他提供协助、监督、鼓励和指导。我们无权替他做所有的事情，也无权阻止他渴望做出贡献的想法和热情。

孩子的娇小模样非常惹人疼爱，每当我们看到他想做某事，却遇到一些麻烦时，我们的第一冲动反应就是想立即伸手帮助他。但我们必须察觉到自己的这种冲动反应。由于长时间的伸手帮助已经养成习惯，我们往往会在不知不觉间为孩子提供没有必要的帮助。孩子也乐意让我们替他做各种事情，因为支使家人为他服务能给他带来"力量"感。但是，如果孩子发现自己有机会帮助家人，他们也会为自己拥有的能力感到喜悦。随着孩子逐渐长大，他的天性会促使他为自己做事，也让他帮助别人做出更多贡献。然而，这种天性可能因为父母过度的担心、保护和服务而被扼杀。父母的这类行为在刚开始时会令孩子感到挫败，但很快孩子就会发现，做个柔弱无能的人也会给自己带来不少好处。于是他便认为自己确实什么都不会做。然后他还会因为支使别人为自己服务而获得满足感，并加以利用，这将进一步削弱他原本缺乏的自立和自信心。

如果父母能心存警醒，牢记本章开篇第一句的格言，就能阻止事态朝这个方向发展。当然，这听起来似乎很简单，但当我们急于完成那件事，或者早已养成替孩子做事的习惯时，让孩子自立起来无疑很困难。我们甚至可能不知道孩子早已具备足够的能力。实际上，我们的确常常低估孩子的能力。我们往往倾向于低估孩子的能力而夸大他的无能。我们必须敏于觉察自己对孩子的期望是否过高，不可把我们自以为是的想法强加在孩子身上。相信我们的孩子是有能力的人，这本身就是对孩子的一种尊重。

😊 善于利用每个机会，激励孩子锻炼自立能力

乔安是女童子军成员，按照计划乔安需要找一位当地的兽医做一次电话采访。"妈妈，求你了，你替我打电话吧。""亲爱的，为什么要我打电话？""我不知道该说什么。"乔安回答。"噢，那么你想跟他聊些什么呢？""我想问他几个关于马的健康问题，那是我选择的课题。""好啊，你就这么跟他说

呗。""可我不知道该怎么说嘛。"乔安苦恼地叫道。"亲爱的，我觉得你能自己想出来该怎么问他。""妈妈，求你了，你帮我打电话给他嘛。"女孩恳求道。"可是，我不想了解马的健康啊，乔安。这又不是我的课题。你能做得到，试试嘛。"乔安沮丧地转过身去，不肯打这个电话。对此妈妈什么也没说。在下一次的童子军活动上，乔安的领队问她通过采访学到了些什么。她羞愧地承认还没有打电话。"这个星期你给他打电话，行不行，乔安？这是你完成这个课题要做的最后一件事了。"那天晚上，乔安再次要求妈妈替她打电话。妈妈再一次拒绝了。"可是，我又不知道电话号码。"妈妈面带温和的笑容把电话簿递给女儿："你去打电话吧，亲爱的。你能做得到。"乔安花了很长时间才找到号码，然后愣愣地盯着电话站了很久。当她终于鼓起勇气开始拨号时，妈妈离开了房间。过了一会儿，乔安带着满脸的欢喜跑过来找妈妈："哎呀，妈妈，他真好。他跟我说了好多，现在我可以完成我的课题了！"妈妈微笑着表达她的欣慰："我很高兴你愿意自己去完成这件事。"她给了乔安一个拥抱。

妈妈很理解乔安的惶恐，因为她要去面对陌生的人，还要向陌生人提问，应对自己从未经历过的陌生场面。妈妈的第一冲动反应就是自己替乔安打电话，但她很快意识到女儿需要成长，这是乔安尝试自己解决问题的好机会。妈妈知道，完成童子军的课题并获得他们颁发的奖章能够激励乔安完成这项任务。她也对乔安的能力充满信心，并刻意不去敦促孩子采取行动。

她主动退后，给乔安留出成长的空间。她拒绝替乔安做她自己该做的事。通过这件事，乔安变得更加自立了，而妈妈的收获则是她成功地促进了孩子的进步，这令她满心喜悦。

进退的程度是一个很微妙的问题，需要妈妈对形势足够敏感。一方面我们要注意避免对孩子提出过高的要求，另一方面我们又不可低估孩子所具备的能力。妈妈坚信乔安能够做到，这是对乔安最好的激励。当乔安终于鼓足勇气开始拨电话号码时，妈妈又离开了房间，这样乔安就不必担心妈妈是否会批评她，从而可以更加自如地完成她的访谈任务。

很少有父母会故意削弱孩子自力更生的能力。因此，我们更要认清过度保护孩子所造成的危害，随时发现并善于利用能激励孩子锻炼自立能力的机会。

每个妈妈都会记得，当宝宝迈出第一步时自己内心的喜悦和激动。许多家庭都用录像或者照片记录下这激动人心的一刻。如果父母能在孩子成长的每一步都这样用心关注，那么在孩子的一生中，还会有很多令人欣喜的自豪时刻。我们引导宝宝迈出第一步的做法，值得我们在孩子成长的每个环节中重复：妈妈退后一步，跟孩子拉开一点距离，同时伸出自己的手——就在孩子差一点能够到的地方。妈妈以这个动作鼓励孩子向前，给他留出行动的空间，让他不必依赖于自己的扶持。当孩子做出尝试，成功地走向妈妈时，他的脸上带着兴奋的光芒，而妈妈也为他的成功满心欢喜。在孩子成长的其他领域里，我们也应如此：退后一步，给孩子留出空间，不要主动帮助他，而要不断鼓励他。

24

不要介入
孩子打架

只要是我们替孩子做事，
他们就无法学会自己处理。
不论是处理孩子打架，
还是培养孩子自力更生，
都是同样的道理。

大多数家长都为兄弟姐妹之间无休止的争斗感到头疼。他们爱每一个孩子，可是自己心爱的孩子们却偏偏彼此仇视、相互伤害，这是多么令人心痛啊。父母花了很多精力去处理孩子之间的纠纷，并试图"教导"孩子们和睦相处。许多孩子会在懂事后不再打架，他们长大后开始互相欣赏、互相关心。可有些孩子间的敌意会持续到成年，手足之间从来没有和睦相处过。不论父母跟孩子们讲多少道理，似乎都无法消除他们之间的矛盾，他们之间总有问题出现。许多家长已经用尽各种办法，试图阻止孩子们打架，可他们仍然打架。孩子间的打架是如此普遍，以至于大家都认为这才是孩子的"正常"行为。可是，打架经常发生并不能说明这就是"正常"行为。孩子们不是非要打架的，不发生冲突的多子女家庭也是存在的。孩子打架往往是因为家庭关系出了问题。没有人会在打架时觉得很愉快，所以既然孩子们一再打架，那一定是因为他们能从中获得某种满足感，这种满足感与其说是在打架过程中获得的，不如说是打架后的结果。

做出这个判断的基本前提是因为我们知道：每个人的行为都有目的。因此，我们不赞同对孩子打架的通常"解释"：认为打架是天生的，或者因占有欲，或者因遗传，等等。在我们看来，家长需要通过分析孩子们打架的场合和目的来理解孩子们的行为。

😊 不介入孩子之间的冲突，让他们自行解决问题

八岁的露西娅和五岁的卡尔文正在看电视，妈妈正在做晚饭。卡尔文故意挤露西娅，露西娅往旁边挪了挪。卡尔文又把他的脚放到露西娅的脚上，露西娅把他的脚推开了。卡尔文又将整个身体靠在露西娅身上。"别闹了。"露西娅轻声而恼怒地说，仍然深深地沉浸在电视播放的故事里。卡尔文也在看电视，但完全不像露西娅那么专心，此时又开始用手指描画她衣服上的花纹。露西娅挥拳推开他的手："我说了，你别闹了。"卡尔文咯咯地笑了起来，再伸出手，用手指划着露西娅的耳朵。露西娅抓住他的手，张开嘴，一口咬在了他的胳膊上。"啊啊啊！"卡尔文尖叫着大哭起来。妈妈冲进来，恼怒道："你们到底在闹什么？"听着卡尔文痛苦的哭声，看着他端着胳膊抖动身子，妈妈的心立即偏向卡尔文一边。妈妈快步走到他身边，把他抱起来，搂到自己怀里。卡尔文伸出胳膊给妈妈看，上面的牙印很清晰。妈妈怒吼道："露西娅！""哼，他一直在烦我。""我不管他做了什么，但你不可以这样欺负弟弟！"

两个孩子这次打架的目的是什么？结果又是什么？

作为弟弟的卡尔文想要妈妈保护他。所以，他的一系列行为都是为了引发一个能获得妈妈保护的局面。露西娅的感受是妈妈总欺负她，因为妈妈确实总是保护卡尔文，而她此时也想借助妈妈的干预来验证妈妈果然会欺负她。所以，明知妈妈接

下来会护着弟弟，狠狠地责骂自己，但她还是做了妈妈最讨厌的事情。既然卡尔文已经开始挑衅，她自然会是受气包，先是被卡尔文欺负，然后被妈妈欺负，哪怕弟弟一直在试图惹恼她，妈妈还是会站在弟弟那边来对付她。如果露西娅没有报复弟弟，妈妈也许不会站在小儿子这边，甚至可能会明白是他在惹是生非。

妈妈该怎么办呢？首先，她应该克制住自己一听到尖叫声就立即跑过去的冲动。对任何一个妈妈来说，要做到这一点，是非常不容易的。但是，妈妈一定要先停下来想一想。尖叫声吸引了妈妈的关注，这表明一定发生了很严重的事情。可是，只有孩子的一声尖叫，这是此刻唯一说明有危险的声音。房子并没有塌下来，电视机也没有爆炸，除了卡尔文的哭声之外没有别的声音了。好吧，这一定是他俩打架了，卡尔文应该是吃了苦头。嗯……这是他们的冲突，我不应该介入。

妈妈需要积累一些经验，才有可能做到不动声色，让自己远离孩子间的冲突。所以，我们来设想一下，假如妈妈没能忍住第一冲动反应，跑进了屋，想要看看发生了什么事。那么她现在要做的，就是训练自己克制住下一个冲动：不被卡尔文胳膊上的牙印气得大吼大叫。妈妈现在已经知道惨叫声是姐弟俩打架造成的结果，她只要一言不发地退回厨房就可以了。毕竟，如果卡尔文不希望姐姐咬他，那他就不会再故意挑衅了。妈妈的离开，便是将两个孩子如何相处的责任还给他们，让他们自己去解决问题。我们没有权力安排两个孩子之间该如何相处，我们只能通过自己的行为来影响他们之间的互动。这么做能让孩子无法通过打架来达到他们的目的，还能激发孩子们去尝试新的相处模式。要做到这一点，妈妈必须学会明辨孩子行为背后的真正目的。

孩子之间的冲突，是获取父母关注的有效手段

"别打架啦！你们快把我给逼疯啦！"妈妈在另一个房间里大喊道。基斯用喊声回应："都是盖尔，他不让我看喜欢的电视节目！"盖尔怒吼道："我有权看我喜欢的节目！"妈妈叹了口气，一脸疲惫地走进客厅来平息冲突。

妈妈的行为已经体现了孩子们这场争吵的真实目的。两个孩子正在为电视频道而争吵。妈妈很心烦，她说："你们快把我给逼疯啦！"尽管令人难以置信，但这就是此番争吵的目的——把妈妈"逼疯"。这一招已经被证实是他们获取妈妈关注的有效手段。妈妈会作为仲裁员参与进来，因为孩子们的争吵令她烦躁不已，她只得停下手中的事情，走过来解决他们的问题，这也满足了孩子们对妈妈过度关注的索求。

妈妈需要明白，只要她不参与进来，也就不会因为孩子们吵架而生气。我们之所以气急败坏，很大程度上是因为我们"为孩子好"的责任心太强，无法对孩子遇到的问题置之不理。到底要看哪个频道，那是盖尔和基斯之间的问题，丝毫不关妈

妈的事。一旦妈妈明白了这个简单的道理，就不会再为此生气。所以，她只需继续做她正在做的事情，让盖尔和基斯自己解决问题就好。如果妈妈不肯出马，结果很可能是孩子们自己解决。妈妈不妨这么回答："我很抱歉你们遇到了麻烦，不过我相信你们可以自己解决的。"这就把解决这番冲突的责任交还给了孩子，不参与到与自己无关的事情中，毕竟那本来就应该是孩子们的事情。妈妈还能因此消除两个孩子用争吵来得到妈妈关注的目的，使他们无法达成吵架的预期结果。

不管孩子们打架的原因是什么，父母出面干预、试图息事宁人或是将孩子们分开，往往只会让事情变得更糟。每当父母插手孩子之间的冲突时，便是在剥夺孩子学习如何自己解决矛盾的机会。我们都经历过冲突和争执，要从小培养妥善处理冲突的能力，我们应该从日常生活中学习。

每当妈妈决定兄弟俩该看哪个频道时，她就把自己放在了高高在上的位置，而要让孩子们学会合作、谦让或者公正也就无从谈起。只要是我们替孩子做事，他们就无法学会自己处理。不论是处理孩子打架，还是培养孩子自力更生，都是同样的道理。如果孩子遇到的每个麻烦都由别人替他解决，他就永远不知道该如何自己解决问题，所以，如果再遇到麻烦，或者事情不遂意，他就会不知所措。

父母很难理解，为什么孩子之间的争吵不关他们的事。父母认为"教导"孩子们不要打架是他们的责任。这当然没错，我们的确应该教导孩子们不要打架，但关键在于我们该如何教会孩子。不幸的是，家长出面干预或者评判，都不会起到良好的效果。虽然这么做可能会暂时阻止孩子们打架，但无法让他们学会如何避免下次打架，或者如何以其他方式来解决冲突。而且，如果我们的干预能让孩子们达到目的，以后他们当然还会打架！可是，如果打架除了弄出瘀青甚至流鼻血（这些都会痊愈）之外没有任何好的结果，那么孩子们下次是否就会倾向于用其他方式来解决问题呢？如果打架中受伤的孩子除了伤痛之外没有得到其他收获，那么下次他是否就会非常小心地避免受伤了呢？孩子们自己解决问题还有可能培养他们手足之间的责任感。（当然，虽然流鼻血一会儿就会好的，妈妈还是可以上前帮孩子处理下流血的鼻子。但是，妈妈此时既不可偏袒任何一方，又不可指责谁对谁错。说一句"你受伤了，我真是替你难过"就足够了。）

以下是我们学习小组中一位妈妈的发言。

观察孩子的行为目的，是想要获得关注，还是报复对方

"丈夫和我开始不理会两个孩子之间的冲突了。以前，一旦孩子跑来告状，我们就会立即介入，最终找出到底是谁的错。这是最令人费心的事情，我免不了要朝他们大喊大叫，打他们屁股。每次这么折腾过后，我常常一整天都开心不起来。后来，我开始对他们这么说：'我认为你们可以自己解决好问题。'之

后就闭上嘴巴，无论他们怎么说我都不再理会。很快我就不再因为他们争吵而揪心了，而他们也不再来找我们当裁判了。有一天，我听到老二说：'我要告诉妈妈你都干了些什么！'然后老大说：'你告诉她也没用，她只会说你自己解决，然后就不管了。'我实在不敢相信事情居然发生了这么大的变化！我不必再发愁该站在哪一边了，也不用再因为某个孩子受欺负而怒火中烧了。我现在已经完全明白，他们大多数的争吵就是为了吸引我们的注意，也明白了孩子其实比我们想象的能干，他们知道怎么照顾好自己。我现在十分坚信，父母完全不应该参与孩子之间的争斗。这样不仅是为了孩子们好，也是为了我们自己好，因为这将减少养育孩子带给我们的 90% 的压力。"

妈妈坐在露台上和邻居聊天。四岁的玛吉走向屋子，身后跟着她的弟弟鲍比。鲍比多花了些时间才爬上台阶，所以当他来到门口时，玛吉已经走进屋子里。当鲍比也要进门时，玛吉小心地关上门，紧绷着脸。鲍比尖叫起来。妈妈冲上台阶，猛地拽开房门，一把抓住玛吉，抬手打在玛吉身上，骂道："你这是在干什么，怎么对待你弟弟呢？你差点儿夹到他的手指！现在你给我待在里面，直到你能好好表现再出来。"妈妈把鲍比抱起来，回到椅子上坐下来，让孩子坐在她的腿上。没多久，鲍比就从妈妈腿上滑了下来，自己玩耍去了。与此同时，屋里传来轻微的抽泣声。过了几分钟，妈妈进屋去找玛吉："你现在能做个好孩子了吗？"玛吉没说话，继续哭着。妈妈把玛吉抱起来，玛吉把头靠在妈妈的肩膀上。妈妈把她抱到外面，让她坐在腿上。"好了，乖啊。看，现在你又是妈妈的乖女儿了。我知道你不会再淘气了。"

并非所有孩子之间的争执都表现为肢体和语言冲突。身为弟弟的鲍比总想得到妈妈更多的保护和关注。能干的玛吉对抢夺她地位的弟弟心存怨恨。每次妈妈"保护"鲍比时，玛吉心中的怨恨就会增加一点。每隔一段时间，玛吉积累的怨恨就会宣泄出来。玛吉渴望得到妈妈的关注，希望能感受到妈妈的爱。她发现，每次妈妈惩罚她之后都会过来安抚她。如果妈妈在事情发生时能留心观察，她就会注意到玛吉关门时总是小心翼翼的，并不会夹到鲍比的手指。这表明玛吉的行为目的是渴望关注，而不是报复。如果是报复，玛吉就真的会夹疼弟弟的手指。所以，她并没打算伤害弟弟，只是想要妈妈介入进来——先干"坏"事以激怒妈妈，然后她就能感受到妈妈的爱了。她的计划是不是非常好？

如果孩子之间的争执形成了大宝欺负小宝的局面，那么父母在大多数情况下都可以放宽心，因为大宝多半只是虚张声势，并不会对小宝造成真正的伤害。

下面是一位妈妈在我们指导中心的发言。

🙂 父母要冷静地面对孩子之间的冲突，不必说教

妈妈走过游戏室门口时，刚好看到四岁的凯瑞手里拿着一辆玩具卡车，举在十一个月大的琳蒂的头顶上。凯瑞似乎正准备拿卡车打琳蒂的脑袋，琳蒂已经发出尖叫声。妈妈想起指导中心的导师再三告诫自己不要介入孩子们的打架，妈妈鼓起勇气，继续往前走，离开那道门。不过，她还是忍不住隔着门缝偷看了一眼，结果令她大感意外。凯瑞盯着她刚刚经过的那道门，作势落下的手略微抬了一下，特意绕开了琳蒂的头，丝毫没有碰到她。

现在妈妈完全相信导师告诫她的话：凯瑞和琳蒂正在相互配合，想要把妈妈吸引过来。只有十一个月大的琳蒂已经知道如果她尖叫一声，妈妈就会跑过来，凯瑞就会有麻烦。凯瑞也知道，如果他让琳蒂尖叫，妈妈就会跑过来。两个孩子齐心协力，就能让妈妈跑过来！

通常，当一个孩子用可能弄伤人的东西威胁另一个孩子时，妈妈应该静静地走过去把东西拿走。这里的关键在于"静静地"去做，没有情绪的波动，不必说任何话，也不要表露出孩子们非常期待的大惊小怪。

🙂 当孩子成功吸引父母的关注后，就会表现得顺从

晚饭时，爸爸妈妈根本没机会安安静静地说话。家里有四

CHAPTER 24 不要介入孩子打架 267

个孩子，四岁的萝丝和六岁的比利，是妈妈前一段婚姻所生的孩子；还有五岁的卡尔和七岁的玛丽莲，是爸爸已故前妻所生的孩子。萝丝摆动她的脚，踢中了卡尔的腿。卡尔抱怨道："爸爸，萝丝在踢我。"妈妈介入了："萝丝，脚别乱动，注意礼貌。"萝丝安静地吃饭。玛丽莲哭哭啼啼地告状："爸爸，比利不让我拿盐。"妈妈命令道："比利，把盐递过来。"比利拿过盐来。过一会儿他也告状道："妈妈，卡尔老是撞到我的胳膊肘。"这一次爸爸说："卡尔，把你的胳膊肘放在该放的地方。"卡尔把胳膊肘往里挪了挪。萝丝抱怨道："妈妈，玛丽莲拿走了我的餐巾纸。"爸爸命令道："玛丽莲，把萝丝的餐巾纸还给她。"孩子们一个接一个地互相招惹，"受害人"总是呼吁爸爸或者妈妈伸张正义。最后，爸爸发火了："你们这些孩子，还要闹到什么时候，有完没完？我们就不能好好吃一顿饭吗？你们闹得我心烦意乱。接下来谁还敢惹事，我就要揍人了！"孩子们全都闷头吃饭不再闹腾，但是每个人都不高兴，气氛非常紧张。

孩子们的争吵可不是无意识的行为，而是为了让父母关注他们。为此，他们宁愿放弃进餐的快乐。我们不难注意到，每个孩子都向他的亲生父亲或母亲告状，而伸张正义的总是"肇事者"的亲生父亲或母亲。每个孩子招惹的都是继父或继母的孩子，因为这才能保证肯定会有人采取行动。父母太过于担心孩子"受委屈"，固执地认为维持公正是他们不可推卸的责任。因此，每个孩子此时都故意去招惹继父或继母的孩子，然后让自己的亲生父亲或母亲出马帮助自己，这效果简直好极了。

　　在有些重组家庭中，爸爸妈妈会保护他们的继子继女，而在另一些重组家庭中，他们会保护自己的亲生儿女。但是，不论是哪种情况，孩子们要招惹的总是最容易引起"连锁反应"的人。

　　爸爸威胁说："谁还敢惹事，我就要揍人了！"孩子们便停止了吵闹，这表明他们的行为目的是寻求关注；否则，这番威胁只会激起更多的吵闹。他们的目的已经达到了，所以也就不再继续惹事了。另外，每个孩子在成功引起父母关注后都表现得很顺从，这也表明他们这番吵闹只是为了吸引父母的关注。

　　只有爸爸妈妈都不再回应孩子们对过度关注的索求，让他们自己解决问题，才能真正有助于孩子的成长。如果孩子们在餐桌上的行为扰乱了家庭和谐，爸爸妈妈可以拒绝跟他们一起吃饭，直到他们愿意让大家愉快地进餐为止。一旦发生争执，爸爸妈妈不妨让四个孩子一起离开餐桌。这样一来，孩子们就能学会在餐桌上和平共处了。爸爸妈妈要求孩子们离开餐桌时，要拿出绝不参与冲突、绝不评判的态度，只是表现得温柔而坚定就好。

父母不选择站队，孩子之间更容易解决冲突

　　六岁的苏珊坐在九岁的哥哥哈利身边，哈利正在搭建他的金属拼装组件，七岁半的艾伦在一旁帮忙。一切都平和而安静，

然而苏珊开始找碴儿。她偷偷伸脚去绊哈利。她第二次这么做时，哈利对她喊了一声："别闹了，苏珊！""什么事？"苏珊假装无辜地问道。毕竟，她只是悄悄地挪她的脚而已。如果哈利自己要往上撞，她能怎么办啊？等苏珊的脚再次伸过来时，哈利挥拳打了过去。苏珊跳起来，呜咽着跑到一扇窗前往外看，又跑到屋子另一侧的窗前往外看，然后向后面的卧室跑去。从那里的窗户看出去，她终于看到了在玫瑰花圃里忙碌的妈妈。这时，她才"哇"地哭出来，眼泪也滚落下来。"妈妈！"她对着窗外大声尖叫，"哈利打我了，他打得可狠了！"

妈妈停下手上的活儿，走进屋子，看到苏珊胳膊上的红印子，先是安慰了她，然后去了男孩们的房间。"哈利，你为什么打苏珊？""是她先开始的！"男孩为自己辩护。"我没有。你平白无故打了我！"苏珊尖声叫道。"我才没有！""你就是打了！""你踢了我好几次！"哈利大声怒道。"妈妈，我没有踢他，我只是稍微动了一下，脚就碰到了他，我没有踢他。""你这个告状精！"哈利气炸了。妈妈加入战局。"我可没这么狠地打过你。"她斥责哈利道，"你应该为自己感到羞愧，苏珊是家里最小的，你是老大。你应该树立一个好榜样。你打比你还小的人，这是以大欺小。现在，立刻向你妹妹道歉，以后不许再打她了。"妈妈在责骂哈利的时候，艾伦坐在一旁看好戏，此时他扬声说道："妈妈，我没有打妹妹。""我知道，亲爱的，你是个好孩子。哈利，你怎么总是惹我生气呢！你为什么不能表现好一点？现在立刻道歉！"

　　苏珊擦干眼泪，站在那里，幸灾乐祸地瞧着哈利。她故意低着头，眼睛偷偷往上瞄，唇角勾起一抹得意的笑容。哈利盯着地板，嘟哝道："对不起。""现在，你们一起好好玩。"妈妈告诫道，"你们是亲兄妹，应该相亲相爱，不可以打架。"妈妈离开房间。哈利继续完成他的金属拼装。"告状精！"他紧咬着牙，从牙缝里挤出几个字。苏珊嗤之以鼻地说："妈妈说，你应该对我好，因为我是最小的。""神经病！别碰这些东西，都是我的！我不想看见你站在这里。"苏珊转身离开了房间。"再去告状吧，小告状精！"哈利在她身后嘲笑道。苏珊果然去了，她在厨房里找到妈妈，哭着说："妈妈，哈利不让我跟他一起玩，他还嘲笑我。"妈妈又回到男孩们的房间。"天啊，哈利，你究竟是怎么回事？你到底要怎么样？为什么不让苏珊和你一起玩？""她总是把我的东西弄得乱七八糟。"哈利怒目而视。"哈利，你太淘气了，你过来，坐到厨房的椅子上，等你愿意跟你妹妹一起玩的时候再起来。"妈妈抓住哈利的胳膊拽着他走，苏珊则一脸理所当然的样子。妈妈把哈利拽进厨房，推他坐到椅子上。他一直垂着眼睛，紧紧抿紧的嘴巴显露出他的反抗心理。苏珊心满意足地转向艾伦，说道："我们去外面玩吧，艾伦，好吧？""好啊，我们去帐篷里玩吧。"两人冲出屋子，"砰"的一声关上他们身后的纱门。

　　很多时候我们希望自己长出第三只眼睛。在上面的例子中，如果妈妈能亲眼观察到孩子们之间是怎么说话的，她一定不会这样做。哈利身为老大，背负着沉重的长兄责任，很难跟他的"好"弟弟和"宝贝"妹妹和睦相处。孩子们之间的竞争激烈，充满了火药味。妈妈努力想要平息兄妹之间的冲突，不但想教导他们要相亲相爱，不再闹别扭，而且想把争吵中的兄妹分开。可是，妈妈的作为只能让事情愈发糟糕。她站在了惹是生非的妹妹这边，帮她一起对抗年长高大的哥哥。她的过度保护让苏珊更坚信自己是一个需要特殊照顾的"宝贝"。其实，已经六岁的苏珊完全有能力照顾好自己，根本不需要妈妈的保护。就算比她大一点的孩子欺负她，她也有能力保护自己。苏珊"陷害"哈利，让他成为"罪魁祸首"，也捉弄了妈妈，使妈妈陷入她的阴谋，一边给她撑腰，一边打压哈利。

只要父母在孩子发生冲突时选择站队，就一定会出现这种"跷跷板"式的情形。刚才输了的孩子因为有父母的加入，立即就能跟赢了的孩子打成平手。正因如此，这一场冲突刚刚被父母平息，另一场纠纷又在酝酿之中。只要父母站在某个孩子一边，这个孩子当然会成为胜者，另一个注定是被征服者。我们不难看出，胜利的孩子其实往往正是挑起冲突的孩子，他总会想办法让父母相信自己才是无辜的，不论他的挑衅是公开的还是隐晦的，能博得父母的同情，让他们替自己撑腰他就很满意，因此哪怕自己在挑衅时吃些苦头也非常值得。也就是说，孩子们打架背后的真正原因，是为了争宠。当我们看清楚这点后，我们就会明白，要求孩子相亲相爱的劝告乃至说教怎么可能起作用呢？尤其是说这些话是为所谓"受害者"伸张正义的时候。

说教只能让事情变得更加棘手，因为它把孩子根本做不到的"应该"强加在孩子的身上，这只会令兄弟姐妹之间的关系更加紧张。

妈妈只要好好观察苏珊，就可能对孩子之间的关系产生新认识。没挨骂的孩子总会面带满足的神色，因为挨骂的孩子又一次失宠啦！苏珊是故意激起这次冲突的，他尽管她意识不到自己为什么要这么做！这么做不但能掀起波澜，而且还能再次强化她的自我认知。苏珊先到处找妈妈，找到之后才大声哭叫，这就让我们清晰地看出了她的目的。艾伦也利用这个机会提醒大家他有多么"好"，以巩固他对自己的定位。哈利则再次充当"顽劣"的角色。由于他早已认为自己无可救药，他将自己定位在"顽劣"的位置，甚至不再想办法避免和苏珊发生冲突。哈利知道，不管怎样，总是自己不对。妈妈在干预孩子们之间的纠纷时，强化了每个孩子的错误的自我认知。妈妈不但没有成功解决冲突，反而强化了打架对他们的好处。

如果妈妈对整件事都不予理会，只表现出她完全相信苏珊有能力照顾好自己，相信孩子能解决好他们之间的冲突，那么孩子们打架的"魅力"很快就会消失。苏珊刺耳的尖叫只是她的手段，并不是真的被哥哥打疼了。如果苏珊每次尖叫时妈妈都不在意，那么苏珊很可能会决定放弃这种方式。

如果爸爸妈妈吵架，孩子们很可能模仿他们。孩子们会以为，既然成年人将吵架当作解决分歧的一种手段，那么自己也可以这么做。这样一来，在这家人的价值观中打架就成了理所当然的事情，成为解决问题的方法之一。不过，有些叛逆的孩子也可能会朝着相反的方向发展，培养出与父母完全相反的价值观。

打架过程总会伴随着权力之争。平等的关系不需要通过较量来获取优势，不必分出胜负就能解决问题。但是，当一方的举动让另一方觉得自己的地位受到威胁时，矛盾就会变成一场权力之争。其中一方再也顾不上礼貌和体谅，他只感到敌意，只想要以牙还牙地打击对方。当我们站在看似"受欺负"的小宝一边保护他，不许大宝欺负他时，我们便是在强化小宝自认"弱小"的心理认知，是在教导他用"弱小"来赢得额外的关注，因此只会强化我们本想要消除的矛盾。可是，当我们把事情交给孩子们自己处理时，他们反而能处理得远比我们更加平等、公正。他们因此还能从现实生活中学会平等、礼貌、正义、体谅，学到以相互尊重的态度与人交往。这些正是我们希望自己孩子所具备的品行。因此，当孩子之间发生冲突时，我们应该退出，留出空间让他们自己去解决冲突，这才是我们能给予他们最好的帮助。

我们还应该以友善的态度跟孩子就打架的问题好好聊聊，不带一丝指责和说教的意味，与孩子一起探讨能解决冲突的办法与措施。但是，这种谈话绝不可在打架的过程中进行，因为在发生冲突时，家长说的话已经失去了"教导"或者"帮助"的作用，只能被孩子用作打击对方的又一个武器。

25

不必受
"恐惧"影响

如果孩子的内心充满恐惧，

他们就不可能应对生活中的艰难困苦。

恐惧并不会增加孩子解决问题的能力，

相反只会削弱能力。

😊 孩子利用自己的恐惧，控制父母的行为

"哎呀，我一定要赶在五点之前回家。"妈妈告诉她的朋友。
"为什么呢？""因为我告诉贝蒂我会在五点前回家，她会一直
看着窗外。如果我不能准时赶回家，她会非常害怕，会歇斯底
里地哭。"

贝蒂已经把妈妈训练得服服帖帖了，就好像她举着圆环，
妈妈就得跳进去。她用恐惧来控制妈妈。贝蒂的恐惧是真实
的，而且是极其严重的。她因为恐惧活得并不快乐，而妈妈当
然不愿意再增加贝蒂的痛苦。可是，这个现象究竟是怎么形成
的呢？

我们天生就具有情绪，情绪是我们点燃"行动之火"的燃
料。如果没有这种燃料，我们就会犹豫不决、软弱无能、没有
方向。我们在无意识中形成情绪，以强化我们的意图。我们可
以选择燃料，用来助推自己的行动。贝蒂并不是被恐惧掌控了，
不是恐惧像个恶魔一样伸手抓住她，而是贝蒂拥有恐惧，用它
来控制了妈妈。尽管恐惧是她自己制造出来的，却也同样真实。
她不是在装腔作势，她的情绪的确非常真实。

贝蒂也许是在偶然情况下发现，她可以把恐惧当作一种工
具来达到自己的目的。既然她已经意识到利用恐惧能给自己带

来好处，她自然要多多加以利用。现在，她陷入了自己编织的恐惧之网。这里妈妈也该承担责任，因为正是她对贝蒂恐惧做出的反应，让贝蒂体验到利用恐惧的收获。

我们所有人都经历过恐惧，因此我们都知道在受到惊吓的那一刻，我们是无法正常思考和行动的。恐惧似乎是我们负担不起的奢侈品。事实证明，人们在面临危险的时候，是不知道恐惧的，恐惧只会出现在事前或者事后。事发之前在预想"接下来可能会……"的时候我们会感到恐惧；事发之后想到"万一刚才……"的时候我们也会感到恐惧。一个被忽然卷入交通事故的人，他只会一心忙于摆脱危险而没有时间感受恐惧。只有在危险结束后，他才会开始颤抖和心悸。也就是说，我们并不需要靠恐惧的情绪来避免危险；相反，恐惧往往只会使局势更加危险，它意味着我们认为接下来的情况是无法控制的。当我们害怕时，就无法操控自己的思考和行为。

我们必须明白惊吓和恐惧不同。巨大的噪声或忽然跌倒可能会惊吓到年幼的孩子，但这只是短暂的、临时的反应。只有当父母也被惊吓到，并被孩子接下来的恐惧情绪所影响，孩子受到惊吓的反应才会形成恐惧情绪并发展下去。

一个年幼的孩子突然面对陌生的、似乎具有威胁性的新情况时，他其实有多种可能的选择。他可以等一等看看成年人会怎么做，也可以转身逃跑，还可以试试利用"恐惧"。

🧑 如果孩子的恐惧对父母没有产生影响，
他的恐惧情绪就会消失

妈妈带着十六个月大的马克去朋友家拜访，在那里他第一次看见狗。面对这个陌生又会动的东西，他躲在妈妈怀里不肯下来。旁边的成年人纷纷劝慰他，说着"马克，它不会伤害你的。你看，对吧？""过来，你摸摸它。""它喜欢你呢。""你别害怕嘛。"之类的话。

马克迅速做出了一番衡量。一方面他不太确定自己该怎么做，另一方面他想要看看别人对他的"恐惧"所做出的反应，于是他做出决定，让那些成年人继续说下去，他正好可以借此来隐藏自己的"没见识"。这有可能就是他开始利用恐惧的起点。大多数成年人在此类事件中的语气和行为很容易助长孩子恐惧的发展。他们的声音和语调显示出过分的焦虑和紧张，他们的行为中带有急切和慌乱。仅仅因为自己一时害怕就能引发成年人如此多的举动，这对孩子来说简直太有成就感了。恐惧往往就从此刻开始了。如果马克表现出更强烈的恐惧，就会造成更轰动的效果，甚至是特别的关注，比如被别人抱起来，好好安抚一番。本来只是一种自然的不知所措，现在演变成了恐惧，而恐惧也由此变成了激发成年人行动的有效手段。

孩子都是天生的演员，他们不停地进行着各种各样的精彩表演。他们没有任何禁忌，因为他们不知道自己的行为会带来什么后果。正是因为一次次的行为及后果所积累的经验，渐渐形成模式，最终形成成年人的行为习惯。我们都有不敢对别人承认，甚至不敢对自己承认的意图，因为这些意图不被社会所接受。年幼的孩子却不懂得什么是社会不可接受的，因此在需要做出反应时他们无所顾忌。他们不加掩饰地直接表现，当他们遇到从未经历过的意外情况时，他们会退缩、做出评估，还会观望成年人的反应并从中获得启发。现在，身边的成年人都向马克表示，他们觉得他应该害怕小狗，于是马克满足了他们的愿望，换取了他们的服务。

妈妈不妨相信马克有能力应对新体验。妈妈可以给他留出空间，让他自己去处理。最重要的是，她大可不必先假定马克会如何反应，然后努力去引导马克应该如何反应。妈妈应该让马克自己去面对、去解决问题。如果他表现出恐惧，妈妈完全可以不为所动。事实上，正是因为妈妈担心马克会感到害怕，结果反而促使她担心的事情发生了。假如马克的恐惧对妈妈没有影响，他的恐惧情绪也会就此消失。

有时，恐惧还可以达到戏剧性的惊人效果。

父母不责备孩子的恐惧，才能消除孩子的恐惧动机

五岁的玛莎以前不害怕蝈蝈。可是有一天，一只格外大的蝈蝈突然跳到她身上，她吓了一跳，轻轻地惊呼一声，挥手想赶走那只蝈蝈，可是那只蝈蝈已经钻进了她的裙子里。这种感觉实在

是不好，所以她尖叫起来。她的叫声遭到她九岁哥哥的大声嘲笑。她越是着急赶走那只蝈蝈，在哥哥眼中她就越好笑。而哥哥越是笑话她，玛莎的尖叫声就越大，因为哥哥的反应让玛莎很生气。尖叫声使得妈妈从屋子里冲了出来，发现玛莎脸色煞白，浑身发抖。

那天晚上，哥哥握着拳头，走到玛莎面前说："我有个东西给你。""是什么？"他张开双手，一只蝈蝈跳了出来。玛莎的尖叫声令人毛骨悚然，爸爸妈妈都急忙跑过来。他们严厉训斥了哥哥的胡闹行为，也斥责了玛莎太笨。从此以后，玛莎见到蝈蝈就会高声尖叫。可她知道，在她心里其实没那么害怕蝈蝈！只不过她的恐惧具有惊人的效果。

玛莎的父母责备玛莎太笨，这么做对孩子是没有帮助的。这是对玛莎"恐惧受害者"地位的挑战。只有当父母都不再理会她的尖叫，才能消除玛莎用"恐惧"制造惊人效果的动机。

👦 父母要先理解和接纳孩子的恐惧，再帮助孩子克服恐惧

四岁的班尼正在圣诞树下玩电动火车。突然他猛地转身，尖叫起来。电路的接触不良导致他被电击了一下。坐在附近的妈妈看到了这个情况，立即过去把他抱了起来，温和地安抚他说："没关系，亲爱的，你只是被电击了一下。这个火车出了点问题，爸爸回来会修好它的。"

那天晚上，爸爸找到问题所在，把它修好了，但是班尼却不肯再玩火车了。他畏缩不前，表现得很害怕。每次爸爸劝他过来操作控制器时，他都会把头埋进妈妈的怀里。后来，趁着班尼埋头的时候，爸爸和妈妈交换了一下眼神。妈妈轻轻地摇了摇头，爸爸点头表示同意，然后爸爸就放下火车，坐下来去看他的晚报。两个人都没再说什么，班尼也再没过去玩火车。过了两天，爸爸拆下圣诞树上的装饰品时，把这个火车也给拆了，并小心地放进盒子里。班尼在一旁认真地看着爸爸拆卸，什么都没说。不过，晚上睡觉前，他却嘬着嘴说："爸爸，我想玩我的火车！""好啊，我很快就把它拿出来。来，班尼，今晚你想听我读哪个故事啊？"

在经历了如此不愉快的小事故之后，班尼不愿意玩火车是很自然的，他的爸爸妈妈都明白这一点。但是当班尼继续抗拒，不肯相信爸爸已经修好了火车，而且想让他们为他的恐惧继续担忧时，爸爸妈妈选择了不再提这件事，正所谓"让他的风，无帆可吹"。他们意识到班尼还太小，无法理解电的原理。他们并没有打算通过讲解超出班尼理解范围的知识，来帮助他克服恐惧。于是，班尼没有因此得到额外的好处。火车被收了起来，他发现自己还是想玩，而且他的恐惧也没能成为有用的工具。爸爸没有对孩子进行任何的说教，更没有任何的责备。他接纳了儿子的恐惧，把火车拆掉。当班尼表示还要玩火车时，爸爸痛快地答应会很快帮他拿出来，并立即转移了话题。

😊 父母过度的同情和回应，
让孩子更擅长利用恐惧作为控制的手段

三岁的玛西娅特别怕黑，妈妈正努力帮助她克服恐惧。她把孩子抱到床上，先打开大厅里的灯，再关掉卧室的灯。"妈妈，妈妈！"玛西娅惊恐地尖叫起来。"没关系，亲爱的。"妈妈安慰道，"我不会离开你，过来睡吧，没什么可害怕的。你看，妈妈就在这里。""但我想开灯，我害怕待在黑暗里。""大厅的灯亮着呢，宝贝，妈妈就在这里。""你不走？""不走，我会一直坐在这儿等你睡着。"玛西娅花了很长时间才睡着，因为她总频频睁眼看妈妈是否还在身边。

妈妈以为她通过调整灯光与玛西娅的距离，就能帮助她逐渐习惯黑暗。她却没有看到，玛西娅是在利用恐惧让妈妈陪着她，让妈妈一直为自己服务。

当孩子表现出恐惧，很容易惹人疼惜。在我们看来，孩子是如此弱小和无助，生活可能确实有令他恐惧的地方。然而，只要我们能够理解孩子行为背后的原因，就会明白我们对孩子的回应并不是在帮助孩子，而是在训练他更加擅长将恐惧作为控制父母的手段。

妈妈可以关掉卧室的灯，并打开大厅的灯，然后给玛西娅盖好被子，不再理会她的恐惧，只留给她一句鼓励的话："宝贝，你能学会不害怕。"当玛西娅尖叫时，妈妈可以充耳不闻，就好像她的女儿睡着了一样。

很多人以为，在孩子痛苦哀号时不予理会是很残忍的行为。如果妈妈不能摒弃这样的观念，那么玛西娅害怕黑暗的问题就永远无法解决。我们越是在这时候过去安抚孩子，就越会加重孩子的痛苦，因为孩子本来就想要以此来获得我们全心地关注与同情。一旦我们真正认识到这一点，我们就能有效地让孩子不再感到恐惧了。

如果孩子的内心充满恐惧，他们就不可能应对生活中的艰难困苦。恐惧并不会增加孩子解决问题的能力，相反只会削弱能力。一个人越害怕，就越容易招致危险。另一方面，恐惧也是一种很好的工具，可以让孩子获取很多关注和悉心照料。

我们有必要教导孩子在任何可能出现危险的时刻都保持谨慎。但是，谨慎和恐惧截然不同。前者是合理的，能让人理智并勇敢地面对可能出现的危险；而后者却会让人丧失勇气，手足无措地退缩。我们当然要教给孩子一些安全常识，比如过马路时必须小心，不要理睬陌生人的搭讪，枪支是致命的武器而不是玩具，游泳时要待在自己力所能及的深度范围之内，等等。所有这些内容，都可以在不灌输恐惧的前提下教给孩子。孩子因此会学到如何遵守规则，如何在出现棘手或者危险的情况时从容应对。恐惧会带来危险，让人丧失勇气。对孩子来说，恐惧还可以作为吸引关注的工具。如果父母不理会孩子的恐惧情绪，那么孩子就不会再发展出恐惧感，父母和孩子也就不会因此而继续饱受折磨与痛苦。

🧒 帮助孩子接纳恐惧，激发孩子的勇气

曼弗雷德在很小的时候，经常听妈妈讲述生孩子时遭受的痛苦、做手术时的疼痛。三个月前，曼弗雷德被确诊患有腿部骨癌，需要做手术。当人们告诉他必须要动手术时，他高声尖叫着，哭得惨极了。在后来的三个月里，他一再哭诉、乞求，甚至歇斯底里地哭闹。他宁愿死于癌症，也不愿接受手术。

妈妈试图安慰他，但无济于事。动手术的日子到了，医生不得不加大用药剂量才控制住曼弗雷德。他的恐惧感太过强烈，以至于术前常用的镇静剂量根本无法让他平静下来。

疼痛是生活的一部分，谁也没办法逃避疼痛。妈妈讲述她的分娩经历，只是想表现自己的勇敢，告诉大家她曾经受过的痛苦。但是，曼弗雷德从没有体验过真正的痛苦，所以他想象中的手术可怕程度远远超越了现实。而且，与妈妈表现自己经历痛苦却很勇敢的企图相反，曼弗雷德没有想当英雄的愿望。眼看马上就要面对痛苦，他实在没有勇气去面对。妈妈非常同情曼弗雷德的恐惧，因为她自己就对手术恐惧。她本来是想要帮助孩子面对恐惧，殊不知她的一再安慰反而加重了孩子的恐惧。

没有哪个父母愿意看到自己的孩子受苦。然而，有些痛苦是不可避免的。孩子的勇敢实际上会减少他的痛苦，恐惧会放大痛苦，我们必须帮助孩子接纳痛苦，不论是肉体上的还是精神上的。当我们对孩子的恐惧表现得张皇失措时，孩子一定会变得更加胆小。

理解孩子的痛苦和恐惧，鼓励孩子学会勇敢

有个牛仔爸爸，他以独特的方式让孩子们变得勇敢，他的三个孩子都成了"勇敢的骑士"。每当孩子把自己弄得肿包、擦破皮、撞青，他看到后都会说："嗯，小事儿！有点儿疼，是吧？你别担心，会好起来的。"一天，他六岁的儿子在学习骑马时，从一匹青涩的小马驹背上摔了下来。孩子先是愣了愣，然后坐在地上，疼得直摇头。爸爸翻过栅栏，神态放松地大步走过去检查孩子的情况。男孩想要站起身，却又痛苦地坐了回去，抱住自己的胳膊。很明显，孩子摔坏了胳膊。"儿子，看来你的胳膊骨折了。""别担心，爸爸，会好起来的。只不过，现在真的很疼。"随着摔下马背那一刻的惊吓过去，痛苦迅速加剧，孩子开始哭了起来。"儿子，我知道你挺疼的。这么疼，哭也是可以理解的。我们一起去镇里看医生吧。"爸爸用围巾做了一个吊腕带，然后将孩子受伤的胳膊轻轻地放在里面。爸爸挪动孩子的胳膊时，孩子疼得尖叫出声。爸爸说："我知道，这只胳膊一定很疼的。"他扶着男孩站起来，但没走几步，孩子就摇晃了一下，晕了过去。爸爸把他抱起来继续走。几分钟后，孩子从昏迷中醒了过来，呜咽道："爸爸，我很疼啊。但是，我会好起来的，对吧？""当然了，儿子。而且你也不会永远这么疼下去，只会疼一阵子而已。儿子，你现在是个真正的'勇敢的骑士'了，对吧？"

26

做好
自己的
事情

每个孩子都是独立的个体，
他会与每个跟他接触的人
发展出不同的人际关系。
我们有责任为孩子提供各种机会，
引导孩子准确地做出衡量与判断。

当孩子陷入不利局面时，会寻求父母一方的保护，去对抗另一方

亚瑟痛哭流涕，跑进厨房，抽泣着说："妈妈，爸爸打了我一巴掌。"妈妈放下手中的事情，搂住儿子安慰他，问道："究竟是怎么了？""他说我太粗鲁了，就打了我一巴掌。""好啦，亲爱的，我会处理这件事的。你现在别哭了。"等亚瑟终于安静下来，妈妈立即向车库走去，爸爸正在那里忙碌。接下来爸爸和妈妈吵了起来，妈妈再次表示（第一百次）她不赞成打孩子，而爸爸同样明确表示亚瑟也是他的儿子，他只是告诉儿子把自行车放好，没想到儿子对他出言不逊。亚瑟站在旁边目睹了这一切。

两个人的关系只是这两个人的事。亚瑟和爸爸的关系是他们俩的事，妈妈无权试图控制他们的关系。当孩子来找她"告状"的时候，妈妈可以说："亚瑟，我也替你感到难过。如果你不喜欢爸爸打你，你也许应该想办法别让他发火。"等孩子的情绪完全平息后，妈妈可以跟亚瑟好好讨论，帮助他想办法以后该如何避免挨打。如果妈妈想好好教导孩子，她就不能偏袒任何一方。只不过，就故事中的情形而言，亚瑟其实很满意他与父母之间的关系，这一家三口实际上相互配合得天衣无缝。让我们来分析一下他们各自的行为。

亚瑟很擅长在父母之间挑起争端。妈妈显然在家庭中占据主导地位，她和儿子联合起来共同对抗爸爸。亚瑟很聪明，他知道如何利用父母之间的争执来达到他的目的。他知道如何确保妈妈始终当他的支持者，保护他，帮助他一起反抗爸爸的要求。虽然亚瑟善于操纵他的父母，但他的成长模式是错误的。他学到的不是如何应对不利的局面，而是在陷入不利局面时如何寻求保护。妈妈并没有意识到亚瑟的心理活动，也没有意识到她的保护对孩子的自我认知造成的不良影响，反而频频落入孩子的圈套。爸爸一心想要纠正妈妈对孩子的放纵，所以每当儿子又不听话时，他就会打儿子。妈妈一心要控制儿子的成长环境，强迫爸爸也按照她的方法育儿，所以她一再跟爸爸吵架，希望爸爸能接受她的方法。亚瑟在与父母的关系中都获得了胜利。儿子和妈妈合作，让爸爸受到责备；爸爸和亚瑟合作，让妈妈参与到他们的战争；妈妈又和爸爸合作，彼此争夺家中的主导权。

可是，这并不能给亚瑟营造和谐的家庭氛围，也不能引导他尊重他人，尤其是他的父亲。亚瑟当然不喜欢被爸爸打，可是为了能赢得妈妈的支持和降低爸爸的威信，他宁愿挨打。妈妈认为亚瑟被打是体罚，自然不愿意亚瑟挨打，所以她会利用这样的机会来控制丈夫。妈妈其实只要做好自己就行了，不要试图控制一切。妈妈当然有权坚持自己的观念，不打孩子，但是她却无权控制丈夫该如何对待孩子。亚瑟和爸爸之间的关系不是妈妈能控制的事情，那是他们父子之间的事情。

　　这个观点，对大多数人来说可能很难理解。难道我们不应该确保对待孩子的方式是恰当的吗？在某种程度上，这种理解是对的。但是，究竟什么是"恰当"的对待方式呢？谁能给这个问题一个"权威"的答案呢？

　　如今，在一个民主的家庭中，不存在权威者的角色。既然我们认识到孩子的创造力和他们自己做决定的权利，我们就应该明白，每个孩子的性格、言行有所不同，这使得别人对待他们的方式也应不同。因此，我们更有责任纵观全局，看清孩子的行为目的，弄明白孩子与他人的关系等。把这些都了解清楚后，我们才有可能引导和训练孩子接纳规矩的约束，激励孩子根据情形的需要采取相应的行动。这是我们唯一能够促使孩子做出得体行为的方式。

　　父母双方作为独特的个体，对很多事情自然会有不同的看法。如果他们能对教育孩子的方式达成一致，那是最好的。可是，即便不一致也没有关系。孩子会根据他所处的环境自己做决定，要接纳什么、拒绝什么，这都是孩子自己的选择。而且，在孩子与他人形成的关系中，也少不了孩子自身行为的参与。所以，即使父母双方遵循一致的教育原则，他们与每个孩子的相处模式也各不相同。这就是为什么孩子不会混淆自己和父母、祖父母、亲戚之间的关系。通常，孩子会很清楚地知道，该如何从每段关系中为自己谋求最大的利益。

　　此外，我们还注意到，妈妈在与孩子相处中对自己的信心，与妈妈在意别人的育儿方式这两者之间往往有一种特殊的关联性。妈妈越在意别人对待自己孩子的方式，以及别人育儿方式中错误的地方，孩子就越容易在那个地方出现问题。当妈妈能自信地促使孩子表现出恰当的行为时，她便不在意别人怎么对待她的孩子了。因为其他人只不过是她的孩子成长过程中需要应对的一小部分现实情况而已。

🧒 父母控制祖父母对孩子的关爱，可能会破坏家庭的和谐

七岁的艾丝特是爷爷奶奶唯一的孙女。奶奶很疼爱她，总是借各种各样的机会送给她礼物，爸爸妈妈送孩子的礼物却很有节制，他们认为要在合适的时候送出合理的礼物。艾丝特从奶奶那里收到很多礼物，复活节收到六件，生日收到五件，圣诞节收到十件。她先打开爸爸妈妈送的礼物，向他们表示感谢，并表现出自己很享受，很开心。可是，当她拆开奶奶送来的最后一份礼物后，却不高兴了："就这些礼物了？"几天后，妈妈发现艾丝特在日历上用红色蜡笔重重地标出了所有可能收到礼物的日子。妈妈对她这种贪心的态度感到非常不安，于是和爸爸谈了谈，恳求他去和奶奶说，要在送礼物的事情上有所节制，但爸爸拒绝了，因为他认为妈妈的要求是不合理的，最终他们发生了一场激烈的争吵。妈妈坚定地认为，奶奶已经把艾丝特宠到无可救药的地步。

可怜的妈妈啊！她对自己在孩子心中的影响力完全没有信心，她眼中的危险明显与现实情况不符。由于爸爸妈妈在送孩子礼物方面有所节制，艾丝特并没有表现出不满，她的这种心态只针对奶奶。妈妈不该控制奶奶怎么做，因为这不关她的事。奶奶与艾丝特之间的关系是她们的事情。妈妈其实应该放宽心，正常的互送礼物已经形成了固定的家庭模式，足以平衡奶奶过度慷慨的影响。不过，有一点非常重要，妈妈不仅要教孩子学会接受礼物，还要教她学会赠送礼物。孩子一定要记得奶奶的生日，而且要在圣诞节和情人节给奶奶送礼物，最好还是艾丝特亲手制作的礼物。[1] 其他的事情，妈妈就应该放手，让艾丝特和奶奶去经营她们的关系。

在每个孩子的生活环境中，除了父母外还有许多成年人。通常，祖父母和亲戚是孩子最早接触，也是最亲密的人，其次是邻居、父母的朋友、老师，还有社区里的人们。父母无法控制这些人可能对孩子造成的影响。尽管如此，每当孩子遇到给他带来不良影响的人时，父母很容易站到那个人的对立面，希望能以此减少乃至完全消除这个人对孩子的负面影响。其实这是徒劳的，孩子并不需要我们这样的保护，也不需要我们替他重新安排生活环境。他真正需要我们做的，是引导他如何去应对不良影响。外界影响本身对孩子不重要，孩子如何去应对那

---

1   在西方，情人节不仅是情人的节日，也是家人相互表达爱意的节日。——译注

些影响才是最重要的。

每个孩子都是独立的个体，他会与每个跟他接触的人发展出不同的人际关系。孩子需要和不同的人打交道，这样他们才能学会理解别人、做出判断。我们有责任为孩子提供各种机会，引导孩子准确地做出衡量与判断。

孩子与祖父母的关系是许多家庭冲突的根源。这一事实恰恰说明我们的生活已经发生了巨变，不同于过去的传统文化。父母养育孩子的方式不同于祖父母的方式，并且父母很反感祖父母给孩子带来的影响。如果父母试图强迫祖父母接受自己的育儿方式，这将会破坏家庭的和谐关系。

当父母与祖父母发生冲突时，父母可以对祖父母说："您可能是对的，我会好好考虑一下。"并立即停止与祖父母的争执，继续做自己认为正确的事情。祖父母都很疼爱自己的孙辈们。他们可以享受当长辈的特权，却不需要承担任何的抚养责任。因为祖父母"宠坏"自己的孩子而心烦意乱的父母们，实际上是对自己的教育没有信心，不知道自己对孩子有多大的影响。任何试图"纠正"祖父母的努力都是徒劳的，只会加重家中的紧张气氛和矛盾冲突。孩子和祖父母之间的关系，是他们之间的事情。只不过，我们有责任帮助孩子学会如何回应。祖父母的宠溺可能会给孩子一种错觉，让孩子以为自己有权索要他想要的任何东西，并且任何不满足他欲望的人，都是他的敌人。在这种情况下，我们必须帮助孩子改变这样的想法。在妈妈的正确引导下，孩子能够消除祖父母带给他的错误想法，正确看待他在生活中的地位以及拥有的权利。

父母再婚后，孩子会在新的关系中寻找位置、寻求同情和安慰

　　六岁的鲍比常常去看望爸爸，爸爸和妈妈离婚后又再婚了。这一天，当他从爸爸那里回到自己家时，他的鼻子旁结了一层血痂。妈妈很着急，问他发生了什么事。"她打了我一巴掌，我就流鼻血了。""她为什么要打你？你做了什么呢？""我在给她读书。""啊，那她为什么要打你呢？""因为有一个字很难，我不认识。"妈妈顿时气坏了：那个女人有什么资格打我的孩子！晚上妈妈一怒之下给她的前夫打了电话，第二天又给她的律师打了电话。后来事情闹得沸沸扬扬，但最终也没有实质性的结果。

　　在如今极其复杂的人际关系中，发生这样的事情并不少见。离婚和再婚，对成年人和孩子来说，都是一件复杂的事情。很多时候，孩子不只是无辜的旁观者，还经常会在复杂的关系中寻找自己的立场，出现的结果就是，孩子会再次加剧离婚父母间的敌对情绪。我们不难想象，一个孩子为了得到更多的同情和安慰，会有意激化父母间的矛盾。在这种情况下，对妈妈而言，最重要的是不能让自己陷进去，不要过度夸大矛盾。如果鲍比无法在错综复杂的关系中制造更多的麻烦，或者妈妈在儿

子从爸爸家回来后不追究所发生的事情，那么鲍比就有可能与他的继母建立更好的关系。妈妈给予鲍比的最好帮助，是建议他想想该怎么避免发生冲突，也可以对他说："这是你的选择，鲍比，我相信你会想出和继母和睦相处的办法。"

父母控制和干涉孩子之间的关系，不利于孩子培养社交能力

邻居来找帕特的爸爸告状，说帕特骑自行车撞了他的儿子埃迪，导致埃迪摔到地上受了伤。帕特和埃迪都是九岁的男孩子。邻居显然很生气，想让帕特爸爸惩罚帕特，并保证以后不再发生类似的事情。"这种没完没了的打架，每次都是帕特先挑事的！""我很抱歉让你为此感到痛苦。不过，你不觉得男孩子之间的打闹是他们自己的事情吗？"邻居爸爸目瞪口呆，愣了下说："你这是什么意思？""我的意思是，我不认为干涉帕特跟他朋友之间的关系是我应该做的。我相信，如果我们不干涉他们，他们自己会处理好问题的。""但每次是埃迪受伤，帕特总是在故意欺负他。我已经受够了！"帕特爸爸忍住不笑，因为埃迪实际上比帕特更高大。"帕特也常常带着伤回家。如果我们不介入他们之间的打闹，那他们可能就不想再相互伤害了，他们会自己想办法的。""可我觉得，你该好好管教你儿子了。""除非每分钟都把他绑在我身上，否则我可没本事控制住他的每个行为。我不认为这么做就能帮助他跟别的孩子友好相

处。当然，我会和帕特谈谈，看看我能不能帮助他掌握分寸。不过，我能做的也仅限于此。"

等邻居离开后，一直在偷听两人谈话的帕特从另一个房间走过来，脸上的神情既有些忐忑不安又有些扬扬得意。爸爸和帕特相互看了几秒，爸爸始终保持着沉默。帕特说："那个，他骑在人行道最外侧……""我不想听你讲细节，帕特。我只想知道你和埃迪真喜欢打闹吗？他的家人似乎对此非常生气。"帕特勉强地笑了一下，没再说话。爸爸说："也许你和埃迪可以玩别的游戏。你们自己决定吧，我拭目以待。"

与他人接触交流是现实生活中的一部分。父母的职责是帮助孩子培养生活中待人接物的正确态度和得体方式。埃迪的爸爸试图控制和干涉两个孩子的关系，这不是在帮助埃迪，反而只会给他一种"爸爸会替我搞定"，自己则不需要付出任何努力的错误印象，他也会因此不去努力培养自己在社会生活中的各种能力。不同的是，帕特自己承担着与人交往的责任，爸爸也没有说教，只是建议他重新审视他现有的做法，并在最后表达了他对孩子的期待。

🙂 引导孩子认识自己的问题，鼓励孩子与老师合作

玛德琳向妈妈抱怨道："我讨厌凯斯女士。她真是一位愚蠢的老师！她太不公平了！""怎么了，玛德琳？""哎呀，她总

是在全班同学面前笑话我，总是批评我在拼写上的错误，我举手时她从来不叫我回答问题。今天她当着全班同学的面念出所有我拼错的地方。我恨不得杀了她！"玛德琳感到愤怒和屈辱，她气得哭了起来。妈妈也非常生气："玛德琳，我要和你的老师谈谈。她根本就不该那样对待孩子！"

妈妈是对的，老师确实不应该通过羞辱孩子来促使她学习。然而，妈妈几乎不可能让老师接受她的再教育。如果妈妈跑去向老师表达她的愤慨，那只能是火上浇油。如果妈妈懂得纵观全局，那么她就能发现，玛德琳的态度很容易激怒老师。玛德琳扭过肩膀不看老师，或者斜着眼睛的样子，都表明她对"这么愚蠢的老师"的蔑视。

毫无疑问，玛德琳和老师之间的关系很糟糕。但是，教育老师不是妈妈该做的事情，妈妈应该做的是帮助女儿找出问题的原因，然后给她提出一些可行的建议，让她的校园生活更顺利。不过，妈妈必须以委婉的方式引导玛德琳认识到自己的错误，否则只会让事情变得更糟。妈妈可以说："你觉得，老师看到自己的学生不喜欢自己，她会不会感到开心呢？"或者"如果你是老师，可你的学生讨厌你，你会怎么做？"等孩子回答后，再进一步引导："凯斯女士有可能像你说的那样'很笨'，我不知道她是不是这样，但我知道没有人是完美的，没有人能做好所有的事情。我们只能在现有的基础上尽最大的努力。我知道你在学校的日子非常不好过，所以，让我们一起来好好想想，怎么才能让你过得快乐一些。"

妈妈并没有批评玛德琳负面评价老师的行为，因为这只会增加孩子对老师的敌意，激起她要为自己辩解的心态。如果妈妈站在老师一边，一定会招致女儿的反感；如果她站在玛德琳一边，则是鼓励孩子继续在学校里挑衅老师。妈妈只需要认可玛德琳的愤怒和不满，然后跟她推心置腹地探讨问题所在，这样更有助于孩子寻求与老师的合作，从而改善她的校园生活。

强迫孩子学习，会给孩子增加学习的负担

哈利是家里的独生子，他在学校成绩很差，每天回家都必须由家长盯着写作业。晚上吃完晚饭后，爸爸都会和他一起坐下来，看着他好好完成作业。爸爸会根据每堂课的内容向他提问，让他反复练习，但很多时候都会以哈利的号啕大哭和爸爸的气急败坏而结束，可孩子的功课依然毫无进步。

事实上，每次都是爸爸在做作业，而哈利都在证明没有人能逼他学习。只要爸爸依然决心要逼儿子学习，取得好成绩，而继续辅导他做作业，那么哈利的学习成绩就会继续糟糕下去。

实际上，学习是哈利的任务，不是爸爸的。爸爸只要管好他自己的事就行了。

根据传统习惯，许多老师至今仍然要求父母陪孩子完成家庭作业。然而，如果我们真的强迫孩子写作业，就是在邀请孩

子跟我们进行权力之争。不过，如果我们能好好跟孩子讨论，一起制定写作业的时间表，并协助他按这个时间表学习，也许就能完成老师要求我们履行的敦促之责。

如果孩子在学习上特别困难，我们可以帮孩子请一名家庭教师。由父母扮演这个角色，不值得提倡，哪怕他们本身就是教师也不行。因为如果孩子不愿意学习，不认为学习是自己的事，或者厌恶学习，通常这就表明孩子与父母的关系已然出现了问题。此时，父母或是不能忍受孩子不好好学习，或是为孩子的未来发愁，或是觉得督促孩子学习是自己的责任，所以会逼迫孩子学习，而孩子则很可能正在抗拒来自父母的压力。在这种情况下，父母的压力只会加剧亲子间的权力之争。我们能给予孩子最好的帮助，就是从权力之争中退出来，给孩子请个家教，同时让孩子明白："学习是你自己的事情，没人会强迫你，这完全取决于你自己，你决定要不要好好学习。"

类似的问题也适用于不愿意练习乐器的孩子。很多孩子想要玩乐器，但不愿意认真地练习。来自父母的干涉和压力，往往使孩子把对音乐的享受变成令人生厌的工作。对此，我们也应持有上述态度，即只要做好我们的事情就行了，让音乐老师激励孩子练习吧。

当然这并不意味着我们只需把孩子扔给音乐老师，我们仍然需要想办法多鼓励孩子。这样的鼓励不是批评或者给他施加压力，而是帮他多创造一些当众表演的机会，哪怕观众不多也没关系，为成年人或同龄人表演都可以。我们甚至可以为孩子安排和其他孩子一起演奏音乐的机会。这样演奏音乐就成了有实际意义的事情，而不仅仅是令人生厌的练习。

　　面对这类情况，我们先要想清楚什么是孩子要自己负责的事情，然后把处理这件事的权力交给孩子。

🙂 尊重孩子的选择，给孩子树立正确的价值观

　　南希的妈妈是个单身母亲，不得不独自抚养孩子，她和女儿南希一起制定了零花钱协议。她充分考虑了南希的需要，给她的零花钱足以保证她的午餐、坐公交车、买学习用品、偶尔看场电影，以及放学买点零食。一天，南希和她最好的朋友一起回家，妈妈注意到两个女孩都戴着新手镯。妈妈问南希手镯是哪里来的，孩子说："我用攒起来的零花钱买的。"妈妈没再说什么。等到南希的朋友离开后，妈妈斥责了女儿，说她那么努力地工作，挣钱养家，自己放弃了很多享受，为的就是给南希足够的零花钱，但南希没有按照原来商定的零花钱协议花钱，让她深感痛心。

　　妈妈想控制南希的所有事情，包括孩子怎么用自己的零花钱。其实，父母把零花钱给孩子后，钱就属于他们的了，他们如何用这些钱便不关父母的事了。毫无疑问，南希的零花钱协议中没有规定她不可以为了买手镯而省钱。而为了能省出这一笔钱，南希一定减少了自己的其他花费。妈妈不妨想象一下，

假如朋友想要强迫她，按照朋友认为合适的方式去花钱，那么妈妈一定会很生气，认为这位朋友干涉了与她不相干的事情。同理，妈妈应该以平等和尊重的态度，让南希自己决定怎么花钱，她只要管好她自己的事就可以了。妈妈唯一的责任，就是决定给南希零花钱的数额，如果南希乱花钱而超支，妈妈一定不要为她补上。

当然，如果我们看到孩子养成错误的价值观念，我们应该及时以友好的态度跟孩子谈一谈。切记谈话不能以批评孩子的方式进行，因为这只会使孩子更加固执地坚持错误观念。我们可以这样说，引导孩子思考："不知道你有没有考虑过……""你有没有想过，关于……？""如果每个人都这么认为，你觉得结果会是什么？"这样的问句，不会引起孩子的逆反心理，导致孩子拒绝沟通。重要的是，这种方式能帮助孩子看到一件事情的不同侧面，也能让孩子更加客观地评估这件事情，这种方式也是培养孩子理性思考和判断的重要前提。因此，多跟孩子一起交谈，孩子就能形成对现在、对未来而言最好的能力和价值观。

27

不能过于
怜悯孩子

当我们怜悯孩子的时候，

他便会认为，

他应该也有权怜悯自己。

一旦他开始为自己感到难过，

他就会更加痛苦。

怜悯是有害的，即使那份怜悯之心是可以理解的、有理由的。

👤 父母怜悯孩子，让孩子认为有权怜悯自己

七岁的克劳德要去郊区农场里过生日，到时候会有野炊派对，还可以乘坐农场拖拉机兜风。这种去乡下郊游的机会实在不多，他满心兴奋。妈妈把所有的计划都跟他说了一遍。他们邀请了十八名客人，其中两位妈妈还会担任临时司机。随着生日越来越近，克劳德和他的伙伴们的期待之心也越发高涨。可是，就在他生日那天早上，天空中乌云密布。他担心极了，赶紧跑去找妈妈，问道："今天不会下雨吧？我们还是可以去的，对吧？"妈妈一直很担心会出现这样的情况，因为她也很不愿意让孩子们感到失望。没错，她早就与农场主人商量好了，万一那天下雨就改到第二天举行，但第二天就不是他真正的生日了，孩子们是非常在意生日这天的。她试图安抚儿子："我想天气很快就会转晴的，儿子。让我们等一等，看看再说。"克劳德匆匆吃了两口早餐，在窗前坐了整整一上午。按照计划，所有去参加生日派对的人应该在下午两点出发。中午的时候，外面下起了小雨，到了十二点半，瓢泼大雨下起来了。显然今天的计划必须取消了。克劳德伤心极了，哭了起来。妈妈心想，可怜的孩子，他该有多失望啊！她温柔地将孩子拥入怀中："亲爱的，我知道你的感受。

我非常抱歉，让你失望了。如果我能让雨停下来，做什么我都心甘情愿！可是，我也无能为力。我们可以明天去，农场的人说明天也可以去。""但是，明天不是我的生日！今天才是嘛！我的生日派对就要在今天举行！""我知道，亲爱的，只不过今天下雨了啊。""这不公平！不公平！我从来都没有顺利过！""亲爱的，你别哭得这么难受了。我真的没法让雨停下来啊。"克劳德伤心欲绝。妈妈也快要哭出来了，她为克劳德陷入如此糟糕的失望情绪中感到难过和怜悯。

在上述例子中，克劳德的大部分悲伤和失望是没有必要的。孩子对成年人的态度非常敏感，即使我们没有表露出来，孩子也能觉察。因此，当我们怜悯孩子的时候，他便会认为，他应该也有权怜悯自己。一旦他开始为自己感到难过，他就会更加痛苦。他不愿意正视自己面临的困境并积极寻找解决方法，而是越来越依赖别人的怜悯，等待别人给他安慰。在这个过程中，孩子越发失去接受现状的勇气和意愿，这样的心态甚至能影响他的一生。他会越来越坚信，这个世界是不公平的，于是他不想再做出任何的努力，一心指望别人来为他做些什么。

当事情不尽如人意时，克劳德觉得自己倒霉透了，会渐渐成为一个自怜的人。妈妈认为，儿子这么小就要面对如此大的失望，真是太难为他了。妈妈的想法，恰恰给孩子敞开了失望的大门，让他觉得自己感到失望是正确的。果然，克劳德完全没有因为第二天还能举办派对而感到安慰，他只觉得自己的生日被这场暴雨给毁了。

当妈妈认为克劳德不可能承受这样的失望时，她其实是对儿子的不尊重。她把孩子想象得太脆弱，根本无法面对生活中的困难。妈妈的错误想法，促使了克劳德形成对自己的错误认知。

如果我们避免怜悯孩子，孩子就能学会接纳生活中的失望。

妈妈可以在开始制定计划时，不把孩子想象得如此脆弱，这样就可以防止孩子出现失望的情绪。在跟克劳德商量生日派对的安排时，妈妈就应该指出那天也许会下雨，而且要说明如果真出现这种情况，他们就把郊游推迟到第二天。这样，妈妈对待天气因素的轻松态度，就很容易传递给克劳德，因此一旦下雨，克劳德也就不容易陷入深深的失望中。克劳德过生日，偏偏赶上下雨，他当然会因此不开心，妈妈对此若能保持轻松的心态，就容易帮孩子振作起来。可妈妈若是一再怜悯孩子，就无法帮助孩子了。

父母过度的同情和怜悯，让孩子无法发展克服困难的勇气

九岁的露丝患上了小儿麻痹症，在医院里住了几个月后回到家。她腿上戴着辅助套，只能拄着拐杖走路。理疗师花了很多时间和精力教她如何照顾自己，如何借助辅助器走路。医院的工作人员也耐心地向妈妈解释，回家后该怎么照顾露丝，并要求妈妈一定要帮助露丝认真复健。然而，妈妈因孩子遭受的不幸而

深感痛苦，觉得不管自己为女儿做多少，都不足以补偿她的不幸。露丝对妈妈如此深切的怜惜迅速做出了反应，她常常呜咽着说："太难了，我做不到。"这时，妈妈总是立即过来帮助她。因为她看起来走路十分困难，妈妈对她的照顾越来越多，于是露丝总是坐在轮椅里，走路的时间越来越少。她的手也不灵活，妈妈为了让她更轻松，就喂她吃饭。妈妈把所有的时间都花在照顾女儿上，替她做各种事情，想尽可能多地弥补露丝遭遇的不幸。她也曾要求露丝试着锻炼走路，可是只要女儿呜咽着说一句"好痛"，妈妈立即就会让步："可怜的宝贝，你太可怜了。"爸爸试图鼓励露丝，但被妈妈阻止了，妈妈还责骂他对孩子"要求太多"，为此他们当着露丝的面争吵起来。露丝从此开始疏远爸爸，转而越来越依赖妈妈。刚从医院回家时那个爱笑、勇敢、自立的露丝，只用了一个月的时间就变成了一个暴躁、蛮横、无助的孩子。当妈妈带露丝去复诊时，医生发现她的病情反而恶化了，于是建议孩子再次入院。理疗师发现露丝不愿意合作，便将情况告诉了妈妈。但妈妈认为理疗师太狠心了，她满心愤怒，坚决地拒绝了露丝再次入院的建议。这时，爸爸介入了，他与医生仔细商榷后，即使遭到妈妈的阻拦，还是为露丝办理了住院手续。医护人员不让妈妈在露丝面前表现出怜悯，努力克服怜悯给露丝带来的内心软弱，在大家齐心协力的帮助、理解和坚持下，露丝重新回到正常的康复之路上。妈妈在看过心理医生后，也明白了自己的怜悯态度对露丝其实是有害的，是导致她病情恶化的原因。妈妈和露丝都取得了令人欣慰的进步，都学会了如何将不幸转化为积极的动力。

身体有残疾的孩子容易成为被怜悯的对象，比如失明、失聪、行动不便等。为这类孩子感到难过是人类的天性。但是，我们的怜悯只会加重孩子的残障。为伤残儿童做治疗的医护人员常常被孩子们表现出来的勇气所折服，更惊讶于他们勇于克服困难、避开残障影响的聪明才智。医护人员非常清楚家人的怜悯对孩子有多大的危害。他们一再目睹了那些明明已经取得进步的孩子，却因为认知错误的家长对他们的过度同情和怜悯而前功尽弃。医护人员经常遭到家长的批评，指责他们对待孩子的态度过于严厉、残忍，说他们缺乏同情心。医护人员更能避免怜悯，因为他们不会掺杂个人的情绪。可是，他们同样会对长期护理的孩子产生感情，也很爱那些孩子，不过他们并不会因此就对孩子的不幸生出怜悯之心。相反，他们总是激励这些孩子克服困难并为他们取得的每一点进步而自豪。

孩子生病时，父母的怜悯，让孩子失去与疾病抗争的勇气

五岁的佩吉发高烧了，她的症状有些不同寻常，无法立即确诊。这个病重的孩子被安置在医院，等待医生们查明病因。妈妈除了担心外，还为这种不幸发生在孩子身上而委屈，怨恨老天不公平。为了帮助确诊，医生们必须给孩子打吊针、静脉采血。佩吉虽然神志不清，但每当针头刺入皮肤时她仍会哭叫。妈妈对此提出抗议，因为她觉得这么对待病重的孩子很残忍。

她因此对佩吉更加怜悯。确诊后，因采取了恰当的治疗，佩吉慢慢地康复，终于可以出院回家了。回家后，妈妈无微不至地照顾着佩吉的生活，她觉得孩子因这次严重的病痛受了不少苦，怎么疼爱她都不为过。可是，随着病情逐渐好转，佩吉却变得越来越挑剔和苛刻。妈妈因为长时间的辛勤劳作和睡眠不足而筋疲力尽，终于有一天，她没能控制住自己，发了脾气。佩吉震惊不已，也疑惑不解，泪流满面地说："我都病成这个样子了，你怎么能对我这么凶？"妈妈当即就后悔了，她再次振作精神，更加努力耐心地照顾佩吉。

佩吉接受了妈妈对她的怜悯，开始自怜起来。妈妈因为发了脾气而感到愧疚，再次顺从于孩子的过分要求，就这样恶性循环形成了。

每当孩子生病时，我们总会替他感到难过。一个生病的孩子当然需要我们的关注和理解，也需要我们的悉心照顾，因为他此时无法照顾好自己。但是，在关心和照顾孩子时，我们必须留意自己的心态，提醒自己不要因为孩子正在受苦，就落入怜悯的陷阱。不幸的是，我们没办法让孩子免遭病痛，病痛是生活的一部分。我们所能做的，只能是在孩子生病时照顾他的生活所需，协助他抵抗病痛，教导他应对困境。生病的孩子比健康的孩子更需要我们给予他精神上的支持，他需要我们理解他，以及相信他有勇气战胜病痛。病痛容易令人情绪消沉，孩子此时往往会觉得自己弱小无助。家人此时的怜悯，只会让孩子更消沉，打消他与疾病抗争的勇气和意愿。怜悯往往暗含一种居高临下的意味，因此不可能促使孩子鼓起勇气。明智的妈妈知道如何帮助自己的孩子：给予孩子最符合目前病情所需要的帮助就好，但不要顺从孩子的过分要求。对妈妈和孩子来说，康复期是最艰难的。如果妈妈能理解和鼓舞孩子，而不是怜悯和殷勤，那么到了康复期，双方的生活都会更轻松。

孩子会利用父母的怜悯学会自怜

　　三岁的桑德拉高兴地玩着她的新秋千，邻居家五岁的孩子梅莉跑过来。梅莉刚出生不久就被邻居领养了。此时，梅莉把桑德拉从秋千上拽下来，自己坐了上去。桑德拉站起来，打了梅莉一下，然后走向另一个秋千。桑德拉的妈妈从厨房窗户往外看着。桑德拉刚在另一个秋千上荡起来，梅莉就从她坐着的秋千上下来，走过去又要坐桑德拉的秋千。两个孩子吵了起来，梅莉的妈妈跑了过来，跟两个女孩说了些话。她鼓励梅莉选择她想要的秋千，抱她坐上去，推她荡起秋千。可这时梅莉又改主意了，想要坐另一个秋千。梅莉妈妈再次说服桑德拉，换了秋千，又推着梅莉荡起来。随后她提出要帮桑德拉推秋千，但桑德拉谢绝了，说："我可以自己玩的。"桑德拉刚刚自己荡起来，梅莉就再次要求换秋千。她的妈妈再次说服了桑德拉交换。桑德拉的妈妈走过来，好奇地问："你为什么总是顺着梅莉的心意？""哎哟，那孩子多可怜啊！我从来不忍心拒绝她的要求。

我永远无法弥补她在生命刚开始时遭遇的不幸。""刚开始时就不幸？这是什么意思？"梅莉妈妈转过身来，压低了声音说道："哦，她是个私生子，生下来就被抛弃了。"

梅莉的妈妈认为自己十分善良，拯救了一个可怜的弃儿。她还认为，不论自己怎么娇惯和纵容她，都无法弥补这个孩子遭遇的不幸。

梅莉妈妈的看法非常不切实际。她对孩子的怜悯，不仅不能帮助梅莉健康成长，反而会适得其反。孩子生命早期的不幸，远不如养母对"不幸"的错误认识所造成的危害更大，并且这种错误观念还将继续下去。梅莉已经被娇惯坏了，将来不可能指望她做出有建设性的贡献。在不知不觉中，孩子也形成了养母灌输给她的错误心态："我是个不幸的人，这个世界必须对我做出补偿。"

孩子的养父母极容易掉入怜悯的陷阱，这不利于孩子的成长。被领养的孩子和其他孩子并没有不同，没有天生的障碍需要克服，反而是养父母错误的怜悯心态增加了他们需要克服的障碍。婴儿及幼儿期的孩子根本无法区分自己是领养的还是亲生的。领养的孩子对周围环境的逐渐认知，与亲生孩子并无差别。为了让领养的孩子更好地适应未来的生活，养父母不应该从小将他置于特殊的家庭地位上。以任何方式认为自己"特殊"的孩子，往往都会形成错误的价值观和不切实际的期望。领养的孩子和亲生的孩子一样，都需要得到同等的尊重和照顾。

　　有一位母亲领养了两个孩子，她并没有隐瞒孩子的身世，而是以轻松的、自然的态度告诉孩子们这个事实。等到有一天两个孩子想要了解情况时，这位母亲是这样解释的：有些人生了孩子却没有能力抚养，还有些人有能力抚养孩子却没办法自己生孩子，那么把孩子交给有能力抚养的，让孩子有机会换个家庭，这是两全其美的好事啊！

　　这样轻松的谈话，很好地化解了一个沉重的问题。如果一个被领养的孩子对自己身世耿耿于怀，那么必定是孩子的养父母对这件事过于在意。

😊 即使是善意的怜悯，也会让孩子感到消沉和难过

　　因为妈妈一直生病住院，九岁的邦妮、七岁的杰奇、六岁的克莱德，最近都住在姨妈玛丽安家，姨妈有两个孩子，八岁的弗朋达和五岁的比拉。爸爸每天晚上会回来和他们一起吃晚饭，然后就去医院陪妈妈。有时玛丽安姨妈也会去。这时候姨父亨利会照顾孩子们，他带着孩子们一起做游戏、讲故事，每个孩子都很开心。玛丽安姨妈觉得自己正承受着巨大的压力，一部分是因为家里突然多了三个活泼好动的孩子，另一部分是她担心姐姐，她们姐妹俩一向感情深厚。长辈们都知道妈妈的情况有多么严重，因为她患了癌症。他们都小心翼翼地守着这个秘密，不想让孩子们知道事情的严重程度。一年半以前妈妈就住进了医院。每当孩子们问妈妈什么时候回家时，长辈们总

是高兴地告诉他们说："很快，就快了。"但孩子们感觉到长辈们没有说真话，也敏锐地觉察到爸爸和姨妈的眼神以及他们低声交谈中的担忧。可他们不知道究竟发生了什么，并为此越来越心烦意乱，变得不守规矩、焦躁不安。邦妮是几个孩子中最大的，姨妈便让她帮忙照顾弟弟妹妹，所以她比其他孩子更想念妈妈对他们的照顾，也更能意识到事情的严重程度。作为老大的邦妮，虽然心甘情愿地承担起很多责任，但她的态度独断专行，让弟弟妹妹很反感，结果本来就混乱的生活又增添了更多麻烦。

后来，妈妈去世了，长辈们再也无法掩饰悲痛，也必须告诉孩子们实情。爸爸告诉了自己的三个孩子，玛丽安告诉了她的两个孩子。玛丽安悲痛欲绝，不能自己。爸爸把他的孩子们召集起来，强忍悲伤，说："孩子们，我有件很严肃的事情要告诉你们。"孩子们已经意识到家里的气氛发生了变化，每个人都老老实实的。"是妈妈出了什么事吗？"邦妮问道。"妈妈今天去了天堂，她在那里会过得很快乐。现在我们都必须坚强，互相照顾。"爸爸的话太过突然，过了好几秒钟孩子们才反应过来。邦妮震惊之余泪流满面，问道："妈妈为什么要离开我们？爸爸，为什么她要去天堂呢？我们想要妈妈。""我们也无能为力啊，邦妮。""你是说妈妈不回家了？"杰奇问道。"是的，儿子。"爸爸轻柔地回答。克莱德哭了起来："但是我想要妈妈啊。"爸爸默默地抚摸着他们，知道他们此刻需要用哭泣来宣泄心中的悲伤。等孩子们稍微平静后，爸爸说："妈妈不在了，我们的生活会很难，需要一些时间来适应。我们必须齐心协力、互帮互助。过几天，我们需要好好商量一下，未来的日子要怎么过。"

　　这时，玛丽安姨妈和她的两个孩子走进房间。弗丽达和比拉也在哭，主要是因为家里所有人都在哭。玛丽安把孩子们都搂进怀里，呜咽着，一遍遍地喃喃自语："可怜的孩子们，没有妈妈的可怜的孩子们。"爸爸对玛丽安姨妈摇了摇头，但她没能明白爸爸的意思。本来已经不哭的三个孩子，立即开始新一轮的大哭，而且很快就哭得歇斯底里了。爸爸向亨利姨父打了个手势，亨利姨父默默示意他的两个女儿回屋里休息。爸爸从玛丽安姨妈的怀里接出自己的三个孩子。亨利姨父终于说服玛丽安姨妈回去休息一会儿。然后，爸爸搂着他的三个孩子，用略带坚定的声音对他们说："孩子们，我们现在都很悲痛。记住我们必须以勇气而不是绝望来怀念妈妈。这才是她希望看到的，我相信你们都会按照她的意愿去做。现在让我们振作起来。"说完，他便静静地等待孩子们调整心情。当孩子们稍微冷静下来后，他说："该吃晚饭了，玛丽安姨妈需要我们的帮助。我们一起去帮忙准备晚饭吧。"邦妮强忍住啜泣，对爸爸说："爸爸，我现在吃不下饭。"爸爸说："生活还要继续，邦妮。今晚不想吃饭也没关系。不过，也许等晚饭做好了，你会发现还是可以吃一点的。"爸爸进一步用鼓励的话语赢得了孩子们的心，每个人都分担起做晚饭的责任。

　　玛丽安姨妈表现出的怜悯，让孩子们更加消沉和难过。爸爸则表现出敏锐与勇气，并通过接下来一起分担劳动，带领孩子们从悲痛中走出来。

在生活中我们每个人都难免遇到不幸。作为成年人，我们必须勇于接受和面对，并做出最恰当的举动。身为长辈，我们很容易为处于不幸中的无辜孩子感到格外难过。然而，我们善意的怜悯会造成比不幸本身更大的破坏力。如果大人怜悯孩子，无论他是否有理由这么做，结果都会让孩子自怜。孩子很可能从此都在自哀自怜中度过，再不能担当起应对生活的责任，而是一味地寄希望于别人来弥补他所遭受的苦难。这样的孩子很难成为一个对社会有贡献的人，因为他只关注自己和自己想要的。

对孩子来说，最不幸的事情之一就是失去父母。痛失父母后的恢复期可能会影响孩子的人生观。如果是母亲去世了，带给孩子的苦难往往更加沉重。这样的孩子需要周围每个人的理解和支持，但不是怜悯。怜悯是一种消极情绪，它不尊重孩子，不相信孩子有能力面对，这会损害孩子面对生活的信心。死亡是生命的一部分，这是我们必须接受的事实。没有死亡，也就没有生命。我们都不愿意看到孩子因父母去世而受到伤害。但是，我们的痛苦和悲伤并不能使死者复生。死者逝世后，生者还要继续生活下去。尽管困难重重，但是孩子们需要意识到他们有责任勇敢地振作起来，即使在这种最痛苦的处境下，也要好好继续经营自己的生活。这时候，如果我们怜悯孩子，只会削弱孩子此时最需要的勇气。

我们无法确保孩子免遭生活之苦。我们在成年后需要有能够应对苦难的力量和勇气，而这些要在童年时期培养。我们在小时候学会了承受打击和迎难而上。如果我们希望带领孩子勇敢地面对生死，给他们机会去体验战胜痛苦后的成就感，增强他们做接下来该做的事情的能力，那么我们就不能放任孩子沉浸于痛苦中，就必须放下怜悯的心态。我们首先要保持头脑清醒，避免一时冲动掉入怜悯的陷阱。同时也要向孩子表明我们的理解和同情，帮助他抵抗痛苦，鼓励他寻找向前的道路。这并不意味着我们不理会孩子的悲伤和痛苦，恰恰相反，我们要陪在他身边支持他，正如我们支持一个陷入痛苦中的成年人一样。

我们都曾在生活中遇到过被人怜悯的成年人，他们会拒绝怜悯自己的人，因为他们的骄傲让他们无法接受别人的怜悯。在他们面前，我们要小心地表达自己的理解，并且不会表现出担心他没有足够的能力勇敢面对考验。在对待孩子时，我们同样要如此。我们既然尊重孩子，那就要鼓励他自尊自信，而不是刺激他自哀自怜。当陷入痛苦时，孩子会从成年人身上寻求应对困境的线索和方式。孩子能感受到成年人的态度，并以此作为自己的行动方向。

同情和怜悯不难区分。同情的含意是："我理解你的感受，知道你有多痛苦，明白这对你来说有多艰难。我对你的遭遇感到抱歉，也会帮助你战胜困难，走出逆境。"怜悯意味着："你很可怜，我为你感到难过。我会尽我所能，对你承受的痛苦做出弥补。"对一个人的遭遇感到抱歉是同情，为遭遇不幸的人感到难过则是怜悯。我们往往不认为"可怜的弱小者"有多大能力，而怜悯这个"弱小者"的结果，往往是要么削弱他原本可能具有的能力与智慧，要么使他陷入悲伤，自怨自艾，乃至一味索取。

28

对孩子的
要求
须合理

一个合理的要求，
既要尊重孩子，
又要符合相关规矩。

😊 父母提出的合理要求，
是要尊重孩子，而不是控制孩子

汤米和爸爸妈妈正在拜访朋友。长辈们坐在客厅里聊天时，汤米走开了。"汤米，回到这里来！"妈妈喊道。然后她转向朋友，继续和她们谈话。男孩转过屋角，慢慢走向后院里的秋千。走到秋千边上，他停了下来，站在那里舔着手里的冰棍儿。妈妈来到后院，命令道："汤米，过来！"她指着身旁。汤米转过身，抬起下巴，眯着眼睛，嘴角勾起一丝笑容，走过去坐到秋千上，又舔了舔他的冰棍儿。"汤米，我要你现在就站过来！"妈妈生气地喊道。汤米继续坐在秋千上，开始轻轻摆动。"我要告诉你爸爸！"妈妈一边走一边喊道。汤米吃完冰棍儿，把冰棍棒扔进了花圃，开始使劲地荡秋千。终于，他玩累了，懒洋洋地走回客厅。

汤米完全没有遵从妈妈的意愿，因为妈妈把他放到一个难堪的境况里。她提出了不合理的要求，导致汤米公然违抗了她的"命令"。母子之间展开了一场权力之争，而汤米赢了。妈妈没有说出不让汤米荡千秋的正当理由，她只是试图显示自己的权威，汤米坚决地表示了反抗。接下来，妈妈没有采取任何行动，而是继续用语言作为武器。最后，她又威胁说要找孩子的爸爸告状。汤米显然知道，爸爸不会把他怎么样，结果也证明了这一点。"我要告诉你爸爸"这样的威胁，在任何情况下都是不明智的做法。爸爸不应该扮演施展权威的角色，无论是爸爸还是妈妈，都不是家里高高在上的权威角色。

一个合理的要求，既要尊重孩子，又要符合相关规矩。如果家长只因为孩子不肯"按我说的做"就气急败坏，那么家长的要求很可能是不合理的，是想借此来"控制"孩子。这样做往往会引发一场权力之争。家长并没有意识到，他们内心认为自己是权威的上级，孩子是听从的下级。但是如今孩子们已经不再接受成年人的"居高临下"，他们基本上都会抱着抗拒的态度，不肯服从，甚至会反抗和报复。只要我们放下权威的心态，做出合理而必要的要求，孩子便很可能选择服从，从而避免发生冲突。

🙂 与孩子提前制定计划，
孩子更愿意按照父母的要求做事

十岁的琳达在离家约半条街远的地方玩。妈妈想让她去小卖店买点东西，就站在家门口喊她。琳达继续玩，假装没听见妈妈的声音。妈妈见琳达没有回应，就回家了。几分钟后，她又出来喊，琳达仍然假装没听见。后来，一个孩子忍不住提醒她："琳达，你妈妈在叫你。""哦，我知道，但她的声音还没到怒吼的地步！"不过，妈妈这一次是真生气了，她虽然没有怒吼，但拿了一条小皮带走过来。她直接来到琳达身边，琳达有些惊讶地抬起头。"你没听见我叫你吗，小姐？你给我回家！"她一边说着，一边用那条皮带抽在女儿的腿上。琳达跳起来，当即就哭了，急忙往家跑。妈妈追在她身后打她。几分钟后，琳达出发去了小卖店。

琳达刚才是故作"耳聋"的，大多数父母也会因孩子的这个行为而苦恼。

孩子有责任承担一定的家务，去小卖店买东西也是一项家务。然而，这项任务必须是孩子事先同意的，并且一直以来都是这么做的。

妈妈应该和琳达一起制定一个家务计划，既能让琳达为家里做贡献，又能尊重琳达与朋友们玩耍的权利。吃午饭的时候，妈妈可以这么说："下午五点前，我需要你从小卖店里买点东西回来，你想几点去？"等琳达做出决定后，妈妈可以再问："到时候你需要我叫你吗？"这样琳达便事先知道她应该做什么事情，而且还可以由她来选择时间。这样的要求就是合理的，当琳达完成任务后，会为自己感到自豪。

孩子服从父母不合理的要求，其实是为了取悦父母

妈妈坐在客厅里缝衣服，八岁的珀莉在旁边看电视。"珀莉，请把我的香烟拿过来，好吗？"孩子起来把香烟拿过去。

几分钟后，妈妈说："亲爱的，你能帮我把那个白色线团递过来吗？"珀莉把线团递了过去。过了一会儿，妈妈又说："亲爱的，去把煮土豆的火关小。"女孩又按照妈妈的要求去做了。

妈妈把珀莉当作仆人，而孩子对不合理的要求也很服从，因为她想取悦妈妈，结果她渐渐失去了自己的主见和想法。

👦 父母不要勉强孩子做不愿意做的事情

爸爸妈妈坐在后院里，跟临时来拜访的朋友聊天。九岁的海泽尔正在附近和邻居的两个女孩玩。十八个月大的宝宝大卫非常烦躁，因为现在本是他睡午觉的时间。妈妈抱起他哄了一会儿，但他仍然无法安静下来。妈妈喊道："海泽尔，你过来一下，用小推车带大卫出去走走。""啊？可是妈妈……""海泽尔！"小姑娘叹了口气，离开了她的朋友，按照妈妈的要求去做了。

在这个案例中，妈妈提出了一个不合理的要求。我们不应该要求孩子去做不他情愿做的事。妈妈想继续跟朋友聊天，所以就让海泽尔离开她的玩伴，去照顾烦躁的小宝宝。这样做非常不尊重海泽尔玩耍的权利。妈妈应该暂时离开自己的朋友，自己带大卫去睡觉。

当我们想对孩子提出某个要求时，需要对孩子、对当时的情况有清醒的认识。许多孩子很享受照顾弟弟妹妹，但是，我们要事先跟孩子达成协议，商量好具体的任务和时间。当然，如果妈妈在计划之外真需要孩子临时帮忙，她可以叫大孩子帮忙。

当我们要求孩子立即做某些事时，需要保持警醒。因为这是一种权威的姿态，提出的往往是不合理的要求。如果孩子的反应是"唉，她总是对我大呼小叫，要我做这做那的"，那就表明亲子关系已然不再和睦，不是良好的合作状态。我们越是少提些要求，态度越是真诚，而非命令对方服从我们、为我们服务，就越有利于促进我们与孩子之间的友好关系和相互满意的程度。

29

要一以贯之，
说到做到

父母要说到做到，

才能帮助孩子建立规则意识，

让孩子明确界限，

从而获得安全感。

👦 给孩子自己选择的机会，允许孩子试错

售货员拿来几双鞋让温妮弗雷德试穿。妈妈说："你来决定你想要哪双，亲爱的。"海军蓝的那双看起来很不错，但温妮弗雷德却一脸期盼地说："妈妈，我想要红色的鞋。"售货员又拿来了红色的鞋，孩子满心喜悦。"可是，温妮弗雷德，海军蓝更实用些，搭配任何衣裤都行。你确定要红色的吗？""我确定，妈妈。"她一边在镜子前摆着姿势，一边回答。"来，再试一下海军蓝的那双。"温妮弗雷德穿着那双深蓝色的鞋照了照镜子。"我们要这双海军蓝的。"妈妈告诉店员。"不，妈妈，我想要红色的那双。""哦，温妮弗雷德！红色的太不实用了。你很快就不喜欢了。来吧，做个好孩子，要这双海军蓝的。"孩子嘬着嘴，接受了妈妈的决定。

妈妈先告诉温妮弗雷德，她可以自己做决定，后来却是妈妈做决定，甚至还与温妮弗雷德争辩了一番，强迫她接受。妈妈没有信守诺言，没能说到做到。

如果想要教导孩子如何明智地做选择，我们就必须给孩子自己做选择的机会，并且在必要时允许他犯错。孩子只能通过自己的体验，而不是父母的说教来学习。温妮弗雷德只会将妈妈看作是不讲道理的人，妈妈不允许她得到真心喜欢的东西。此

时她的心中满是怨恨，根本无暇领悟妈妈的选择依据是否实用。假如妈妈能兑现她的承诺，让女儿买一双红色的鞋，温妮弗雷德很可能会发现，红色的鞋子跟她很多的衣裤都不好搭配。由于红色鞋子被穿坏之前，她不能再买鞋了，温妮弗雷德只得接受自己的选择。那么，在下次买东西时，她就有可能知道要多思考一些。如此一来，妈妈充当的角色，就是一名教育者而不是不讲道理的权威者。

父母以命令的语气提出要求，会激起孩子的反抗心理

在一个炎热的夏天，三岁的荷莉顶着太阳在沙坑里玩耍。妈妈觉得她在太阳底下晒得太久了，就一边继续在花圃里除草，一边对孩子说道："荷莉，戴上你的太阳帽。"荷莉似乎没有听到妈妈的话，继续往桶里倒沙子。"荷莉！我说过了，戴上你的帽子。"孩子从沙坑里跳出来，然后跑到秋千上。"荷莉，回到这里来。我给你戴上帽子。"女孩转过身，背对着妈妈又坐回秋千上。妈妈耸了耸肩，不再管这件事。

很明显，荷莉被妈妈训练得可以不听她的话，而妈妈说得太多，做得太少。虽然她提出一个要求，但没有一以贯之地实行。荷莉很快明白，她完全可以无视妈妈的话。

妈妈可能觉得，她的要求是出于对荷莉的关心，是不忍心

让孩子被晒伤——这也是对现实情况的尊重。但是，她的做法表现出对荷莉和她自己的不尊重。荷莉不懂得什么是晒伤，她当然认为妈妈的要求不合理，尤其妈妈还是以命令的语气表达的，这更加激起了孩子的反抗心理。于是，妈妈的"要求"就变成了权力之争的"邀请函"。如果妈妈真觉得荷莉应该戴上遮阳帽来保护自己，但孩子不理会她提出的要求，妈妈就应该说到做到，亲手给荷莉戴上帽子。如果孩子依然抗拒，而妈妈认为女儿不应该长时间晒太阳，那么她不妨把孩子带回屋里去。妈妈必须在提出要求前就想好接下来要怎么做，然后以坚定的行动落实自己的指令。

父母适时的坚定，让孩子学会遵守规则

在经过购物中心门口时，六岁的宝拉拽了拽妈妈的裙子说："妈妈。""哎，什么事？""能给我一枚硬币吗？""你要做什么呢？""我想骑木马。""不行，宝拉，今天不行。""求求你了，妈妈。"孩子开始哼唧。"我说了'不行'，宝拉。过来，赶紧的，我还有很多事要做呢。"宝拉开始可怜巴巴地哭起来。"哦，好吧，我让你骑一次。但是记住啊，只能骑一次。"妈妈扶着宝拉骑上木马，把一枚硬币放进去，然后等在一旁，让女儿享受骑木马的乐趣。

妈妈本来说了"不行"，后来却退让了。她缺乏说"不"的

勇气和坚定的态度，因为她不忍心看孩子可怜的哭泣，而且孩子还是因为自己不答应她的要求才哭的。

妈妈这样的做法是在训练宝拉不必听妈妈的话，并且让她坚信，只要她用"眼泪"，就能得到她想要的一切。要解决这个问题，有一个简单的办法。宝拉应该有自己的零花钱，当她问妈妈要一枚硬币时，妈妈可以这么回答她："宝拉，用你自己的零花钱。"如果她的零花钱已经用光了，那就无法骑木马了。妈妈无须再回应，也不必解释、怜悯或退让，当然也不要答应预支下一笔零花钱给她。如果宝拉有钱，那就去骑木马；如果她没钱，那是她自己的事。妈妈必须坚守自己说出的"不"，同时退出"战局"，不论孩子怎么挑衅，都不予回应。

如果孩子不能自己学会承担后果，就无法养成良好的作息习惯

妈妈实在受够了早上叫亚历克斯和哈利起床的折磨。她参加了一个指导中心的学习班，在那里学会了一个新观念，并打算付诸实践。于是，她买了一个闹钟，并告诉两个儿子，自己已经设置好闹钟，以后起床就靠他们自己了。第二天早上，她听到闹钟响了，然后声音停了。她等了一会儿，但没有任何的动静。终于，半小时后，她发现孩子们又睡着了。她只好叫醒他们："我告诉过你们必须自己起床，我可是认真的。半小时前，你们的闹钟响过了。现在赶紧起床！"

妈妈开始做得很棒，可惜没能坚持到底，因为她并没有真的打算让孩子们自己起床！妈妈的做法前后矛盾，依然在催促孩子们起床，叫醒他们还是她的任务。

如果妈妈真的希望孩子们自己学会起床，就要把责任交给他们，自己彻底退出。如果孩子们关掉闹钟继续睡觉，那也是他们的事。等他们醒来后，无论时间多晚，他们都要去上学，并且自己去承担后果。以后妈妈也要始终如一地坚持自己的这个决定，毫不动摇。当孩子们发现妈妈不再承担叫起床的任务，他们就会自己承担起责任。

👦 父母能说到做到，才能帮助孩子建立规则意识

十一岁的迈克尔和九岁的罗比很想养一只狗，为此他们已经恳求了很长时间。最后，爸爸妈妈终于答应买一只狗，条件是两个男孩子一定要承担起喂食和保持整洁的责任。兄弟俩郑重承诺后，兴高采烈地买回一只狗。刚开始时，两个孩子很认真地照顾这只狗。但是随着新鲜感的逐渐消退，他们越来越不用心，而妈妈喂狗的次数越来越多。她一再敦促、提醒、讲道理，但是孩子们仍然常常忘记。终于有一天，妈妈威胁孩子们说，如果他们不好好完成自己的职责，她就要把那只狗送走。迈克尔和罗比听后，又认真喂了几天。一个星期之后，妈妈无奈地认命了，毕竟她不忍剥夺孩子们跟狗狗一起玩闹的乐趣。

可怜的妈妈，她最后承担了所有的责任，而孩子们拥有了所有的乐趣。

当孩子们第一次懈怠时，妈妈就可以和他们聊聊："你们忘记喂狗了，该怎么办？"讨论应在友好的气氛中进行，妈妈还应该明确表示，她不会承担喂狗的责任。妈妈不妨这样问："你们觉得忘记喂狗的行为，应该允许发生多少次呢？"等孩子们说出一个数字之后，妈妈说："那就是说，你们同意在忘记喂狗超过这些次数后，我们就只好把狗狗送人了？"超过约定的数字后，妈妈就要执行，必须把狗狗送走。这种做法不是惩罚，也不是因为愤怒，只是在执行约定好的逻辑后果而已。

做到前后一致，也是建立社会规则意识的一部分。父母要说到做到，才能帮助孩子建立规则意识，让孩子明确界限，从而获得安全感。如果父母做不到前后言行一致，那就不能期望行之有效地训练孩子，也只会令孩子困惑。反之，如果父母能够做到一以贯之、言行一致，孩子就会认真执行父母的方案，就会感到安稳和安全。孩子也能因此学会尊重规则，明确自己什么该做、什么不该做。

30

对待孩子要
一视同仁

如果我们将所有孩子视为
一个整体来对待，
或者说一视同仁地对待他们，
我们就可以消除他们之间的
激烈竞争及其负面影响。

一视同仁地对待孩子，就能消除孩子之间的竞争和争斗

爸爸发现有人用蜡笔在他新砌好的壁炉上涂涂画画。他把三个女儿叫过来，依次询问是谁干的，但每个人都矢口否认。"你们当中肯定有人在撒谎，我想知道这是谁干的，我不能容忍欺骗的行为。到底是谁画的？"没有人回答。"好，那你们都要接受惩罚。"爸爸打了三个女儿的屁股，然后又问："现在说，是谁在壁炉上涂了蜡笔？"最后，老大承认是她画的。"现在，你去把那里清理干净。"爸爸拿来桶、水、刷子和清洁剂，站在她身边，直到她把壁炉表面擦洗干净。

我们普遍认为，应该根据每个孩子的不同表现，相应地做出表扬或惩罚。但我们很难认识到，孩子们常常会联合起来对付父母，或是让父母围着他们团团转。我们都知道，在同伴中，没有人喜欢"告密者"。在上面的例子中，这三个女孩子便结为同盟，她们宁愿一起受罚，也没人愿意告密。

当孩子出现不良行为后，如果我们惩罚其中一个孩子，就容易鼓励其他孩子告密。孩子们都想要得到父母的认可和赞许，一旦找到这样的机会，孩子们就容易通过贬低别人来表扬自己。所以，如果我们只惩罚某个孩子，只会加剧孩子们之间的争斗，

这等于是刺激孩子们用互相打压的方式，而不是合作和贡献的方式在父母面前争宠。一个孩子不可能永远得到父母的认可，因此博取父母的欢心是错误的目标。每个孩子都可以随时把做贡献作为目标，这个目标不但是可行的，而且还能促进孩子们团结合作。如果我们刺激孩子之间彼此争斗，便是在强化他们各自错误的行为目的。争斗中的孩子认为，"好孩子"之所以表现好，不是因为他想要做好孩子，而是因为他想要比别人做得好，以便保护自己的优越地位。此时，他的关注点是他自己，而不是家人的需要与利益；"坏孩子"之所以表现差，其目的也是如此，他想要通过自己的负面行为获得父母的关注，即便是负面的。

如果我们将所有孩子视为一个整体来对待，或者说一视同仁地对待他们，我们就可以消除他们之间的激烈竞争及其负面影响。这也许是父母所能迈出的最具革命性的一步。在有些人看来，对待孩子们一视同仁，完全违背了传统的竞争原则、道德标准乃至个人偏好。也许，有句话可以解释这个新方法的精髓：人，不应该互为死敌，而应该相望守护。虽然这句话在现实社会中几乎已经被遗忘了，但是它的意义始终没有改变。

在前面的例子中，爸爸可以把三个女儿都叫过来，让她们一起清洗壁炉，而不必费心找出是谁干的。这样既可以避免"好孩子"证明她的好，又可以防止"坏孩子"伺机跟父母展开权力之争或寻求报复。

你可能会说："让无辜的两个孩子去清理涂鸦，岂不是很不公平？"孩子们可能也会提出反对意见。孩子们对一件事情公平与否的看法往往来自于我们，当事情对他们不利时，他们就会用这个看法与我们作对。如果我们能够改变自己的旧观念，认为一起清洗壁炉是公平的，那么孩子也能发现其中的合理性。这几个孩子可能会明白，她们是在组成一个团队合作，而不是为了得到父母的认可。孩子们之间的竞争是为了得到我们的认可，如果我们剥夺孩子们合作的机会，那三个小女孩就不可能学会相互尊重。

让我们从更广义的层面来思考什么是公平。对于每个孩子而言，强化他的错误目标、加深他对自我认知和自我定位的误解，破坏家人之间的和睦与合作，那也是不公平的。公平与否，取决于我们想要给孩子什么。如果我们把孩子们都放在同一条船上，让他们作为一个团队对每个人的行为负责，我们不评价或认可他们当中的任何人，那么他们就不会通过贬低或赞美对方来赢取关注。

孩子们之间的嫉妒也是如此。嫉妒是孩子们吸引父母关注的有用的招数，因为父母总是不希望孩子们彼此嫉妒，所以这总能刺激父母试图纠正他们的这种行为。假如父母对此置之不理，嫉妒也就无效，可是又有多少父母能做到淡然处之呢？于是，父母越是关注得多，孩子们越会彼此嫉妒！

将所有孩子一视同仁，通常会有很好的效果，甚至常常出乎我们的意料。有一位妈妈参加了我们的讲座，使用了这个新方法，做了下面的报告。

不给予最小的孩子特别关注

她有三个孩子，分别是九岁、七岁和三岁。两个大孩子都不太喜欢最小的孩子，常常对他得到的特殊待遇表示不满。妈妈听过讲座后不久的一天晚上，最小的孩子在吃饭时又在玩弄他的食物，弄得到处都是。于是妈妈让三个孩子都离开餐桌，原因是他们不好好吃饭。两个大孩子都对此感到愤愤不平，但还是一起离开了餐桌。从那以后，最小的孩子再也没有在吃饭时玩食物了。妈妈对使用新方法的效果感到惊讶至极，却不明白为什么会有这么好的效果。

以前最小的孩子总是在吃饭时通过故意捣乱而获得额外的关注，家人总是要频频提醒他好好吃饭。而妈妈把三个孩子都赶走，不但没让最小的孩子得到特别关注，反而让哥哥姐姐们分享了他胡闹所引起的关注。既然哥哥姐姐分享了他的特殊待遇，他再故意惹麻烦就没有意义了。下述例子可以让我们更加明白这种相互分担责任技巧的效果。

把家中所有孩子当作一个整体来对待，孩子们会更加团结和睦

八岁的查尔斯是三个孩子中的老二，他上面有一个能干又勤快的哥哥，下面有一个懂事的妹妹，他自己则是一个"小魔王"。

他撒谎、偷东西，甚至两次在地下室里点着了火。他最大的乐趣是拿蜡笔在墙壁上涂鸦，妈妈拿他没办法。当妈妈来找我们寻求帮助时，咨询师建议她把孩子们视为一个整体，一视同仁地对待他们，让他们一起为查尔斯的行为负责。这与她过去的做法大相径庭，她以前总是斥责查尔斯，夸奖另外两个孩子。

两周后，妈妈带着查尔斯一起来到中心面谈。妈妈说她实在是太惊讶了，查尔斯完全停止了各种惹是生非的行为。他有一次在墙上用蜡笔乱画，妈妈只说了一句应该由孩子们一起来清理。查尔斯虽然没有参与清理工作，但他后来再也没有在墙上用蜡笔乱画了。咨询师问孩子为什么不再在墙上乱画时，他回答："没意思，还得让哥哥妹妹清理墙壁。"

当孩子们发生冲突时，我们很难断定谁是罪魁祸首。发生冲突不是一个孩子的问题，而是所有孩子共同参与的结果，毕竟一个巴掌拍不响。"好孩子"可能会招惹"坏孩子"，"好孩子"能找出很多种方法去挑衅、刺激、激怒"坏孩子"，直到他做出违反规矩的事情，从而达到让妈妈介入的预期结果。不论是为了一家人的共同利益，还是为了彼此间的和睦关系，孩子们总能齐心协力、互相帮助。通常是"坏孩子"开始变好时，"好孩子"就开始变坏。为了共同对付我们，孩子们的配合堪称天衣无缝。如果妈妈能看明白这一点，把家里所有孩子都当作一个整体来对待，那么妈妈的做法很有可能会得到意想不到的效果，而孩子们也会明白，他们之间是相互依存和相互照应的关系。

31

倾听
孩子的话

如果我们能平等地对待孩子，

认真倾听他们的想法，

孩子的敏锐直觉

一定会让我们受益良多！

有一个众所周知的笑话。孩子问:"妈妈,我是从哪里来的?"妈妈耐心地和孩子解释。"这些我都知道,妈妈。我想知道我是从哪里来的。"于是妈妈进一步解释婴儿是怎么诞生的,但是男孩仍然不满意:"妈妈,罗伊是从芝加哥来的,皮特是从迈阿密来的。我是从哪里来的?"

我们对孩子的常见偏见之一,就是以为自己知道他们在说什么,但其实从来没有认真倾听他们说了什么。我们只是自己说个不停,以至于忽略了孩子说的话。与此同时,许多父母都非常喜欢某本畅销书、某档热门电视节目中提出的育儿智慧,但其实我们需要的只是好好倾听孩子说话。

认真倾听孩子,促进孩子提出可行的解决方案

一家人要出去度假了,六岁的艾尔正在帮爸爸把行李箱装进汽车的后备厢。有个小衣箱怎么也塞不进去。艾尔说:"爸爸,把妈妈的靠垫拿出来,把它放到后座上。"爸爸没有理会艾尔的建议,重新整理着大大小小的箱子,但还是放不进去。爸爸走回屋里,艾尔趁机把靠垫拿出来。当爸爸回来时,他惊讶地发现那个小衣箱已经放进后备厢了。

孩子的建议明明是正确的，爸爸却完全不理会。孩子非常善于观察，也确实可以提供有建设性的解决方案，他们甚至会发现不同的视角供我们借鉴。

平等地对待孩子，认真倾听孩子的意见

一位有五个孩子的爸爸前来寻求我们的专业帮助。当他说明自己的问题后，咨询师针对他讲述的情况进行了分析，并且提出解决问题的具体建议。随后咨询师请爸爸离开房间，并把五个孩子请进了屋。咨询师询问他们为什么会发生冲突，他们解释得很清楚。然后，咨询师又问他们，怎样才能避免冲突，孩子们给出的解决方案与咨询师给出的建议竟然完全相同！

如果这位爸爸能够认真倾听孩子们的意见，他本可以节省这笔咨询费用。

很多时候孩子知道我们做错了什么，然而我们却认定只有我们才有权指出孩子做错了什么。骄傲，使我们无法听取孩子的意见。如果我们能平等地对待孩子，认真倾听他们的想法，孩子的敏锐直觉一定会让我们受益良多！

父母针对某个孩子，
不利于孩子之间建立友好的关系

　　凯利、梅布尔和萝丝正在为看哪个电视节目而争吵。凯利坚持要看牛仔表演，而两个妹妹则想要看一部喜剧片。最后妈妈发火了："凯利，你们吵得我烦死了！回你的房间去！"凯利咆哮道："为什么你总是挑我的毛病？""凯利，不许顶嘴，离开这个房间！"

　　妈妈应该倾听凯利说的话，他问了一个很好的问题。为什么妈妈总是挑他的毛病？因为妈妈落入了两个女儿设下的对凯利不利的"陷阱"。如果妈妈能倾听凯利的话，她就有可能发现自己是如何促使孩子们没完没了吵架的了。

倾听孩子话语背后的真正含义，
更了解孩子的内心

　　九岁的约翰尼和他的狗在客厅里玩，尽管这是禁止在家里做的事情。男孩和狗朝着桌子滚去，撞倒了一盏灯，打碎了灯泡。妈妈气冲冲地跑过来，狠狠地责骂了约翰尼一通，最后说："既然这样，今天下午你不许去游泳！""我才不在乎呢。"男孩气恼地顶嘴。

约翰尼其实很在乎，非常在乎。可是，他的骄傲不允许他承认。他和妈妈顶嘴是延续了之前的叛逆行为，因为他要进一步打败妈妈。

很多时候，我们需要倾听孩子话语背后的真正含义。约翰尼嘴上说"我才不在乎呢"，可他真正想表达的是："即使惩罚，你也不能控制我。"当一个孩子尖叫"我恨你"时，他其实在说他："我无法按自己的意愿做，我很不开心。"当他反复地问"为什么"时，他其实在说："你要关注我呀。"

在校车上，十岁的乔治坐在朋友皮特的旁边。司机无意间听到他们的对话。"乔治，你昨天为什么没来上学？""我不想上学，所以我希望自己生病，结果就真的生病了。""你生了什么病？"皮特问道。"我肚子疼。""为什么？""天这么冷，我不想出门。今天早上我也有同样的感觉，但是妈妈把家里弄得太热了，我不想在家待一整天。本来我还想生病的，但后来我改变主意了。所以，我就赶快来坐校车了。我连早饭都没吃，因为我仍然觉得肚子不舒服。"

孩子们彼此之间可以非常坦率。如果我们更多地留心倾听孩子们的谈话，就会发现这一点。不过，我们往往会因为无意间听到的只言片语而小题大做，于是他们就更加谨慎了。校车司机听到这段对话，他明白了孩子会通过逃避做不喜欢的事情而让自己生病。同时，他也在一定程度上明白了孩子之间的平等。皮特接纳这样的乔治，也接纳了他所做的一切，而没有对他进行任何说教。

每个妈妈都懂得区分婴儿不同的哭声所代表的含义。听到孩子的哭声，妈妈就能明白宝宝是不舒服还是在发脾气。每个妈妈都有这种倾听的天赋，但是等孩子长大后，我们似乎将这种天赋搁置到了一旁。每当听到孩子发出尖叫时，我们就会立即跑过去，想看看发生什么了，而不是倾听尖叫背后的含义。很多时候，孩子尖叫的目的就是让我们跑过去。如果我们能够停下来，倾听孩子发出的声音，我们就能避免在无意间强化孩子的错误目的。

只要我们能够认真倾听，我们就能收获很多！

32

注意
说话的
语气

如果我们能拿出
对待朋友的平等态度来与孩子交谈，
我们与孩子就能保持良好的沟通。

当我们跟孩子说话时，他们往往会更注意我们说话的语气，而不是我们所说的内容。如果我们能仔细听自己说话的语气，这将会对我们大有好处。在商店里、公园中、聚会上，看到父母和孩子在一起时，我们不妨用心听听成年人对孩子说话时的语气。我们会发现，父母很少用成年人之间交谈的语气和孩子说话。等回到自己的家里，不妨也听听我们说话的语气。我们的语气表达了什么？孩子会听到些什么？

👦 父母坚决而强硬的语气，引发与孩子的权力之争

比利说他要给草坪浇水。"不行，不用你浇。"妈妈坚决地说，"你好好待在屋里。"比利盯着妈妈看了一会儿，转身离开了。不一会儿，妈妈听到了流水的声音，比利正在给草坪浇水。

妈妈用坚决而强硬的语气，想要表达她的独断专行，结果却促使比利和她展开了一场权力之争。一位当时在场的十六岁女孩也听到了对话，我们问她从比利妈妈的语气中听出了什么，她说："她在害怕，那是一种虚张声势的语气。"

👦 父母嘲讽的语气，加重孩子的挫败感

爸爸正在帮助十岁的乔迪做家庭作业，乔迪似乎不太明白

他应该怎么做。"看来，你懂得可真多呀！"爸爸用嘲讽的语气说道。乔迪把脑袋埋进书本里，看起来更加迷惑了。

爸爸的语气表明，他已经不指望乔迪学习好了，于是，他加重了男孩的挫败感。

刻意模仿宝宝的说话语气，是不尊重孩子的表现

在商店里，妈妈遇到一个老朋友。自女儿辛西娅出生以来，这还是她俩第一次见面。朋友问："她现在多大了？""十一个月了。"朋友伸手在小宝宝的下巴上轻轻逗弄着，模仿小孩子的口气笑着说："哎哟，你是这世上最可爱的小宝宝，是不是呀？"

对年幼的孩子说话时，我们喜欢用"宝宝腔"，或者简化的"婴儿语言"，这些都表明我们觉得小孩子是低我们一等的。我们永远不会对朋友使用这种方式和语气说话。如果我们注意自己说话的语气，很快就能发现我们对待孩子是多么不尊重。我们常常以俯视的姿态跟孩子说话，用假装兴奋的声调来激发他们的兴趣，或者用甜言蜜语来换取他们的合作。只有我们真正意识到自己说话语气中存在的问题，我们才有可能做出改变。如果我们能拿出对待朋友的平等态度来与孩子交谈，我们与孩子就能保持良好的沟通。

33

放松一些,
放宽心境

解决担忧最好的方法,

就是放松一些,

对我们的孩子有信心。

父母过度追求公平，会加剧孩子之间的竞争

五岁的谢丽尔和七岁的凯茜站在橱柜前，非常专注地看着妈妈把两块巧克力放在秤上，称了称重量，然后再换上两块。凯茜哭哭啼啼地说："妈妈，谢丽尔的那一份更重些，这不公平。我的就没有那么重。"妹妹谢丽尔大喊着："是一样的，它们是一样重的。"妈妈说："谢丽尔，凯茜是对的。我再称一次。"妈妈继续称巧克力的重量，直到两个女儿的巧克力分量完全相同。

妈妈想要竭力做到公平。可是，这种过度追求公平的态度，反而适得其反。她营造出的过于紧张的气氛，只会加剧两个女儿之间的竞争，让两个孩子都一心想得到自己应得的份额，绝不容许对方比自己多。与此同时，孩子们又联手对付妈妈，让她陷入是否公平的过度焦虑中。妈妈为何会陷入这个麻烦？

妈妈有一个错误观念：她以为必须要"公平"地对待每个孩子，绝不可以表现出任何偏袒。可是，谁能永远保证绝对的公平呢？妈妈又怎么可能安排两个孩子的人生，确保他们不论什么都一定能得到同等分量呢？妈妈对公平的过度在意，使得孩子们关注的重点都放在"获取"上，而不是贡献上。如果谢丽尔和凯茜把这个错误观念当作人生的追求，她们就不可能活得快乐。

妈妈需要放松一些，放宽心，不必苛求公平。如果她认为应该给每个孩子两块巧克力，那就给每人两块，这样就可以了。如果她俩为了谁的巧克力更大而发生争执，妈妈可以远离"战场"，必要的话可以直接躲去洗手间，让小姑娘们自己解决问题吧。

放下焦虑，尊重孩子身体的自然规律

妈妈非常焦虑，觉得三岁的雷蒙德患了慢性便秘。自从他六个月大时，妈妈开始让他接受如厕训练，但很难让他养成排便规律。尚在襁褓期，妈妈就给儿子强行通便，现在妈妈更觉得有必要天天给儿子通便了。

妈妈过于在意雷蒙德的排便问题了。妈妈对他健康的过度关注，其实只是想要控制儿子，却忽视了儿子排便应该遵循自然规律。母子俩实际上是在较量。雷蒙德没有按时排便，于是妈妈就帮他排便，所以她就越来越感到担心。只要妈妈还在替雷蒙德承担责任，孩子就永远不会自己承担。通过妈妈的训练，雷蒙德学会让他的大肠替他"说话"。他可能一生都会延续这种习惯。

妈妈应该放松一些，让雷蒙德想要排便的时候排便，不想排便也不要勉强他，这是他自己的事情。当孩子发现，他不再需要借助排便来表达抗议时，他的大肠功能自然就会恢复正常。

允许孩子在父母的视线范围内做事，不必过于担心

　　妈妈带着五岁的多萝茜去百货商场购物。多萝茜总是慢腾腾地跟在妈妈后面，每经过一个柜台，她都会停下来，假装欣赏里面的东西。可是，每当妈妈停下来买东西时，多萝茜却会径自走开。妈妈大多数时间里都在寻找和追赶多萝茜。当找不到女儿时，她简直急得发狂。等她终于找到孩子时，她说："天啊，多萝茜，你把我吓死了！现在你要好好跟在我身边。我可不希望你在这家大商场里走丢。"孩子瞪着圆圆的大眼睛，认真地盯着妈妈。

　　每当多萝茜和妈妈一起出门时，她都会玩这种捉迷藏游戏。看到妈妈发狂真是太有趣了。多萝茜并不是走丢了，她清楚地知道自己在哪里。她希望妈妈好好跟在她身后。

　　妈妈应该放下总是担心多萝茜走丢的焦虑，同时花时间训练孩子。只要妈妈注意到多萝茜没有跟在她身后，妈妈不妨悄悄地躲起来。孩子很快就会意识到妈妈没有在四处找她，所以她会回到刚才离开妈妈的地方。糟糕，妈妈不见了！现在该轮到多萝茜感到忐忑不安并开始四处寻找妈妈了。等到女儿真的开始焦急了，妈妈就可以悄然走回孩子的视线中，假装在继续购物。当多萝茜惊慌失措地跑过来时，妈妈不妨忽视孩子脸上受惊的表情，平静地对她说："对不起，我们俩走散了。"以后

每当孩子走开时，妈妈都可以这样做。只要妈妈不让多萝茜掌握捉迷藏的主动权，放宽心，不担心多萝茜会走丢，那么孩子很快就会知道要主动跟紧妈妈了。

给孩子成长的空间，不过度关注孩子

妈妈坐在客厅里跟一个朋友聊天。每隔几分钟，妈妈就会站起来看看窗外，看看她的两个孩子，他们一个六岁，一个四岁，正在院子里跟邻居家的孩子们玩耍。后来，这位朋友终于问道："窗外有什么吗？能让你看起来这么感兴趣？""没什么，我只是想确定孩子们都没事。"

妈妈，放松一些吧！如果孩子们真有什么事的话，你肯定很快就会知道的！

相信孩子，摆脱对孩子不必要的担忧

十岁的丹尼总是有本事让妈妈为他担心。妈妈要求他放学后直接回家，可他常常不遵守规定。有一天，已经五点半了，丹尼仍然没有回家。妈妈非常担心。因为孩子是骑自行车去上学的，所以妈妈担心他被汽车撞了。等她终于下决心要给当地医院打电话时，丹尼进了门。他的裤子和鞋子都湿透了，上面沾满泥浆，手里还拎着一桶很脏的水。"丹尼！你到底去了哪里？现在都五点半了！我简直要急疯了。你跑到哪里去了？""我去了公路旁边的池塘。看，我逮到了一些蝌蚪。""我告诉过你多少次了，放学后直接回家！我要知道你在哪里！你不能让我这么为你担心！"妈妈生气地说道。丹尼听着妈妈的长篇大论，一脸的不以为然。

第二天，妈妈跟一位朋友一起参加了指导中心的讲座，学员们也讨论了类似的问题。妈妈想到了一个好办法。每次丹尼准时回家时，她都表现得很高兴。可是，有一天很晚才回家的丹尼却发现，妈妈不见了！

我们对孩子的很多担忧其实是不必要的。更糟的是，孩子们早就意识到这一点，还会利用这份过度的担忧来吸引我们的关注，让我们参与权力之争，对我们进行报复。如果真有不幸的事情发生，那么不论我们如何担忧都无法阻止，我们只能在事情发生后妥善处理。因此，解决担忧最好的方法，就是放松一些，对我们的孩子有信心。父母们要放宽心，这样，等孩子真正发生需要我们应对的事情时，我们才能从容应对。

孩子利用父母的愧疚感，控制父母对自己的关注

比利的妈妈十分苦恼。比利只有十六个月大时，因为她当时离婚了，还要工作，她只好将孩子寄养在别人家里。后来，在比利两岁时，妈妈再婚了，并把儿子接回了家。到比利三岁

时，妈妈又生了一个孩子，由于各种原因只好再次将他寄养在别人家。如今，已经五岁的比利似乎总是不快乐。不论妈妈怎么表达她的爱，孩子都不肯相信。每当妈妈说"不行"或者不答应买比利想要的东西时，他都会可怜地哭着说："你一点也不爱我。"妈妈都快急疯了。比利似乎总想买超出妈妈能力范围，或者是对他来说没有益处的东西。她对此真是无可奈何，又不知该怎么安抚他。

问题就出在妈妈对比利的愧疚感上，她总为自己两次把孩子寄养到别人家而深感愧疚。虽然以当时的情况而言，寄养是她最好的做法，但她仍然觉得自己亏欠儿子太多。现在，妈妈更是格外担心，那些经历会对孩子造成负面影响。她认为，比利感觉自己被抛弃了。

比利对妈妈这样的心态做出了反应，甚至懂得利用这一点来达成自己的目的。他知道妈妈的弱点，然后用这个弱点来反击妈妈，这样妈妈就能一直对他保持高度关注。这是他永远控制住妈妈的好方法啊。只要比利对妈妈的爱表示怀疑，妈妈就会立即妥协地向他证明。

妈妈知道自己很爱比利，比利也知道。妈妈完全不必因为比利的"怀疑"而抓狂。只要她能满足孩子合理的需求，她就是个好妈妈。妈妈必须学会不害怕比利伤心，只有当妈妈真正明白儿子行为背后的目的，才能摆脱他的控制。每当比利哀诉妈妈不爱他时，妈妈不妨以放松的态度回答他：你有这样的感觉，我很抱歉。

一个表现出嫉妒的孩子也会出现类似的情形。我们大多数人都会想到：大孩子会嫉妒弟弟妹妹，结果我们发现这件事果真发生了，然后我们努力地想要消除孩子的嫉妒，结果却在帮他发现嫉妒有那么大的作用！在不知不觉中，我们教他学会嫉妒！我们越是关注大孩子的嫉妒行为，大孩子就越会认为嫉妒非常有用。如果想有效地预防这种不良情绪，我们必须克制住自己的怜悯之情。我们要坚信，孩子一定能学会从容应对各种困难。弟弟妹妹出生后，妈妈自然无法花那么多时间专门陪大孩子。如果妈妈对此感到愧疚，竭力想弥补大孩子的"亏欠"，那么大孩子就一定能适应他的新角色。有些孩子得到的多一些，有些孩子得到的少一些，这是现实生活中的一部分，每个孩子都必须学会从容面对。只有当嫉妒能带来好处时，孩子才会利用嫉妒，反之他们就不会嫉妒。

仔细想想，我们对孩子的各种担心究竟有多少，就连我们自己都会感到惊讶。我们担心孩子是否养成了不良习惯，担心他们是否有不良想法，还要担心他们的道德观、身体健康……如果看到了什么事情，我们便会将自己的想法强加在他们身上。遇到某件事情时，我们自以为了解他们的感受，而不去询问和倾听他们的真实看法。我们督促乃至鞭策他们在学校里取得好成绩，推动乃至强迫他们参加各种"有益"的课外活动，这样我们会觉得自己脸上有光。我们总想知道"他们每分钟在做什么"，恨不能他们每做一件事都要向我们汇报。我们的所作所为，几乎是认定了孩子"人之初，性本恶"，必须通过掌控他们，才能使他们变成好孩子。我们花费了太多的时间和精力，一心想要替他们生活。但凡我们能放松一些，对孩子有信心，放手让他们过自己的人生，那么不论是对我们还是对孩子来说，生活都会轻松很多。

我们有这些担忧很大程度是因为我们不知道该怎么去处理问题。其实，我们真没有必要去处理每个小问题。如果我们放宽心，放松一些，很多问题就会不复存在，因为孩子们的诸多问题本就是为了让我们担忧而已！想要让生活变得完美、顺利，这是绝对不可能的，以此为目标，注定是徒劳的。

孩子出现不当行为时，只要我们知道自己该做什么、不该做什么，就能自信而放松地做出妥善的处理。于是，我们就可以放宽心情轻松养育孩子了。

34

不必
太在意某些
"坏"习惯

我们越是急于纠正孩子的

"坏"习惯,

事情就越会往"坏"的方向发展。

父母越纠正孩子的坏习惯，孩子越不容易改变

妈妈正在晾衣服，忽然注意到四岁的马克正和他的两个小伙伴站在一起，半隐半现地躲在隔壁家一片空地里的杂草中。妈妈仔细一看，才发现他们正脱下裤子随地小便。妈妈冲过去，把另外两个男孩子送回家，然后把马克带进屋里。马克已经哭了起来。"我要好好教训你一顿，你竟敢做这么可恶的事！"妈妈一边高声责骂，一边狠狠地打他的屁股。"你永远、永远都不能再做这种事了。如果你想要小便，就回家里来洗手间上厕所。现在，回你自己的房间。今后三天都不许出去玩！"然后，妈妈给另外两个男孩的妈妈打电话告状。

三天后，马克被允许到外面玩了，妈妈却接到了邻居怒气冲冲的电话，说马克正在前面的人行道上小便，而一群孩子包括两个女孩，站在一旁围观。妈妈冲出去，把马克带回家，又揍了他一顿，比上次打得还狠。那天晚上，她把这件事告诉了丈夫。爸爸也骂了马克，威胁他说："我要是再听说你干这种事，一定好好揍你一顿，让你一辈子都忘不了。"整个夏天，类似的事情又发生了好几次。每次马克都会挨一顿揍，然后被关在家里几天。

很明显，惩罚没能阻止马克的行为。相反，马克愈发表现得兴致勃勃，他想看看自己是否干了坏事而不被抓到。

我们不能粗暴地处理这种性质的行为，这样只能让情况变得更糟糕。

妈妈最明智的做法，是悄悄地把马克叫回家，既不要发怒，也不必进行道德说教，只需平静地把他带回家。既然他不知道如何在外面举止得体，那么他就必须老老实实待在家里。以后，每次妈妈发现马克又在外面小便，都要这样做。因为马克完全知道自己的行为不当。

我们越是急于纠正孩子的"坏"习惯，事情就越会往"坏"的方向发展。这样的"坏"习惯，包括了各种形式的性游戏、尿床、吮拇指、咬指甲，等等。我们故意将"坏"字加上引号，是因为这类行为并不比其他形式的不当行为更加"恶劣"，并且与其他不当行为一样，都能满足孩子潜意识中的某种行为目的。只有我们成年人才知道这些行为背后隐藏着多么严重的问题和危险。因此，我们在处理这类行为时，首先就要降低它在我们头脑中的"严重性"。一旦孩子发觉自己做某件事能给父母带来严重的困扰，他就掌握了一个更加有力的武器。在这种情况下，如果我们能做到淡然处之，就能"让他的风，无帆可吹"。

在绝大多数情况下，如果孩子之间的性游戏能躲过成年人的注意，那就不会造成不良后果。因此，假如我们注意到孩子跟别人一起玩性游戏，那么最明智的做法就是假装不知道。只要我们不因这件事与孩子发生冲突，就不会对孩子造成伤害。这与吮吸拇指一样，都是一种轻松的自娱形式而已，只不过这也让我们知道了孩子没能找到更好的途径从生活中得到满足感。

如果我们试图阻止他，只会让孩子更加本能地固守这种满足感，更加抗拒我们试图阻止的这种行为。于是，这个习惯就有了第二个错误目的——权力之争，即打败我们这些压迫他的成年人。因此，我们最好的对策，就是一方面完全不必在乎他的这种行为，另一方面要努力激发孩子的其他兴趣，让他通过有意义的途径来获得人生的满足感，从而间接地解决问题。

三岁的玛丽喜欢吮吸拇指，但她的做法跟别人有所不同。她会用另一只手挡在自己的面前，像是要掩饰自己的行为。

玛丽是逃离了现实环境，躲进了自己制造的小环境中，并自得其乐。她不需要别人的打扰。

孩子爱尿床，是父母的责骂和惩罚让他感到气馁

晚饭后，妈妈仔细盯着六岁的杰克，不让他多喝水。每天妈妈或爸爸都会在睡觉之前去叫醒孩子，带他去一趟洗手间。即便如此，早上妈妈叫杰克起床时，仍会发现他尿床了。妈妈恳求过他，让他不要尿床。有时候因为洗床单，妈妈难免心生怨愤。她和爸爸尝试了他们能想到的各种惩罚和说教方式，但没有哪种办法起作用。杰克就是一个习惯尿床的孩子。

一个尿床的孩子，通常也是一个想怎么做就怎么做的孩子。他坚信，这是因为他真的控制不住自己。可实际上，他是不愿

意顺应情形的需要。爸爸妈妈因为尿床给予了他额外关注，这更让他相信自己无法控制才尿床。所有的责骂、惩罚和恳求，都只会让他对自己的控制能力更加气馁。在他看来，他没办法控制自己不尿床。最重要的是，他还一再为此受到惩罚和羞辱，博取到了父母的负面关注。

杰克需要学会自己去收拾残局。爸爸妈妈真要帮助他，就应该把这个麻烦交给他自己处理，这是他的事情。当家长真正做好不再为此焦虑的准备后，可以告诉孩子："以后我们不会再叫你起来小便了，你自己决定就好。如果觉得床尿湿了实在不舒服，你就自己换床单。"此后，爸爸妈妈要做到真的不再过问此事，而且一定要坚持到底。这种不舒服是他需要体验的自然后果。要想改变孩子的自我认知，让他相信自己有能力照顾好自己，这无疑需要时间，不能期待一夜之间发生奇迹。

孩子咬指甲，通常是在表达他的愤怒、怨恨、紧张或是反抗。和前面所讲的习惯一样，这种习惯只是问题的表象，而不是问题本身。责骂、羞辱或采取预防措施都注定无济于事。我们无法强迫孩子不再咬指甲，只能调整自己的行为，找出消除孩子产生这种行为原因的方法。

孩子撒谎或偷东西时，通常会做些"欲盖弥彰"的事情。如果孩子并不介意我们发现他撒谎或偷窃，那么不难确定孩子的错误目的就是吸引我们的关注。不过，如果他拒不承认自己的行为，那么我们可以确定他的目的是权力之争，在向我们展现权力。他可能认为，只要他想要什么就有权得到什么，不管采取什么方式。他还有可能因为撒谎或偷东西没被发现而感到特别得意。说谎或偷东西，是深层叛逆意识呈现出来的表象。当我们发现孩子偷窃，偷来的东西一定要归还。但是，我们也要放松一些，别把事情想得太严重，最好能以平常心对待。对于那些认为自己有责任管教孩子的父母来说，恐怕很难做到不出面制止孩子的错误行为。只是父母的鄙视、批评和惩罚并不能阻止孩子继续说谎、偷东西，相反，这会强化孩子们的这种行为，增强孩子继续干坏事跟父母较量下去的愿望。孩子其实不需要任何教导，他很清楚说谎和偷东西都是不对的。如果他继续选择去做坏事，那是因为做坏事能给他带来想要的结果。

与其过度在意孩子的坏习惯，不如试图去理解孩子

五岁的苏珊和邻居的孩子露西在一起玩，露西有一辆带辅助轮的小自行车。苏珊回家后，请求爸爸妈妈也给她买一辆。爸爸妈妈解释说，家里现在还买不起。一天，妈妈发现露西的自行车被藏在了自家炉子的后面。这是一位非常聪明的妈妈。她想："好吧！我等一两天，看看会发生什么。"她果然注意到苏珊似乎很烦恼。自行车半藏半露地放在那里，妈妈忍住了什么也没说。直到第二天下午，妈妈才问苏珊："你为什么不把露西的自行车拿出来骑呢？"苏珊慌张地回答："因为那样的话，她就会看到车子了，我就只好还给她了啊。""那你把车子拿回来，也没多大用处啊，是吧？"苏珊忍不住哭了起来。妈妈建议："要不，还是把车子还给她吧？这样至少你们俩还可以一起

骑，是吧？"苏珊听从了妈妈的话，妈妈赢得了苏珊的合作，轻而易举地解决了这件事，苏珊还从中吸取了教训。

这个案例中真正的问题，在于苏珊觉得她有权得到她想要的任何东西。而妈妈用自己的智慧帮助孩子发现，偷窃是错误的行为。当孩子说脏话或骂人时，他要的是话语带来的"震撼效果"。如果我们按照他的意愿行事，露出满脸的震惊，然后大呼小叫，那就等于是鼓励他继续这样做。其实我们可以不理会，"让他的风，无帆可吹"。当孩子看到我们这样的反应，很快就会放弃自己的行为。

👶 父母对孩子充满信心，孩子更容易改掉坏习惯

出现这些坏习惯的孩子，需要的是我们的帮助和理解。这样的行为只是一种表象，我们不能只解决这个表象而不关注背后的原因，否则就不能解决任何问题。藏在表象背后的原因是什么呢？很多时候我们可以通过跟孩子友好、随和地交谈来帮助我们理解孩子。比如睡觉前，妈妈和孩子心情愉快的时候，妈妈可以提议做个问答游戏，问孩子："今天你有什么开心的事情？"孩子回答后，妈妈也说说自己今天开心的事。然后，她可以再问："今天你有不开心的事情吗？"在这个回答里，妈妈或许能发现什么是令孩子反感的事情。妈妈可以将她获得的信息来作为行动的基础，而不是对孩子说教。

孩子说出令他不开心的事情时，妈妈不要发表评论，也不要批评孩子。不过，妈妈倒是可以问问孩子，是否想她对此做点什么。这是一个倾听孩子的机会。如果孩子此时没什么想法，妈妈可以继续刚才的游戏，告诉孩子自己遇到的不开心的事情。但请注意，这时一定不要提与孩子有关的事情，否则这就不再是一场游戏，而变成批评了。此时我们必须非常小心，不要拐弯抹角地批评孩子，因为这样只会让孩子关上心门，也关上了能让我们进一步了解孩子的大门。这种游戏可以经常进行，妈妈可以让它成为一种和孩子间接交流的方式。

我们当然不会指望孩子一夜之间就改掉坏习惯。如果经过几天的努力后，看到孩子的行为并没有改善，我们有可能会感到气馁。于是，不管是我们还是孩子，似乎都再次认定，他的坏习惯永远也无法改变。其实，只要我们停下来，静心想一想：等孩子上了高中，他还会吸拇指或是尿床吗？当然不会！我们会发现，我们的担心和悲观人多是没有必要的。我们知道，孩子一定能改掉坏习惯。这样，我们就能给自己信心，进而才能巧妙地向孩子表达我们对他的信心。这是一个长期的过程，需要我们不断地给予孩子积极的鼓励。我们坚信，持之以恒的结果就是孩子最终会做出良性回应。只要我们自己能从挫败感中解脱，我们就会拥有对自己、对孩子的信心和信任，而这会给孩子改变的动力。最重要的是，只要我们自己不再担心恐惧，放松一些，愿意接纳一定的不完美，我们就会发现心头的压力减少了。不论是对孩子，还是对我们自己而言，所谓的坏习惯并没有那么可怕。

35

一起享受
乐趣

如果家长善于
倾听并敏锐地观察孩子，
我们就能够发现
让孩子感兴趣的各种事物。

在传统的家庭里，因为物质条件和生活环境有限，孩子们只能一起玩。这种习俗代代相传，直到后来出现了广播、电视等大众的娱乐方式。其实我们都非常喜欢看一家人的温馨故事。芭蕾舞剧《胡桃夹子》中最感人的场景之一，就是大人和孩子们一起，围着圣诞树跳民间舞蹈。而在现代社会中，太多家庭关系疏离，以至于孩子们的快乐已经不再来自和家人一起玩乐了。孩子们自己玩，父母提供玩具，自己却不会参与其中，这实在是件可悲的事情。产生这种现状的原因，一部分是社会文化刺激着孩子与父母对抗，另一部分则是父母缺乏与孩子一起享受乐趣的技能。父母一心想要为孩子提供最好的东西，却忽略了应该跟孩子一起感受生活。

还有一个现象，是父母与孩子之间没有共同的兴趣。这既因为孩子对成人世界的排斥，又因为父母做不到以平等的姿态进入孩子的世界。在许多家庭中，孩子们不希望父母和他们一起玩！如果家庭气氛是压抑、紧张的，一家人不可能一起玩得开心。反之，如果父母和孩子能一同享受游戏时光，家中的对抗气氛就会减少，家庭也会更加和睦。

父母应该有意识地通过家庭游戏来营造和睦气氛。这样做可以慢慢改善大人和孩子对抗的情况，使双方成为有共同兴趣的伙伴。

和婴儿一起玩很容易，但是等孩子长大后，我们似乎不知道该怎么跟他一起玩耍了。可实际上孩子非常需要跟父母一起玩耍的时光。游戏不但是父母和孩子和睦相处的有效方式，而且还能促进双方相互了解。家人一起玩游戏，应该成为家庭快乐的来源，而不是相互竞争。通过玩游戏，孩子可以学会：不一定非赢不可，输了也可以玩得很开心。对父母来说这并不容易，因为大多数成年人都习惯了让孩子赢。

每个家庭都应该有适合孩子年龄的游戏，还应设有固定的家庭游戏时间。随着孩子渐渐长大，游戏可以与训练孩子的生活技能结合起来。当然，游戏的时间段可以不断地根据需要适当调整，以便让更多家庭成员参与进来。

和孩子发展共同兴趣，用游戏和活动营造轻松和谐的家庭氛围

有个家庭中有五个孩子，三个男孩和两个女孩。爸爸是一名狂热的棒球迷，还是当地的业余棒球队成员。每年春天，只要天气允许，爸爸都会带着孩子们一起训练。就连三岁的小孩子也有一支自己的球棒，爸爸总是投出让小孩子也能成功打到的球。随着孩子们渐渐长大，爸爸需要不断增加投掷难度，才能满足他们日益提高的技术。在全家一起参与的棒球游戏中，年龄较大的孩子在对待技术欠佳的弟弟妹妹时，也学着爸爸的宽容态度，跟爸爸一起为他们不断提高的技能而感到高兴。爸

爸从不因为孩子没打中球或是没打好配合而训斥他们，他总是不断地鼓励孩子们。显然，爸爸非常享受这些难忘的时光，孩子们也一样。

八岁的休很热爱打棒球，只要步行范围内有棒球比赛，他就一定会去看球赛。爸爸和妈妈要求他，必须得到家里允许之后才能去，以便知道他在哪里。有一天傍晚，休没回来，哪里都找不到他。天已经黑了，爸爸正准备给警察打电话，却见休像个没事人一样走回家，刚才的焦虑立即被怒火代替，爸爸刚想责骂他。"等一下，爸爸。"休恳求道，"让我告诉你是怎么回事。"他解释说，他和一群高年级的男孩子一起去了十英里外的球场看比赛。"爸爸，你从来不带我去看球赛，我请求你几百次了，但你总说你很忙，或者有别的事情要做。"

这句话引起了爸爸的反思，他这才明白休多么希望自己也能分享他的乐趣！爸爸立即做出改变。现在，不论是爸爸还是妈妈，都对当地的棒球比赛和棒球手产生了兴趣，三人总是一同去观看比赛。

大多数孩子都喜欢玩"表演"，父母不一定只当观众，也可以参与其中！当孩子在故事中扮演父母的角色时，父母就可以扮演孩子的角色。所有耳熟能详的童话或传说都可以是即兴表演的素材。不需要观众，只要"我们一起来表演"就好。

还有许多节日也可以成为全家共同享受乐趣的时机。比如说圣诞节前夕，一家人可以晚上围坐在一起，为圣诞树制作纸质饰品；劳动节的前一天晚上，大家也可以做些可爱的纸盒，摆到餐桌上。这些都是可以激发家庭成员创意、增进家庭和谐的好机会。

另一个倍受喜欢的家庭游戏是"虚拟环游世界"。暑假来临前，家里每个人都开始寻找自己想去的地方，大家开始调研、搜集信息、制定旅行计划，每个人准备一个国家的资料，并放在专门的文件夹里。暑假时，全家一起"环游世界"。

一个家庭适合哪些活动取决于一家人的共同兴趣。父母的热情总是很有感染力，孩子们更是常常展现出让人惊叹的聪明才智。他们的行为会告诉我们他们的兴趣是什么。有一家人，在孩子被学校安排去参观了一家博物馆后，在家办起了一个"家庭博物馆"。家里所有古老的物品，都被孩子贴上标签，放在"博物馆"的架子上。家中的每个人都睁大了眼睛，四处搜寻可以充作展品的物品。一块彩色玻璃，被当作"古老教堂窗户的遗骸"；在树林里散步时捡到的一根羽毛，被当作"古印第安人帽上的装饰"；还有个孩子用晒干的玉米棒做了一个娃娃，等等。

一起唱歌也是家庭聚会活动的好选择。在一个八口之家中，晚上的洗碗时间成了全家人最开心的时光，因为这是每个人都会参与的"唱歌时间"。孩子们会跟父母学习唱歌，也会教父母唱他们在学校里学会的歌曲。随着年龄的增长，孩子们学会了多声部和声伴唱。后来，全家还分组玩起了对唱。

如果家长善于倾听并敏锐地观察孩子，我们就能够发现让孩子感兴趣的各种事物，而且可以发挥我们的想象力将其发展成一个全家人都能参与的活动。

通过所有人都喜爱的游戏和活动，家人的凝聚力越来越强。家人的团结对于促进平等相待、营造轻松和谐的家庭氛围至关重要，而这种氛围正是家庭生活中必不可少的一部分。

36

迎接电视
带来的挑战

我们能做的，

是提供更有趣的事物

来刺激和影响孩子，

最终让他们自愿离开电视。

孩子沉迷于看电视，
是因为缺乏和父母的有效沟通与合作

几乎每个家庭都面临电视带来的诸多问题[1]。因为看什么节目而引起的争吵、爸爸妈妈对孩子可能会吸收错误观念的担忧以及他们对孩子在这些"垃圾"内容上浪费太多时间的焦虑。孩子们观看某个精彩的电视节目时，家庭作业会被耽搁了，睡觉时间会被延后，甚至孩子们会一边看电视一边吃饭。

许多家庭甚至改变了用餐习惯，以配合电视节目时间，或者人人都坐在电视机前，一边专心地观看节目一边吃饭。共进晚餐不再是促进相互交流的活动了，这让不少家长忧心忡忡。有时候，很多妈妈恨不得把电视扔出去。可是，一旦制定出看电视的若干规矩，争执和反抗就会接踵而至。如果父母不安装电视，孩子们要么去邻居家看电视，要么成天在父母耳边抱怨他们不能享受别人家孩子拥有的东西。

我们无法让电视从此消失。一味怨恨电视于事无补，我们必须学会怎样面对这个问题。当孩子们争吵看什么节目时，父母应该要么不介入，要么关掉电视直到孩子们达成协议。

---

1 在这本书的成书年代里，还没有手机、网络等。可是，在今天的家庭和亲子关系中，手机、网络等都成了最令人头疼的问题。——译注

如果父母和孩子之间为了看电视而发生争执，这时，事情就要难办得多。此时的问题，既不是妈妈和爸爸是否有权观看晚间节目，也不是家长是否应该屈服于孩子的权利，让孩子看他们想看的节目，这已经变成了一个家庭问题，必须由全家人一起来解决。全家人都应该好好想想"我们该怎么办？"而不只是妈妈或爸爸想"我该怎么制定看电视的规矩？"全家可以就此召开家庭会议，所有家里成员都必须参加，并达成共识。如果分歧非常严重，那么家长可以先拔掉电视机的插头，在达成一致之前，所有人包括家长在内，都不准看电视。

至于被耽搁的家庭作业，我们也可以通过讨论与孩子达成共识。孩子可以自己决定什么时候写作业，什么时候看电视。然后，妈妈只需要认真监督孩子遵守承诺——切记，父母要用行动，而不是用语言来解决问题。如果孩子年龄稍大，妈妈可以这么提问："现在该做什么了？"让孩子自己提供解决方案。

如果孩子该睡觉了却还想看电视，父母必须坚持原则，维持作息规律。如果孩子还小，家长可以一言不发地直接送他上床睡觉。妈妈不要想着"要让他听我的话"，只要本着遵守作息规律的心态做事，就不会引发权力之争。孩子年龄稍大些，父母可以和他达成协议，然后让他按照协议去执行。如果我们未能与孩子建立起相互信任和合作，那么运用上述方法就很不容易。其实，此时电视本身不是问题，它只是揭示出父母和孩子之间缺乏合作的问题。

电视节目的质量和内容是人们都在关注的问题，大家为此争论不休。只是，我们很难被动地坐等别人为我们解决问题，在我们的家庭里，我们可以自己采取行动。

🙂 引导孩子选择适合他们的电视节目，
培养孩子的判断力

十一岁的琼、八岁的莫娜和七岁的罗伯特都特别喜欢一个圣诞主题的恐怖节目。爸爸妈妈认为这个节目并不适合孩子看。可父母越是反对，孩子们就越想看。"有什么不该看的？明明就是好节目，别人家的孩子都在看！"一家人每个星期都会为了这个节目而争吵。

当我们坚持不让孩子看某个节目时，我们就引发了一场权力之争，而赢家通常是孩子。没有什么比"别人家的孩子都在看"更有力的论据了。如果我们仍然不许孩子看，他就会另找机会报复我们。有没有解决办法呢？首先我们要明白，家长不可能保护自己的孩子不受电视的任何影响，也不可能让他们不受社会的其他影响。其次，我们可以帮助孩子培养自己的判断力，提高他们明辨是非的能力。但是，这不是靠我们对孩子进行说教就能实现的，语言会更多地成为相互攻击的武器，而不是相互交流的工具。因此，只要父母一开始说教，孩子就会变得充耳不闻。

然而，若家长能抱着倾听的态度，通过提问的方式跟孩子讨论，这样将非常有帮助。父母可以陪着孩子一起观看节目，然后在轻松的氛围中分享各自的感受。"你怎么看这件事？这个人的做法明智吗？你认为其他人的感受如何？为什么？你认为他们还能做些什么？"通过这样的讨论，父母可以帮助孩子独立思考，并学会以批判的眼光看节目内容。如果父母能用心倾听，就会发现孩子提出的建议很有价值。谈话过程中，父母不必去"纠正"孩子表达出来的想法，否则会破坏这样的谈话。我们不妨接受孩子说出的话。

随着时间的推移，我们会注意到孩子的进步，看到他也培养出了辨别能力！如果家长也希望表达自己的想法，最好能进行启发性的提问："我想知道如果……会怎么样"或"如果……你认为会发生什么？"比如，在看过一个牛仔故事片后，我们可以这么提问："你觉得什么是'好人'？所谓'好人'会永远好吗？"或者"打人、折磨别人，真的很有趣吗？那个挨打的人会有什么感受？"通过这样的讨论，避免把自己的想法强加给孩子，要引导孩子自己去思考，我们就能与孩子建立起融洽的关系。

可只要我们想替孩子做主，他就永远都无法学会独立思考。如果亲子关系足够融洽，孩子会愿意坦率地回答我们的问题，告诉我们他的想法，因为他知道说实话不会被批评。而我们很可能会发现孩子在判断是否正确以及公平时所表现出来的智慧和准确。

只要我们遵循上述原则认真执行，我们就会发现大多数孩子都能恰当地处理好电视问题。只要看电视不再成为权力之争的原因，孩子的兴趣往往就会逐渐减弱。而且只要我们能保证孩子有看电视之外的家庭娱乐时光，那就不必过于担忧"垃圾娱乐时间"。我们不能强制要求孩子喜欢什么，那也是把我们自己的意图强加给孩子。我们能做的，是提供更有趣的事物来刺激和影响孩子，最终让他们自愿离开电视。

只要我们清楚自己该做什么，而且相信自己能处理好看电视所带来的问题，那么电视就不会令我们忧心忡忡了。

37

跟孩子沟通，
而不是对孩子
说教

与孩子交谈，
意味着我们与孩子一起
寻找解决问题的方案，
共同思考更好的改善方式。

在本书中，我们多次建议父母与孩子一起讨论共同面对的问题。在进行了很多的家庭咨询后，我们发现很少有父母知道如何与孩子交谈。虽然父母的说话态度很友善，但仍不是跟孩子沟通，而是对孩子说教。

青春期的孩子与成年人之间的突出问题，通常是双方缺乏沟通。如果在孩子年幼之时，双方就建立起了和谐的关系，那么在孩子青春期时，沟通之门往往能保持敞开的状态。这在很大程度上取决于我们是否尊重孩子，特别是在我们不认同他的观点时，能否努力保持对孩子的尊重。只要我们静下来想一想，我们就会意识到孩子思维能力的发展是多么了不起。孩子总会自发地，而且常常是无意识地观察这个世界，接收各种信息，再将它们形成自己的体系和判断，并根据他得出的结论采取行动。孩子有自己的想法！可我们却常常不尊重他的想法，甚至认为那是叛逆或反抗。我们严厉打击这类叛逆行为，并一心要把我们的想法强加给他。我们在塑造孩子的品格、思想、个性时，是把他当作一块柔软的陶泥，任由我们去拿捏。在孩子看来，这无疑就是专制，事实上也正是如此。这当然不是说我们不应该影响和引导孩子，但我们不能强迫他按照我们设定的模式去思考和行动。

每个孩子都有自己独特的创造力，因此每个孩子都会对生活中他遇到的事情做出自己的回应或者反应。每个孩子性格的形成都有他自己的参与。

父母一味地斥责与批评，让孩子不愿意敞开心扉

作为父母，我们的责任是引导我们的孩子，因此明确我们该从哪些方面入手、该怎么去引导才是明智之举。我们首先需要观察孩子的行为，找到孩子行为背后的目的。在这个过程中，我们总能从孩子身上学到很多东西，如果我们愿意进一步了解他的想法，我们还能学到更多的东西。了解孩子并不难，因为年幼的孩子总是毫无顾忌地表达自己！但是，如果我们斥责、批评、威胁、挑剔他们的想法，他们就会感到不舒服，很快就不再对我们敞开心扉。于是，与孩子的沟通之门就被我们慢慢地关上了。

相反地，如果我们能敞开心扉，接纳孩子的想法，与他一起去尝试，去探索可能的结果，不断提出"然后会怎么样呢？""你会有什么感觉？""别人可能会怎么想？"之类的问题，那么在面对和解决生活困难的过程中，孩子就会感到我们是他的伙伴。引导式的提问，是跟孩子沟通的最佳方法之一。

期望孩子只有正确的想法很荒谬。当我们告诉他，我们的想法是"对的"，而他的想法是"错的"，那只会让他闭上嘴巴（我们成年人之间也是如此）。这就是我们在对他说教。

"比利！你讨厌妹妹是不对的，你让我为你感到羞耻。你必须爱她，你是她的哥哥。"这就是在对孩子说教。相反，如果我们问比利说："我很好奇，我想知道为什么一个男孩子会讨厌他的妹妹？你是怎么想的呢？"孩子可能会说："因为她碍了我的

事！""除了讨厌她之外，你还能做些什么呢？"这就是在跟孩子沟通。我们接纳比利此时讨厌妹妹的感受，并且不去评价他。孩子的感受是真实存在的。我们应该关注的焦点，是从孩子的角度来理解他的感受，以及他为什么会有那样的感受。

👦 多考虑孩子的感受，学会站在孩子的角度看问题

作为父母，我们很容易自以为是地认为自己知道孩子的感受。"我还记得，当初我妹妹用她的可爱赢得奶奶的所有关注时，我是什么心情！我不会让同样的事情再次发生在我的孩子身上。"这就是我们自以为是的想法。可事实上，我们的女儿可能根本不像我们一样，她可能有自己的办法，不让她可爱的小妹妹得到奶奶所有的关注；也许她不像我们当年那样，对妹妹得宠满心嫉妒；也许她会用其他办法让自己更得宠。每个孩子都有自己不同的感受，我们需要清楚孩子的感受，而不是自以为是地认为孩子会有和我们当年一样的感受。

我们必须坦率地承认：世界上存在不同的视角，也就是说，不同的人看待某事的角度不一定是相同的。

当我们注意到孩子的看法与我们的不同时，我们必须格外谨慎。如果我们因此批评或羞辱孩子，很可能会使孩子不再信任我们。我们需要随时准备好接纳与我们不同的观点，并认可其价值："你可能是对的。我们好好考虑一下，看看还会出现什么情况。"或者我们可以对孩子坦率地说："我不认同你的想

法。"然后接着说："但是你有权坚持你的想法，让我们看看接下来的结果会怎样。"在关系平等的情况下，每个人都愿意重申自己的想法——不是拘泥于"对与错"的狭隘角度，而是"怎样最符合实际情况"的角度。如果我们希望孩子改变他的想法，就必须引导他看到换一种方式的结果可能会更好。如果想维护家庭的和睦气氛，我们就必须把孩子视为合作伙伴。孩子的想法和观点也很重要，因为这是从他的视角看待问题。孩子的这些想法会形成他的"个人逻辑"——也就是他潜意识里的行为目的。教导孩子别做不该做的事情是徒劳的，他已经知道不该做，但他还要做，这是为了实现他的错误目的。我们这时的否定和说教，只会让孩子更加坚定，他有权利坚持己见。我们需要理解这些心理逻辑，当孩子认为承受一定的痛苦能获得关注或者权力时，他就会用不当行为来增强错误的自我认知，他从内心深处认为这是值得的。我们要倾听孩子的想法，了解他的心理逻辑，引导他从另一个角度看问题，帮助他发现以前未曾发现的好处。一个想要得到权力的孩子，也想要得到别人的喜欢。我们不妨跟孩子聊聊：想要权力和别人的喜欢两者兼得的困难是什么？通过讨论，让孩子明白：假如他是小霸王，那么别人就不会喜欢他，因此他不得不做出选择。如果我们直截了当地说，"如果你当个小霸王，就没人会喜欢你"，那只能激起他的敌意。我们可以提出些启发性的问题，比如："大家会怎么看待一个小霸王？如果一个小霸王想要得到别人的喜欢，那他该做什么呢？"以此来引导孩子发现他不招人喜欢的原因，明白自己行为的影响，那么，他最终会明白，这一切取决于他自己的选择！

🧒 孩子需要父母正确的引导，而不是说教

我们来假设一个场景。妈妈无意中看到两个孩子正在打架，原因是刚才玩卡片游戏时有一个人作弊了。她决定不去介入他俩的冲突。不过到了后来，在孩子们心平气和之后，她觉得应该跟孩子们讨论一下作弊的事情。"你们都知道，作弊是不对的。这也会破坏你们玩耍的乐趣。为什么你们不能好好遵守游戏规则呢？"妈妈说话的语气很温和，态度也很友善。但这不是在跟孩子讨论问题，而是说教。这在逻辑上没问题，但在心理上却会引起孩子的抵触。

不过，还有另一种方式。一两天后，这位妈妈对两个儿子说道："我有件事情想不明白。"两个孩子立即充满好奇，想知道妈妈在想什么。妈妈成功引起了他们的关注。于是，妈妈说："有两个人玩游戏，其中一个人作弊，你们说接下来会发生什么？""他们会打起来。""你觉得那个人为什么会作弊呢？"从这里开始，两个孩子的回答会说明他们的想法。一个孩子说："因为他想赢。"或者"因为他想让自己很厉害。"另一个孩子可能会说："因为我不喜欢输给别人。"每次妈妈都会问其中一个孩子对另一个孩子的回答有什么看法。她想帮孩子们理解对方是怎么想的，而这也正是她的目的。最后，妈妈可能会这么问："他们还能继续开心地玩游戏吗？作弊的人该怎么面对那个被骗

的人呢？你觉得这两个人可以学会公平地玩游戏吗？该如何做呢？他们每个人可以做些什么呢？该怎么玩才能保持游戏的乐趣，会不会有人觉得不开心呢？"在一系列的问答后，妈妈对孩子们上次打架有了更深入的了解。最后，妈妈说："我很高兴能了解你们的想法，这对我很有帮助。"

妈妈已经为孩子埋下了思考的种子。她不需要跟孩子们说，她认为他们应该怎么做。在她的引导下，孩子们已经看到问题出在哪里、该怎么解决。允许孩子们自己思考，看看会有什么结果。

无论是孩子还是成年人，没有人喜欢面对面地被人指责。如果我们只是笼统地谈某个问题，会让孩子觉得我们是在谈论"别人"，既不是"两个小男孩"（或小女孩），又不是"你们俩"，这就给孩子提供了一个客观思考的环境。我们更愿意讨论别人身上有什么问题，在与孩子讨论他们遇到的困境时，如果能把他们的问题当成别人的问题，通常讨论会容易得多。

不过，有些场合下，我们需要直截了当，这样反而更有效果："我有个问题，不知道你会怎么看？我想要按时做好晚饭，而你想让我辅导你做作业，可我实在是分身无术，无法同时做好两件事情。你觉得我应该怎么办？"

我们在这样的讨论中获得的任何信息，都可以作为我们下一步行动的参考。但是，如果我们想要通过说教来纠正孩子的错误想法，那么我们通常不会再从他那里得到任何信息，讨论只会越来越无效。只要孩子觉得我们是在告诉他，他很坏很差，他就会关上心扉。所以，即便孩子提出了我们不能接受的想法，我们仍然要练习接纳："你说的可能有道理，不过，你想假如每个人都这么做，会出现什么结果？"如果孩子觉察到我们认为他的想法不对而不愿意继续讨论时，那就让谈话暂时告一段落："我们会考虑一下，过几天再谈吧。说不定到时候我们都有新的想法了。"

对孩子说教，意味着我们告诉孩子，我们希望他怎么去做，意味着要求孩子服从我们，按照我们所想的去想、去做。

👦 父母要赢得孩子的合作，而不是强迫他们合作

而与孩子交谈，则意味着我们与孩子一起寻找解决问题的方案，共同思考更好的改善方式。这样在家庭和谐的建设中，孩子就能发挥出他创造性的作用，会因为他为家庭做出的贡献而自豪。当然这不是说孩子有权按照他的想法支配家人，而是全家通过讨论，一起为面临的问题寻求最佳解决方案。许多人认为，新的儿童心理学意味着父母向孩子们屈服，放弃了父母的引导职责。事实恰好相反。如果我们不能平等地跟孩子们坐下来讨论问题，不给孩子们机会表达他们的看法，不肯倾听他们的意见，那么孩子们很可能就会为所欲为，而我们就丧失了对他们的影响力。我们只能赢得孩子的合作，但不能强迫他们合作。赢得孩子合作的最佳途径，正是通过每个人畅所欲言的讨论，让所有人都能够充分表达自己的想法、感受，共同寻找更合适的解决方案，探寻更和谐的相处之道。

38

召开
家庭会议

家庭会议能否成功的秘诀在于，
所有家庭成员要把某个问题
当成全家人的共同问题来考虑。

　　召开家庭会议，是以民主方式处理家庭问题的最为重要的方式之一。即家庭所有成员召开会议，共同讨论问题，寻求解决方案。家庭会议应在每星期固定的一天、固定的时间举行，而且应该成为日常生活的一部分。会议的时间，不经全家人的同意不得随意更改。每个家庭成员都要准时参加会议，即使某个成员没有参加，他仍然要遵守会议的决定。既然如此，当然还是参加更好，这样的话他才有机会表达自己的意见。

　　每个家庭都可以根据自己的情况，规定家庭会议的细节，但基本原则都是一样的：每个成员都有提出问题的权利，都有发表意见的权利，每个成员都说出自己的想法，然后大家共同寻找解决问题的方案。在家庭会议中，父母的地位并不比孩子的地位高。每次在会议上通过的决定，会议结束时便立即生效，全家须按规定执行，且这些决定必须执行至少一星期。到了下星期，如果发现上星期的决议有些不尽如人意，可在这次会议上重新讨论解决方案。每次讨论具体问题时，父母可以用这样的语气提问："我们该怎么处理这个问题比较好呢？"而最终的答案，必须由全家人决定。

🙂 引导孩子参与家庭会议，共同体验自然后果

有一个家庭，家中有八个孩子，最大的十六岁，最小的才四岁。在一次家庭会议上，妈妈提出了晚餐时大家都不按时用餐的恼人问题。孩子们总是迟迟不来，而爸爸总是因为孩子们不按时吃饭而大发脾气。敌意和争吵让家庭气氛非常紧张。会议中，一个孩子提议，每个人都在自己的房间里吃饭，而不必坐到餐桌前。其他孩子都接受了这个提议，认为这太有意思了。妈妈接受了这个提议，可爸爸却高声表示不同意。妈妈提问说："添饭添菜该怎么办呢？"孩子们回答："我们每个人自己盛就好。""用过的碗碟该怎么处理？""我们会自己送回厨房。"妈妈说："好，我会清洗放回厨房的碗碟。"因为投票表决的结果是9:1，爸爸不得不同意这个计划。到了当天吃晚饭的时间，爸爸妈妈把饭菜端进自己的卧室，没理会孩子们。一小时后，妈妈吃完饭，清洗了放在厨房水槽里的碗碟。

四天后，孩子们开始抱怨了。有的人没有把碗碟送回厨房，所以干净碗碟不够用了。一个孩子抱怨，他同屋的孩子饭后没有把碗碟送回厨房，导致留在卧室里的食物残渣都发臭了。对于每个人的抱怨，妈妈一律回答说："你在下一次的家庭会议上提出来吧。"在下一次会议上，大家一致否决了上星期的决议，因为效果实在不好。他们都想再回到餐桌上吃晚饭。于是，妈妈又引导孩子们一起讨论，提出接下来的一星期在餐桌上用餐时需要遵守的规定。

即使是年幼的孩子也可以参加家庭会议。会议主持人应该依次轮换，这样才能保证没人"控制"家庭会议。主持人必须确保每个家庭成员都有机会发表意见。即便父母能预见某个决议的后果会让人不舒服，他们也必须遵守大家的决定，一起体验自然后果。孩子们能从这些经历中学到很多东西，效果肯定比父母的说教或者强制要好很多。

🧒 鼓励孩子积极讨论，让孩子获得价值感

在一次家庭会议上，妈妈提出一个问题：十岁的珍妮和七岁的杰瑞放学后都各自把同学带回家，同学来时，家里会非常闹腾。孩子们跑来跑去，在楼梯上追逐打闹，追着狗狗疯跑，此外他们还要做爆米花、喝可乐、乱弹钢琴、把电视音量开到最大，等等。妈妈说完她的不满后，说道："我觉得你们俩应该错开日子，轮流带朋友回家，行不行？"珍妮表示同意，并说她想要星期一和星期五带朋友来。杰瑞颓然地坐在椅子上，他什么都没说。妈妈问他选择星期二和星期三可以吗，杰瑞不高兴地点点头。爸爸开口了："你们在家里乱跑乱闹的问题，要怎么解决？你们的朋友也需要好好学一学讲礼貌！"妈妈说道："我认为你们应该和朋友说说我们家的规矩，对不对？"珍妮同意了，杰瑞仍然闷头不语。

接下来的星期一，珍妮带了一个朋友回家，她们安静地玩耍，而杰瑞也带了一个朋友回家。妈妈说："杰瑞，对不起，今

天不是你招待朋友的日子。""我们可以在院子里玩吗?""好吧。"在接下来的半小时内,杰瑞跑进屋子四次,问他们是否可以进来看电视、喝牛奶、吃饼干,还找妈妈要钱。对杰瑞的请求,妈妈都会回答:"不。"又过了几分钟,妈妈偶然抬头往窗外看,却看到杰瑞正对着院子的栅栏小便。妈妈喊道:"杰瑞,对不起,你的朋友现在必须回家,你必须进来。"杰瑞吼道:"是你们不让我进屋上厕所的,都是你们的错!"

"好孩子"姐姐和妈妈之间的联盟,让杰瑞一时感到不知所措。他在家庭会议上没有提出任何要求,是因为他认为自己没有提要求的机会。不过,虽然并不愿意,他还是答应下来,但选择以不当的行为来表达愤恨不平。

如果妈妈在提出她的问题后,先征询孩子们的意见,问他们有什么好办法,效果应该会好很多。第一次询问时,孩子们可能会有些不知所措,也一时想不出解决办法。妈妈不妨稍等片刻,多给孩子们一些时间,然后再提出自己的建议。另外,妈妈在提出建议时,若是以询问的形式提出来,效果会更好:"你们觉得如果轮流带同学回家,会不会对大家更好?"或者:"如果……,会不会好一些?"

既然杰瑞已经表明了他的态度,那么在下一次家庭会议上就要再次进行讨论。妈妈应该首先表示理解杰瑞,这样才更容易引导他参与。"我想知道,杰瑞是不是觉得自己没有机会表达意见?他好像不太喜欢我们上星期的方案。杰瑞,你来说说看？"接下来就是进一步讨论该怎么做。在家庭会议上，妈妈可以先请杰瑞第一个提出建议。一开始孩子可能还是不愿意发言，不过只要妈妈真心表示对他的想法感兴趣，他就会放下心中的顾虑，认真参与讨论。

如果只有爸爸妈妈在会议上提出问题和解决方案，那么就不能算是家庭会议。家长必须鼓励孩子积极参与，发挥他们的聪明才智，为家庭做出贡献。

全家人共同参与讨论，构建民主的家庭生活

有一家人，家中有三个女儿，父母都接受过大学教育。在一次家庭会议上，女儿们认为应该买一栋新房子，老大出资十五美元，老二出资十美元，老三出资五美元。这个决定让爸爸妈妈非常惊讶。这该怎么应对呢？带着困惑，他们来到中心寻求帮助。

两位家长以为孩子们不知道买一栋房子需要花多少钱。可是，当孩子们被问及时，她们回答大约需要三万美元。这令爸爸妈妈很吃惊，因为这是一个很准确的预估。他们该怎么回答呢？咨询师的建议是，爸爸可以表示他愿意出资五十美元，并交给孩子们，让她们去买房子。

爸爸接受了建议，结果这件事情就这样画上了句号。

不过，假如孩子们坚持让爸爸支付余额，爸爸不妨提出这样做不公平："为什么呢？我只是咱们家五个人中的一个而已，为什么我要贡献出几乎全部的钱呢？"爸爸甚至还可以同意女

儿们想买新房子的想法，并需要女儿们从现在起筹集资金。

　　如果我们能多发挥自己的想象力，想一想假如是我们的朋友提出这样的问题，我们会怎么应答，也许就可以减少这类问题带来的困扰。家长不妨在家庭会议上表示自己能支持多少，然后把问题转交给孩子，让其他人进一步讨论和面对。

　　家庭会议能否成功的秘诀在于，所有家庭成员要把某个问题当成全家人的共同问题来考虑。假如妈妈觉得难以监督孩子们看电视的时间，或者爸爸和孩子们想要按他们的意愿做事而遭到妈妈的反对，那么这就是全家人的问题，因为一家人住在一起就意味着多重的互动关系。同样，这个问题的解决方案，也必须由全家人共同参与制定。这才能培养和促进家庭成员相互尊重、共同承担责任、彼此平等相待的行为和态度。民主的家庭生活，必须建立在平等的基础上。

原 则
PRINCIPLES

养育孩子的 34 条新原则

1. 鼓励我们的孩子（第 3 章）

2. 奖惩所造成的问题（第 5 章）

3. 利用自然后果和逻辑后果（第 6 章）

4. 坚定而不是强硬（第 7 章）

5. 表达出对孩子的尊重（第 8 章）

6. 教导孩子尊重规则（第 9 章）

7. 教导孩子尊重他人的权利（第 10 章）

8. 减少批评就会减少犯错（第 11 章）

9. 保持日常作息规律（第 12 章）

10. 多花时间训练孩子（第 13 章）

11. 赢得孩子的合作（第 14 章）

12. 避免对孩子过度关注（第 15 章）

13. 避免与孩子的权力之争（第 16 章）

附 录
APPENDIX

新养育原则的具体应用

以下事例，我们建议你，每次只阅读一个。看完后仔细研究是怎么回事。思考家长的言行违反或是遵守了哪些原则，以及可以采取哪些措施来改善状况。不要去分析孩子的行为，而要用心分析亲子之间的互动和相互影响。我们的目的是帮助家长们更有效地养育孩子，让家长们知道在孩子出现不当行为时，该做什么，不该做什么。每个事例可以有不同的诠释，同样的情况，也可以有不同的处理方式，因此并没有"标准答案"。在每个事例后，我们都给出了一些评语，供你参考。

事例
1

三岁的安不小心把沙拉打翻了。妈妈说道："安，你清理干净吧。"孩子噘着嘴，没有动。"赶紧的，那是你打翻的，所以你来清理。"妈妈等了一会儿，安仍然噘着嘴。后来，妈妈自己把沙拉收拾干净，没再说话。

评论：当妈妈命令安清理干净时，就引起了一场权力之争。可她后来妥协了，她的要求是治标不治本的"赶苍蝇"方式，并没有达到对孩子性格有益的长期效果，而且她最后的清理也是不恰当的过度服务。

妈妈应该克制住自己的冲动，不要发出权威式的指令（18，5）[1]。妈妈可以改用提问句式，例如"我们现在应该怎么做？"这样会促使孩子做出思考和回应。安有可能会提议由她来清理干净，也有可能表示什么都不想做。妈妈这时可以用平和而坚定的态度，拉着安的手，一起清理桌面。如果安仍然拒绝，妈妈可以把她带离餐桌一会儿（11，3，6，4）。

事例
2

八岁的拉尔夫总是把他的衣服随手乱扔，妈妈一直要求他把衣服捡起来挂好，可都没有用。一天，妈妈非常生气，她把所有随手乱扔的衣服都收走，单独放起来。星期天早上，拉尔夫找不到他要穿的衣服了。"妈妈，我

1　括号中的数字，代表此处涉及的养育孩子的新原则中的条目。

周末要穿的西装在哪呢？"他喊道。妈妈告诉他，衣服都被收了起来，他只能穿着校服去主日学校了。听了这话，他顿时大发脾气。妈妈说："我已经反复告诉过你，让你把衣服都挂起来，可你就是不听。拉尔夫，这次就当是给你的一个教训。"拉尔夫尖声大叫："那我今天就不去主日学校了！""你一定要去。赶紧穿好衣服，你没多少时间了。""我不去，就不去，坚决不去！"妈妈最终妥协了，说道："好吧，如果我把你的西装还给你，你要保证，以后一回家就把衣服挂好！""我会的。"妈妈把衣服找了出来，拉尔夫匆忙换好衣服出门。等他回到家时，又像往常一样把衣服随手乱扔了。

评论： 妈妈第一步的行动是正确的，收走了衣服，让孩子体验逻辑后果。但是，后来她卷入了跟孩子的权力之争，并最终妥协，输掉了这场战斗。

妈妈可以与拉尔夫一起讨论，如果乱扔衣服会有什么后果，然后两人协商达成一致意见，并设置好假如又乱扔衣服的行为后果（33，6，11）。当落实行为后果时，妈妈不妨任拉尔夫发脾气，什么也不要说。如果妈妈忍受不了孩子发脾气，必要的时候去洗手间待一会儿（14，15）。然后，等孩子平静下来，要么带着一身日常衣装的他去主日学堂，要么就留他独自一人在家里（3）。

事例 **3**

露丝家有一个惯例，黄昏时一家人要外出兜风，回家后，三岁的露丝就该去睡觉了。可是，这一天，露丝却一直在磨蹭，怎么也出不了门。最后，爸爸妈妈自己上了车，对她说："看来你并不想出去兜一圈，可是我们却很想去。再见，亲爱的。我们过一会儿就回来。"然后，他们出去转了一会儿，回来之后，没再说什么。第二天晚上，露丝早早就做好了出门的准备。

评论：爸爸妈妈摆脱了露丝寻求过度关注的小陷阱。

他们既没有依从露丝的过度拖延，也没有以任何方式强迫露丝顺从父母（13），只管去做了他们此时该做的事情（4）。他们保持了家中设立的日常作息规律，并且运用了逻辑后果（3，9）。

事例 **4**

三岁的玛丽莲要到外面去玩雪，妈妈把她裹得严严实实送出门。在外面玩了没多久，玛丽莲就站在后院门口哭起来。妈妈过去查看，发现她摘下了棉手套，双手冻红了。妈妈给她重新戴上手套，解释说："亲爱的，戴上手套，你的手就不会冷了。这就是手套的用途。现在感觉好点儿了吧？好啦，你去玩吧。"几分钟后，妈妈往外看了看，发现玛丽莲又摘掉了手套。这次是爸爸过去重新给她戴上手套。这样重复了几次后，爸爸生气了："别去管她了，让她的手冻着吧，这样就能记住教训了。""你怎么有这么可怕的想法！"妈妈抗议道，"她的手会冻僵的！"妈妈再次去给孩子戴上手套。后来，就连妈妈也失去了耐心，发了脾气，把玛丽莲带回家里，打了她一顿。

评论： 玛丽莲用柔弱无助来博取父母的怜悯和额外服务。

父母都应该避免给予玛丽莲过度的关注（12），而且没有必要告诉她手套可以保暖，因为她早就知道了！父母也应该避免表现出他们的担忧（30），让自然后果发挥应有的作用（3）。当玛丽莲哭泣时——她用来博取怜悯的手段——父母要小心不掉入孩子设下的陷阱（24），只需这么回答："你的手很冷，我很难过。我相信你知道应该怎么办。"（20）。如果孩子继续重复这样的不当行为，那么父母可以直接把她带回屋里来，不许她再出去了（3）。

事例 **5**

在海滩游完泳，四岁的南希和妈妈一起去了淋浴间。南希说她不想冲澡。冲完澡的妈妈回答说："好吧，亲爱的，但是你不能带着一身沙子和一身水上车哦。"她关了淋浴，擦干了身体，没有再说任何话。南希也一直沉默着。过了一小会儿，她忽然改变了主意，冲澡去了。

评论： 妈妈激发了孩子的合作行为。首先，她讲明了规矩（6），其次，她避免了发生权力之争（13），也保持了从容和坚定的态度（4）。最后，她借助逻辑后果，赢得了孩子的合作和遵守规矩（6，11，3）。

事例 **6**

九岁的斯坦没洗手就来到了餐桌前。妈妈责备他："你没有洗手就来吃饭？你这个臭小子！你的手总是脏兮兮的。看看你的头发，你从来不梳头吗？还有你的衬衫，要多脏有多脏！你的毛巾看上去也很脏！"斯坦的眼里噙满泪水："我还有哪里脏，你接着找啊？"

评论： 斯坦无视家中的规矩，试图通过错误的方式找到自己的位置。至少，他引起了妈妈的注意。妈妈用了一连串的批评，让这个孩子陷入更深的挫败感中。

当斯坦没洗手就来吃饭时，妈妈可以简单地说："你这样子很不讲卫生，不可以靠近餐桌哦（15，6）。"当斯坦洗干净手过来吃饭时，妈妈可以说："我很高兴，你知道怎么照顾好自己。"或者："你今晚愿意保持整洁，我很高兴！（1）。"

事例 **7**

妈妈在银行的柜台前，一边填写单据，一边对她两岁半的女儿说："玛丽，你站在我身边。"玛丽反而向外挪了两步。妈妈叫住她："玛丽，回到我这边来！"玛丽站着不动，妈妈又继续填单据。玛丽跑向了敞开的大门。"玛丽，你回来！"玛丽绷着小脸，眼神却在跳跃，径直冲向门口。"好吧，汽车会撞到你的！"妈妈威胁道。她转向柜台窗口，任由玛丽站在大门口。

评论： 玛丽正在和妈妈玩游戏。她故意让妈妈提心吊胆，让她把注意力集中在自己身上。妈妈说得太多，最后还威胁孩子，企图以此来控制她。

妈妈可以平静地拉着玛丽的手，让她站在自己身边就好（12，14，15）。

事例 **8**

杂货店里，妈妈刚付完钱，正准备走出商店，却发现五岁的格雷格拿着一包打开的糖果。妈妈立即问："你从哪里拿来的？"格雷格当即哭了出来："那里。"他指了指。"你这个坏孩子！你怎么能做这种事情呢？你不知道这是偷东西吗？现在我又要付一次钱了，咱们家里明明已经有各种各样的糖果了。"妈妈一边说一边打了格雷格的屁股，然后回到收银员那里，付了糖果的钱。

评论: 格雷格拿到了他想要的东西，妈妈承担了事情的后果。

妈妈应该避免批评和责骂，不用惩罚的教育方式（2），因为这样只会加重孩子的挫败感（1）。妈妈也不用说很多话（15），她可以用坚定的态度让格雷格自己去收银台付钱（10），并且从他的零花钱中扣除相应的金额（3）。

事例 **9**

迈克的妈妈和几位带着婴儿的妈妈坐在游乐区聊天。两岁的迈克跑向一辆又一辆婴儿车，使劲儿摇晃，吓唬里面的宝宝，还差点儿拽倒婴儿车。每当他跑到一辆婴儿车前站住脚时，妈妈都会对他喊："迈克，不许乱来。"然后又扭头继续聊天。迈克不理会妈妈，继续吓唬小宝宝。终于，有一位妈妈站了起来，把婴儿车拉回自己身边，用一只手扶在上面。迈克的妈妈也终于站起来，一把抓住儿子，打了他几下："我说了，要你住手！"迈克到沙堆里坐下来，埋头玩起了沙子。

评论： 迈克让妈妈忙着关注他，不时地打断她和别人的聊天。

妈妈应该避免对孩子的过度关注和"赶苍蝇"行为（12，16）。她可以不说话，直接采取行动就好（15）。只要迈克行为不当，妈妈就可以把他抱进婴儿车。当他尖叫抗议时，妈妈不应该理会他的挑衅（14），任由他哭闹。当他安静下来后，妈妈可以允许他自由玩耍。但是，只要他再次做出不当行为，妈妈就应立即把他抱回婴儿车里（3，10）。

事例 10　还有几分钟南希就该睡觉了，可是玩具还散落在客厅里。妈妈说："差不多该睡觉了，你要我帮你一起收拾玩具，还是你自己收拾？"这句话在以前一直挺有效的，可是今天晚上三岁半的南希这么回答："我不想收玩具。我太累了，你收吧。""我不去，南希，现在我只想读书。"妈妈把头埋进书里。一分钟后，南希说道："我现在想要收拾玩具了，你来帮我好吗？""好的，亲爱的。"她俩一边收拾，一边聊她们明天要做的事情。

评论：南希试探了妈妈一番。

妈妈回避了她的试探（14），避免了权力之争（13），赢得了孩子的合作（11）。妈妈没有指责孩子（8），她愿意帮南希一起收拾玩具，但是拒绝了替她收拾的要求。

事例 11

五岁的朱迪在杂货店收银台前面排队，一排漂亮的糖果勾起了她的欲望，她忍不住哀求妈妈："妈妈，我想要买一些糖果。""不行，我们家里有好多糖。"妈妈的声音坚定而有力。朱迪哭哭啼啼的声音更大了："但是我现在就想吃糖。"妈妈悄悄瞄了一眼排队等候的其他人："我没带足够的钱。"她的声音有些无可奈何。朱迪挑了一个条形包装的糖果，尖声大叫道："我现在就要吃这种糖！"妈妈问道："多少钱？"她站在标价牌前，不敢置信地看了又看，然后叹了口气，说："好吧，你拿着吧。"朱迪兴高采烈地打开糖果包装，咬了一口，再把糖果的包装纸折好，放进购物车。

评论：朱迪觉得，她有权得到一切她想要的东西。她想要的不仅是糖果，还有凌驾于妈妈之上的权力。

妈妈不应朱迪想要什么就给什么，尤其是在并不需要的情况下。她应该警醒自己，不可轻易纵容孩子，要有说"不"的勇气（17），不再理会朱迪的进一步挑衅（14），平静从容地坚持到底（4）。

事例 12 孩子们为了做家务而争吵不休，妈妈头都快炸了。家里有三个孩子，分别是十二岁的艾伦、十岁的维吉尼亚，还有八岁的迈克。后来，爸爸和妈妈一起制定了一套奖惩机制。爸爸在厨房里放了一块布告牌。每个孩子分别被分配了几项任务，并规定了酬劳标准。如果工作完成得很好，得到的报酬会更高；如果工作做得不好，或者没有完成，则得不到任何报酬。良好的行为会获得奖金，不良行为则会被罚款，违反规则也会被罚款。每天晚饭后，全家人都聚集在布告牌前，计算分数。一周结束后，每个孩子都会根据统计的分数获得报酬。家里的摩擦减少了很多，妈妈觉得生活明显轻松多了。

评论： 孩子们通过吵闹不休，得到父母的关注。就连爸爸妈妈新制定的机制，也让孩子们得到了父母源源不断的关注。在父母使用奖惩进行控制的过程中，父母教给孩子的是，只要付出就应该获得物质补偿，而不是让孩子从参与、合作与贡献中获得满足感。

爸爸妈妈应该停止奖惩制度（2），和孩子们开个家庭会议，引导大家确立家务分工（34），然后以平和而坚定的态度，要求孩子完成他们承担的任务（4，9）。当孩子们再次争吵时，妈妈和爸爸可以暂时离开现场，等孩子们平静后再回来（21）。

事例 13 六岁的唐尼、两岁的帕蒂带着家里的小狗，满脚是泥地冲进了厨房。"哎哟，小坏蛋们！"妈妈尖叫起来，"我刚擦完地板。你们把我当成什么人了？现在看看你们干的好事！我跟你们说过多少次了，进屋之前要把你们的脚擦干净！坐到那边去，把鞋子都脱掉！现在我又得再拖一遍地板了！"妈妈把孩子们的鞋扔到外面，打算一会儿洗干净，然后又拿起拖把。孩子们穿着袜子，在屋子里跑来跑去。

评论：孩子们随心所欲，而妈妈则承担后果，孩子们将她的责骂当作对自己的惩罚。

妈妈应该停止用语言当作武器（15），而将拖把交给孩子们，还可以设立一个逻辑后果（3），比如，如果厨房弄得这么脏，妈妈怎么做饭呢？

事例 14 妈妈正在训练一岁的凯茜学习用玻璃杯喝牛奶，而不是用奶瓶喝奶。她让凯茜坐在自己腿上，用玻璃杯给她喂了一小口牛奶。凯茜抿紧了嘴，把杯子推开。"你看那边的小鸟。"妈妈转移凯茜的注意力。凯茜坐起来看，妈妈又把杯子放在了她的嘴唇上。每次凯茜抿紧嘴巴时，妈妈都会找点别的话题转移孩子的注意力，每次凯茜在抗拒之前都会喝一点牛奶。

评论：妈妈为了做个尽责的好妈妈，实在是费尽心思。她对自己太缺乏信心了，以至于她认定凯茜一定会抗拒接受新的体验。

妈妈应该让凯茜坐在自己的高脚餐椅里，并相信孩子一定愿意学习新技能（5）。在训练孩子的时候，妈妈的态度应该更轻松一些，不要有丝毫的焦虑。她可以每天在固定时间将装在玻璃杯中的牛奶和其他食物一起递给孩子，然后无须任何哄劝，同时注意在孩子进食的过程中，绝不可拿出奶瓶来（9，10）。过不了多久，凯茜就会用杯子喝牛奶而不让自己挨饿了（3）。

事例 15 每当六岁的乔治感到不安或者遭遇挫败时，就会蜷缩在客厅的椅子上吮吸拇指。妈妈为这个问题已经苦恼了近五年了。她尝试过在乔治的手指上涂抹苦味汁、缠胶布、绑夹板，甚至还打过他的屁股，都无济于事。因为不断地吮吸拇指，乔治的门牙已经开始变形了。每当妈妈看到乔治这样坐着时，她就觉得很难受，因为她知道儿子又不高兴了。她会同情地问孩子："怎么了，乔治？"她会劝解说："亲爱的，不要吮吸你的拇指，这真的帮不了你什么。你现在告诉妈妈，什么事让你不开心？"有时乔治会回答，有时他只是继续吮吸，直到妈妈把他的手指从嘴里拽出来。但这样他会更生气，越发拒绝回答。妈妈会恳求他，一心想弄明白是怎么回事。等到他终于告诉妈妈自己不高兴的原因时，妈妈就会想方设法地替他搞定任何事情。

评论：乔治是在通过吮吸手指来寻求安慰。此外，他还利用自己的不快乐来吓唬妈妈，惩罚妈妈。妈妈则落入了怜悯的陷阱。她试图替儿子安排他的人生，好让他一直保持快乐。

　　妈妈应该不理会乔治吮吸拇指的行为（31），也不要因为孩子一脸哀伤地坐在椅子里就忧心忡忡（12，24）。在乔治心情不错的时候，妈妈可以和他聊聊天，看看有什么事情令他不高兴。妈妈还可以通过不断的鼓励，帮助孩子变得积极起来（1）。

事例 16

　　七岁的莎莉是家里三个孩子中的老二。这一天，妈妈新买回来一套玻璃杯，莎莉想要帮妈妈搬进屋里。"莎莉，不用你帮忙，我来搬就好。你可能会打碎杯子的。""让我来吧，妈妈。我会小心的。""好吧，你来吧。但是，你可千万别打碎了。"妈妈拿起另外几个购物袋，跟在女儿身后。上台阶的时候，莎莉踩到了自己的长外套，失去平衡，带着那套玻璃杯一起摔倒了。她顿时哭了起来。妈妈绝望地放下手中的袋子，打开装玻璃杯的盒子，发现只剩下两个好的，其余的全摔碎了。妈妈非常生气："我都说过不让你来搬了，你会打碎的！你怎么总想要做些你明明做不了的事情呢？你怎么这么毛手毛脚的呢？我花钱买杯子不是用来让你摔碎的！回你的房间去！晚上不许出来吃晚饭！希望你能吸取教训，以后要小心点！"

　　评论：莎莉果然被妈妈言中了，再一次把事情搞砸了。妈妈不仅不信任莎莉有能力做事，而且当她真的失败时还继续打击她、责骂她。

　　妈妈应该从一开始就表现出对莎莉的信心，不要强化孩子错误的自我认知（1，5）。妈妈不应该再责骂孩子，而是以宽容的态度接受孩子犯错误（8）。莎莉不小心打碎杯子，已经很害怕和难过了。妈妈这时候更应该关心孩子，而不是在意玻璃杯怎么样了。孩子这时需要的是鼓励，如："我很难过发生了这样的事情。我知道你不是故意的。"

事例 **17**　　九岁的比利在用爸爸的一辆旧拖车制作"赛车"。这一天，爸爸回到家，发现他的工具散落在草坪上，这让他很生气。他找到了比利，命令他赶紧回家。比利从爸爸的语气中听出自己有麻烦了，他紧张地走向爸爸。"我想知道这是怎么回事？"爸爸指了指地上的工具。比利默不作声。"我跟你说了多少遍，用完我的工具，要把它们都收起来。你为什么总是不听？"比利仍然站在那里，默不作声，缩着脖子，盯着地面。"你是不打算回答我的问题了？""我不知道，爸爸。""好吧，我要揍你一顿，这样下次你就会记得把工具收起来了！"爸爸打了比利一顿。比利抽泣着捡起工具，收起来放好。

　　评论：比利不遵守规则，不尊重他人的权力。爸爸则用愤怒来恐吓比利，错误地以为语言和惩罚才是有效的手段。

　　上述情况清楚地表明，比利需要适当的训练。爸爸应该和比利进行一系列的讨论，一起研究怎样使用各种工具、怎样保养工具，等等（6，7，33）。爸爸还可以为比利提供一套属于他的工具，让孩子为自己的工具负责（23）。不论是比利弄丢还是弄坏了工具，爸爸都可以坚持不再替他买新的（4）。如果比利愿意，他可以用自己的零花钱买工具（3）。

事例 18

爸爸妈妈带着两岁的杰克去拜访朋友。"杰克真让我们感到骄傲。"妈妈告诉大家，"他已经不需要穿纸尿裤了，而且已经坚持了两个星期，一次都没有尿裤子。"在接下来的一小时里，妈妈问了杰克六次要不要去洗手间。最后杰克只好说："好的，我要去。"然后爸爸带他去上厕所，仿佛完成了一个盛大的仪式。

一个星期后，朋友来家里拜访。晚餐时，杰克三次告诉爸爸，他想去洗手间，每次爸爸都陪他一起去。

又过了一个星期，爸爸对他的朋友说道："我们实在是不明白，杰克为什么又开始尿裤子了。现在，他又穿上了纸尿裤，而且不告诉我们他什么时候需要换掉。"

评论：爸爸妈妈把孩子的如厕训练小题大做了。这本来是孩子自然的学习过程，却被他们过度关注了，而且还带上了炫耀的意味，结果，最终引起了孩子与父母的权力之争。

爸爸妈妈应该相信杰克能够学会自主大小便（1，5），他们的态度也应该更放松（30）。这件事的重点是杰克学会上厕所，而不是爸爸妈妈炫耀孩子不尿裤子了。

事例 **19**　妈妈每天上午都要出去工作，于是请了一位保姆在这段时间帮她照顾孩子。一天下班回家，她发现三岁的丽塔在门上、沙发上和椅子上用蜡笔乱涂乱画。妈妈原本计划那天下午带丽塔去海滩玩。吃过午饭后，她对女儿说道："我们要先把门和家具上的蜡笔画痕擦干净，然后才能去海滩。如果你愿意，可以过来帮我。"丽塔看了妈妈一会儿，然后拿起布，照着妈妈教她的方法擦了起来。妈妈很有耐心，一点一点地清理着。每隔一小会儿，孩子就会问："我们什么时候去海滩？"妈妈回答："等我们把这一切都清理干净了就去。"最后，等她们将这些画痕都清理干净后，已经没有时间去海滩了。妈妈坦诚地告诉了丽塔，丽塔平静地接受了。

评论：妈妈给了孩子一次很好的体验。她没有要求丽塔去清理干净，从而避免了权力之争（13）。妈妈做到了态度坚定（4），但方式温和，她邀请孩子帮忙并赢得了孩子的合作（11）。最后，妈妈让逻辑后果发挥了作用（3），表明要遵从客观环境，丽塔也顺应了当时情形的需要（6）。

事例 **20**　妈妈轻声对九岁的女儿说道："莉莉，我说过这星期你不能和简一起去看电影，因为你上次回来得太晚了。"女孩的眼里充满泪水。她垂头丧气地转身离开，没有提出任何辩解。妈妈觉得于心不忍，因为这一定让莉莉痛苦极了。"莉莉，这星期放什么电影？""管它放什么呢，妈妈，反正我不能去。"她含着泪水回答。"我想，你告诉过我这是一部迪士尼电影，是吗？""是的。"妈妈想了想。"如果这次我让你去，你会一结束就立即回家吗？"莉莉仍满脸泪水，回答道："我会的，妈妈。""好吧，你去吧。但是，如果你不准时回家，下星期无论如何，你都不能去了，你听明白了吗？""我明白，妈妈。"

评论：莉莉发现了眼泪的利用价值，她用眼泪博取怜悯，达到了自己的目的。妈妈果然掉进了女儿的陷阱。她不但缺乏说"不"的勇气，而且做不到一以贯之地说到做到。

面对莉莉的眼泪、伤心和沮丧，妈妈不妨都淡然处之（24）。如果莉莉不遵守按时回家的承诺，那么按照逻辑后果下次她就不能去看电影（3）。妈妈应该以坚定的态度（4）来维护已经设立好的规矩（6，26）。

事例 21　傍晚，妈妈给四岁的蒂米洗完澡后，带着他一起来到后院里乘凉，后院有个儿童戏水池。这时，有朋友来拜访。客人坐下时，妈妈告诫儿子说："别把自己再弄湿了，蒂米。"蒂米先玩了一小会儿玩具，然后去到戏水池旁边，想玩一会儿小船。妈妈大声说："蒂米，小心别弄湿了。你最好离戏水池远一点儿。"男孩噘着嘴，站在水池边，然后双膝跪地，将小船放入水中。"如果你弄湿了，爸爸会打你！"妈妈喊道。蒂米继续在戏水池边玩小船。突然，他手伸得太远了，一不小心掉进水里，弄湿了衣服。爸爸跑了过去，把他拉出来。蒂米哭了起来。妈妈骂道："我告诉过你了，不要在水池边玩，你看看，现在又弄湿了。"爸爸带着孩子进屋换衣服。

评论：蒂米对妈妈的话充耳不闻，想怎么做就怎么做。妈妈对蒂米提出了不切实际的要求：他可以在水池边玩，但不能弄湿自己。当妈妈再次命令蒂米"别把自己弄湿"时，便引起了一场权力之争。妈妈对蒂米提出的要求，包括不要在水边玩、不要弄湿了自己，都是不合理的过度要求。然后，妈妈还威胁要惩罚他，最终却并没有兑现。

妈妈应该避免引起权力之争，不要替蒂米决定他要怎么玩（13）。她可以根据情形的需要来决定是否让蒂米离开水池。如果傍晚时天气暖和，那就可以让孩子玩水。如果妈妈没有操控儿子，蒂米就不会因为想要挣脱控制而掉入水中了。妈妈应该提出合理的要求，然后温和且坚定执行规则（25，26，6）。

事例 **22**　七岁的约翰在外面玩。没过多久，妈妈就听到了孩子们打架的声音，她出来查看。约翰抢走了邻居孩子的所有玩具，堆放在一起。显然，约翰很乐意看到其他孩子气得大喊大叫。妈妈把约翰叫过来，但他拒绝离开那堆玩具。妈妈走过去，来到他身边说："约翰，亲爱的，你必须和其他孩子分享这些玩具。"约翰瞪着其他孩子没说话，而其他孩子则站在那里静待事态发展。妈妈伸手去拿一个玩具，约翰咆哮道："你不许动！""约翰！你怎么了？你那样做是绝对不可以的！回家睡觉去！"妈妈把约翰拖进屋里，把他按倒在床上。他哭着睡着了。

评论：约翰通过自己的不当行为，让妈妈围着他团团转。妈妈介入了约翰和邻居孩子之间的冲突，然后试图通过说教来教育儿子，最后又以惩罚作为训练手段。

妈妈可以不管这件事（23），让其他孩子和约翰去解决。他们当然会的！等这件事过去了，妈妈可以心平气和地跟孩子讨论如何跟朋友相处（33）。

| 事例 23 | "玛莎！你怎么还不起床？！"妈妈摇晃着八岁的女儿。"你再不快点，上学就要迟到了。赶紧起来！这是我第三次叫你了。"玛莎从床上爬起来，妈妈赶紧 |

回到厨房。"玛莎，快点儿！"过了一会儿，妈妈又在喊："我警告你啊，今天早上我不会再开车送你了。你必须学会按时起床。"玛莎最终来到了餐桌旁。她一边吃一边看漫画书。"把书放下，好好吃你的早餐，时间已经不早了！"这时，电话响了，是姨妈打来的，妈妈开始和姐姐聊天。突然，玛莎打断了妈妈："妈妈！我只有十分钟。求你了！赶紧开车送我去学校吧！""我不去，玛莎。你自己去上学。""可是妈妈！就算我一路跑也来不及了啊。求求你了，送我去吧。""我说了我不去，玛莎。""但是妈妈，我今年没有迟到过一次。求你了，就这一

次！我不想破坏我的纪录。你也不希望我的纪录被破坏，对吧？""唉，那好吧。"妈妈告诉姐姐回头再给她打电话，然后开车送女儿去了学校。

评论：玛莎让妈妈承担了所有责任，并为自己提供过度服务。妈妈缺乏坚定的勇气，并为孩子上学从未迟到的纪录而感到骄傲，于是她放弃对孩子提出的要求。

妈妈应该给玛莎一个闹钟，让她自己承担起按时起床、按时去上学的责任（20，23）。无论孩子用什么花招来哄骗她，妈妈都应该坚持按自己说过的话去做，不开车送她去学校（4，26）。

事例 24

妈妈在洗衣间里忙碌。八岁的萝丝、六岁的乔伊丝和两岁的苏珊在卧室里玩耍。妈妈忽然听到了苏珊的尖叫声，但是那声音听起来很沉闷。她赶紧跑回卧室，发现萝丝和乔伊丝把苏珊关在壁橱里，还抵住了壁橱门。"都给我住手！"妈妈喊道，伸手就要拽开她俩。两个孩子立即窜了出去。妈妈一把拉开壁橱门，将苏珊搂进怀里，安慰着。等苏珊不再哭了，妈妈责问两个女儿："你们为什么这样做？你们知道她怕黑！""妈妈，我们只是在玩游戏。""吓唬妹妹算什么游戏？"妈妈大怒，抱着苏珊离开了房间。

评论：萝丝和乔伊丝结成联盟，让妈妈忙于保护苏珊，而苏珊则利用恐惧来控制妈妈。

　　妈妈应该多听一听苏珊尖叫的含义（28）。她能听出，苏珊只是害怕，但没有危险。妈妈不妨只管做自己的事情（23），不必因为苏珊对黑暗的恐惧叫声而小题大做（22）。她可以避免卷入女孩之间微妙的冲突中（21）。如果妈妈不跑过来"救"苏珊，两个姐姐很有可能也会让她离开壁橱。假如妈妈实在忍受不了这样的行为，那么她也可以平静地走入卧室，帮苏珊从壁橱里出来，然后立即转身去忙自己的事情，什么都不说（15）。此外，在家庭会议上，妈妈可以就姐妹如何相处进行一系列讨论，如："萝丝和乔伊丝，你们为什么喜欢捉弄苏珊呢？对此我们能做些什么呢？（33，34）"

事例 25

　　六岁的吉恩正在吃晚饭，听到有朋友在喊她。她从餐椅上跳下来，跑向大门口。爸爸命令道："回到桌上来，吉恩，你还没吃完饭！"孩子径直走到大门口，去跟她的朋友说话。爸爸跟着来到她身后，把她抱回餐桌前，放回到她的椅子里，说道："你还没有被允许离开餐桌，吃完你的饭。"吉恩靠在椅子上，噘着嘴，一口都不肯再吃。爸爸生气了，开始严厉地说教。最后，妈妈问孩子："你吃饱了吗，吉恩？""好了。""那你可以出去玩了。"爸爸打断妈妈的话，说道："既然妈妈说你可以出去玩，那就去吧。"吉恩立刻离开了餐桌，爸爸妈妈则在沉默中吃完晚饭。

评论： 吉恩让她的父母展开了一场权力之争，然后又借此加深了他们之间的分歧。爸爸的一句"回到桌上来"，便引起了权力之争。爸爸忽视了此时情形的需要，女儿也应该对朋友有礼貌。

既然爸爸已经在处理吉恩的问题了，妈妈应只管好自己的事情（23），可以不用介入。之后一家三口可以一起就餐桌上的行为达成一致（9，34）。但即使三人都同意吃完饭才可以离开餐桌，但是此时的情形需要吉恩对朋友以礼相待，那么爸爸妈妈就应该允许吉恩暂时离开餐桌，去跟朋友说一声，她正在吃饭，吃完了就去找她玩（5，7）。

事例 **26**

突如其来的一阵风吹起客厅里的窗帘，吹倒了地上的一个花瓶。妈妈赶紧过去把水擦干净，以免弄湿地毯。她对女儿说："阿黛尔，请帮我在烤肉上刷一层酱汁，好吗？""我不知道怎么做啊，妈妈。"女孩犹犹豫豫地说。"你已经看到我做了几百次了，就照我做的那样去做啊。"阿黛尔去了厨房。几秒钟后，妈妈听到一声巨响，接着是一声哭喊。她冲进厨房，看到烤肉、土豆、平底锅和酱汁落了一地，阿黛尔在哭，因为她的手被烫伤了。"阿黛尔！你简直太不像话了！我从来没有见过你这么没用的人！为什么你连最简单的事情都做不了？现在出去！""但是，我的手怎么办啊？被烫伤了。""去涂点药膏。""怎么涂啊？我烫伤了右手。"无奈之下，妈妈找到了药膏，在她的烫伤处涂抹了一番，然后回头去收拾满地狼藉的厨房。

评论： 阿黛尔认为自己什么都做不好，事实也证明了她是多么没用。

妈妈不应该认同阿黛尔错误的自我认知，而应想方设法地让女儿体验到成功的经历，多给她鼓励（1）。妈妈应该摒弃对孩子的所有批评，包容阿黛尔的错误（8）。以上述例子来看，妈妈既然不可能让自己同时出现在两个地方，她应该决定哪一个更重要，然后亲自处理。她还应该避免要求阿黛尔去做她没做过的事情（25）。妈妈需要花时间来训练孩子，要先耐心教她，等她学会了之后才要求她帮忙，这样就能把阿黛尔教成有用的人（10）。

事例 27

妈妈的两个朋友前来拜访。四岁的帕齐站在一边，看着八个月大的弟弟比利在地上爬，妈妈和她的朋友夸赞比利聪明又能干。帕齐冲过去，在比利的手臂上咬了下去。妈妈跳起来，一把抓住帕齐，一边打她的屁股，一边大吼道："你干什么呢！怎么能咬弟弟！现在回你的房间去，直到你愿意好好表现为止。"妈妈又打了帕齐几下，把她推出房间，然后抱起比利安慰他。

评论： 帕齐嫉妒弟弟，而且企图用她的报复行为赢得妈妈的关注。然后，妈妈对帕齐的报复行为给予了关注，并做出了反应。

那一口已经咬下去了，无法补救了。妈妈的责骂，只会加深帕齐错误的自我认知，即只要弟弟得到关注，她就必须"赢"回来。妈妈可以做一个出乎意料的回应，拥抱一下帕齐，对她说："我理解你，亲爱的，我很抱歉你觉得这么生气（18）。"

事例 28 一岁半的露西刚刚发现壁炉边一块凸起的炉石，开始不停地往那块石头上爬。每次她这样做时，妈妈都会把她拉下来，说："不爬，不爬。"但妈妈刚松开手，露西又蹒跚着走到壁炉跟前，往上爬。妈妈又把她拉下来，说："不爬，不爬。你会受伤的。"这样反复五次后，妈妈终于打了孩子一下，把她从房间里抱了出去。

评论：露西在探索自己的能力和勇气，但妈妈在过度保护她，削弱她的勇气。妈妈先是用"不爬，不爬"的敷衍态度来"赶苍蝇"，后来又用打她作为惩罚。

妈妈应该对露西身体协调的能力充满信心，让她自己去攀爬（5）。如果妈妈不把孩子爬炉石当回事（12），露西就会在探索了自己的能力之后失去兴趣。或者，如果妈妈认为孩子爬炉石是违反了某种规矩（6），那么当露西再次往上爬时，妈妈可以上前安静地将露西带出这个房间（2，15），并为她提供其他探索身体能力的机会。

事例
29
六岁的杰瑞朝着正在走进家门的姑姑打招呼："嗨，丑八怪！"妈妈狠狠地打了他一巴掌，骂道："不要再让我听到你那样说话！你要尊重姑姑！现在就向她道歉！"杰瑞流着眼泪，愤愤不平地道了歉。

评论： 调皮鬼杰瑞是在耍"小聪明"，想让人觉得他很不一般。妈妈在冲动的驱使之下打了他。

杰瑞是在跟姑姑说话，与妈妈无关。因此，妈妈应该只管做自己的事情（23）。姑姑可以做出孩子意料之外的回应，比如当她听见杰瑞这样打招呼时，她可以把此当成做游戏，用类似的称呼回应杰瑞，这样也能减弱杰瑞的错误认知（18）。

事例
30
六岁的桑迪站在那里，看着工人们为安装遮雨棚在地上挖洞。不久，他开始把泥土踢回洞里。工头喊道："嘿，伙计，不要这样哦！"桑迪顽皮地把更多的泥土踢进洞里。妈妈听到动静，来到门口。桑迪不顾工头的训斥，继续往洞里踢泥土。妈妈仍在一旁看着。工头转向妈妈："你能让这孩子别闹了吗？""我该怎么管他呀？我又不能整天站在这里拦着他不让他玩泥巴啊。"桑迪继续捣蛋。工头非常生气，威胁桑迪要狠狠地打他。桑迪哭着跑进屋子。不久，他又跑回来骚扰其他工人。这种情况一直持续到爸爸回家，把桑迪关进家里。

评论：桑迪是个没人管得了的"坏"孩子。妈妈接受了他的不当行为，让他为所欲为。

妈妈不要认为自己对儿子无可奈何，也不必怕桑迪。她必须激发和引导孩子尊重他人（7）。如果有必要，妈妈可以把他带回屋里。只要妈妈的行为意味着维护规则和尊重他人，而不是强硬地让孩子乖乖服从，就不会引起权力之争。

事例 31　五岁的琼是独生女，也是大家庭中唯一的孩子。隔壁邻居邀请她和妈妈到露台上吃晚饭。琼和邻居家的小女孩露西以及玛丽在一起玩，长辈们专门给孩子们单独布置了一张小桌子。当大家都坐下来吃饭时，琼开始哭了起来："我想坐在妈妈身边。"她眼泪汪汪地哀求。妈妈说："好啦，亲爱的。你跟露西和玛丽坐在一起，这多好啊。乖啊，好好吃饭，你看这些饭菜多香啊。"琼继续哀哭，一遍遍地重复："我想坐在你的身边。"妈妈有些生气了。"你再不乖，我就送你回家！"琼继续哭。最后，妈妈让步了，把琼的椅子从孩子那边搬过来，放在了自己旁边。

评论：显然，琼被宠坏了。不管当下情形的需要是什么，妈妈都要让女儿高兴。妈妈回应了琼的请求，先是跟她讲道理，试图赢得她的合作，然后威胁要带她回家，但并没有兑现。最后，妈妈只能屈服于女儿的"眼泪"。

妈妈可以告诉琼说："孩子们都坐在小桌子旁边吃饭。"以此来维护邻居家制定的规矩（6）。如果琼继续哭，妈妈可以问她："琼，你是想和玛丽和露西一起吃饭，还是想回家？"（11）。一旦琼做出了选择，妈妈就应该遵从琼的决定，并且真正做到（26）。

事例 32

八岁的罗伊打了三岁的妹妹珍妮特一巴掌，因为珍妮特弄乱了他摆放好的牛仔玩具。妈妈骂道："罗伊，你干什么呢？你怎么就不能放过她？""可是，她总是弄乱我的东西。""罗伊，她还小，你没有权力打她。现在回你的房间去。"罗伊蔑视地说："你强迫不了我！""你看看我能不能！"妈妈把罗伊拖进他的房间，把他推了进去，然后关上了门。罗伊立即打开门，妈妈又把他推进去，关上门，并拉紧门把。罗伊从另一边奋力想要把门打开。最后，妈妈累得没力气了，松开了门。她抓起一把梳子，打了罗伊，就离开了。罗伊在床上又踢又叫。

第二天，罗伊和珍妮特一起玩。妈妈走进房间时，正看到罗伊用绳子紧紧地绕在珍妮特的脖子上。"罗伊！"妈妈尖叫着冲向他们，一把拉开罗伊，赶紧松开绕在珍妮特脖子上的绳子。珍妮特并没有告状，她只是一言不发，紧绷着脸看着妈妈抽打罗伊。

评论：这是一场权力之争后的报复。妈妈无法阻止罗伊的报复行为。每当她惩罚罗伊时，她就再一次加重了他的报复心。

妈妈应该只管好自己的事（23），不介入孩子之间的冲突（21），让珍妮特照顾和保护好自己（19），不论孩子们怎么互相挑衅，她都应不为所动。妈妈当然要把珍妮特脖子上的绳子取下来，但是她应该态度平静，不要大惊小怪，因为这正是儿子期待的效果。罗伊可能没打算真伤害自己的妹妹，但他知道该如何戳痛妈妈的软肋。妈妈可以做出令孩子意想不到的回应（18）：给罗伊一个拥抱、亲吻或微笑（他肯定会不知所措的）。然后，妈妈再通过沟通，慢慢改善和儿子的关系，转变儿子的报复心理。

事例 33　妈妈把买好的东西都装到车里后，四岁的杰伊吵闹着不肯上车。妈妈拽着他的胳膊往车上拉，他使劲挣扎，大声号哭。最终妈妈松开手，杰伊立即躺倒在汽车旁边的柏油路上。"好吧，那你就待在那儿吧。"妈妈生气地哼了一声。她上了车，做出准备离开的样子。杰伊用眼角余光瞄着她，继续摆出一副气鼓鼓的样子。后来，妈妈无法忍受旁观者的目光，跳下车，一把拽起杰伊，把他拖进车里，狠狠地打了他一巴掌。杰伊在后座上尖叫着抗议，气得上蹿下跳。

评论：妈妈在说："你要顺从我！"杰伊在说："我才不要顺从你！"妈妈不但动用了武力，而且还拿她根本没打算做的事情来威胁他。

妈妈可以"让杰伊的风，无帆可吹"。从商店出来后，妈妈不妨径直坐到车里，如同她认定杰伊一定会跟着上车。等杰伊明白妈妈不会中他的计，不会过来跟他争执强迫他上车后，他自会上车的。如果他仍然拒绝上车，妈妈可以说："看来我得多等你一会儿了，等到你愿意上车。"然后，妈妈就安静地坐等就好，不要愤怒，也不要和儿子发生争执。杰伊很快就会觉得"唉，看来没什么意思了"，最终只好上车（11，13，14，15）。妈妈需要注意的另一点是，她应该帮杰伊培养规则意识，那么她心里想的就不是让杰伊服从自己，而是他需要懂得遵守规矩，她也就不必产生愤怒的情绪了。这时，妈妈可以平静地把杰伊抱起来放进车里，不仅态度要冷静，而且要完全没有跟儿子发生争执的迹象（6）。杰伊会感觉到妈妈安如磐石般的坚持，因为不论他怎么挑衅，她都不予理会。

事例 34

三岁的露易丝怒气冲冲地来到餐桌旁。作为四个孩子中最小的，她通常想要什么就能得到什么。上菜后，她拿起盘子扔到地板上，然后开始蹬着腿大声尖叫。妈妈把她抱出房间，和她一起坐了下来："露易丝，你怎么了？"露易丝没有回答。"是什么让你做这样的事情？我为你感到丢人。"露易丝还是没有回答。"行，那好吧，你坐这儿吧。"妈妈转身准备离开。"对不起，妈妈。我不会再这样做了。""好吧。你可以再回到餐桌前。"露易丝一顿饭吃得挑挑拣拣。当甜点端上来时，她又拿起来扔到了地板上。妈妈大喊："露易丝，你答应过要守规矩的！我一定要打你屁股！"

评论："小公主"证明了她的确可以想要什么就能得到什么。

妈妈刚开始把露易丝带离餐桌是正确的，但后来她选择了对孩子说教，还接受了她的承诺，最后又因为孩子没遵守承诺而惩罚了她。

妈妈的确应该让露易丝离开餐桌，不过要尽量少说话。露易丝此时的道歉和承诺，只是为了把她刚做过的坏事糊弄过去，所以妈妈应该不予理会。如果妈妈足够有勇气，她可以把露易丝和其他孩子当作一个整体对待："既然你们不遵守餐桌规矩，那就请你们离开吧（27）。"然后无须再做任何解释和请求（15）。

事例 35

两岁半的格丽塔把她房间抽屉里的所有衣服都拉了出来。妈妈看到了，过去骂了她，然后把衣服都收拾好放回去，最后生气地说："因为这件事，你今天下午不许吃冰淇淋了！"等到冰淇淋车来时，格丽塔跑了出去，叫妈妈拿钱给她买。"你今天不可以吃，格丽塔。"小女孩开始大声尖叫，使劲踩脚。妈妈抱起她，把她带进了屋。

评论：格丽塔为了让妈妈围着她忙碌，故意恶作剧。妈妈试图通过责骂和剥夺权利来惩罚女儿。

把衣服从抽屉里拉出来，跟吃冰淇淋有什么关联呢？妈妈可以这么问："你来收拾衣服，把衣服放回去，需要我帮忙吗？"（11）如果格丽塔说需要，就协助她；如果她说不需要，妈妈就默默地离开现场（14）。

事例 36 四岁的威利和三岁的玛琳都有严重的食物过敏症。妈妈知道爸爸患花粉症的痛苦，现在孩子们又患上了食物过敏！两个孩子小小年纪就要遭这么多的罪，很多想吃的食物都不能吃，这让妈妈感到格外难过。妈妈严格遵照医嘱，因为两个孩子的过敏源不同，很少能吃一样的东西，于是她为每个人单独准备饭菜。尽管有妈妈的悉心照料，两个孩子还是经常长荨麻疹、感到恶心或是身体不舒服。每当孩子们出现任何症状时，她都会想"多可怜的孩子，身体又不舒服了"，并以此为由原谅他俩的任何不当行为。妈妈从不要求他们做任何家务，仿佛如果她坚持让他俩做任何事情，比如说在睡觉前收拾好玩具，都会加重他们的病痛。妈妈宁愿什么事情都由自己来做，一心盼望着孩子长大能像医生说的那样，过敏症就会好起来。

评论： 事实证明，那些过敏症是很有用的！孩子们以此激发妈妈对他们的怜悯，让他们逃避掉所有的规矩和家务。

妈妈必须克制自己，不能再掉入怜悯的陷阱（24），她要帮助孩子面对过敏症的现实，不让他们利用过敏这件事获得好处。妈妈仍然要维护应有的规矩（6），孩子们也要为家里做出自己的贡献。如果他们能玩，那就一定能收拾好玩具；如果他们真的不舒服，那只能老老实实躺在床上，而不是既享受着病人的特殊待遇，同时又像正常孩子那样玩耍（3）。

事例 37

四岁的亚历克正在门口的台阶上玩耍。突然，他猛地发出刺耳的尖叫："妈妈，妈妈！"妈妈向他跑过去，只见亚历克蜷缩在纱门前，惊恐地哭泣着，一条狗在台阶上闻来闻去。妈妈打开纱门，把亚历克拉进来。"亲爱的，快过来，别害怕，那只狗不会伤害你的。"妈妈把孩子搂进怀里，温柔地安慰，终于让他安静下来。但是，只要他再看见狗狗，他就不肯到门外去。

评论：亚历克对狗的恐惧，让妈妈分外地担心他、关心他。

妈妈大可不必落入亚历克恐惧的陷阱（22）。她可以轻松地鼓励孩子学会勇敢："狗狗不会伤害你的。"然后不再把这件事当回事（1）。